전쟁의 경제학

WAR ECONOMICS

★ **권오상** 지음

친구 홍선에게

| 들어가는 말 |

● 군사의 역사에서 극히 예외적으로 우수한 재능을 빛냈던 두 사람이 있었다. 그 두 사람에게는 공통점이 많다. 우선, 전투에서 놀라운 승리를 거뒀다. 그것도 한두 번이 아니라 싸우는 족족 모조리 이겼다. 게다가 대부분의 승리는 수적 열세를 극복하고 얻은 결과였다. 부족한 병력을 우수한 전투력으로 대신할 수 있다는 말을 하기는 쉽다. 하지만 실제 전투에서 이를 극복하는 건 참으로 지난한 일이다.

전투를 치르는 새로운 방안, 즉 효과적인 전술을 창안해냈다는 점도 공통점이다. 그들이 만든 전술은 이후 세대의 군인들이 무조건 익히고 훈련해야 하는 필수적 내용으로 간주되었다. 그런데 막상 따라 해보면 결코 쉽지 않았다. 기계적으로 그들의 전술을 흉내 낸다고 해서 승리가 저절로 생기는 것은 아니었다. 그들쯤 되니까 감당이 되는 방법이었던 것이다.

마지막으로, 그들은 모든 사람들이 불가능하다는 일을 해냈다. 너무 험해서 도저히 군대가 지나갈 수 없다던 경로를 그들은 택했다. 그리고 실제로 돌파가 가능함을 증명했다. 유사 이래로 딱 두 번 있었던 일이었다. 약 2000년이라는 시간 간격이 있었을 만큼 유달리 어려운 군사적 과업이었다.

이쯤 하면 군사에 대해 좀 안다는 사람들은 위의 두 사람이 누군지 충분히 짐작할 것 같다. 한 명은 로마를 두려움에 떨게 했던 카르타고의 한니발Hannibal이요, 다른 한 명은 전 유럽을 추풍낙엽처럼 쓰러뜨렸던 프랑스의 나폴레옹 보나파르트Napoléon Bonaparte다. 한니발이 보여준 양익포위 섬멸전과 나폴레옹이 보여준 포병의 집중과 내선 작전은 현재 전술교본에 실려 있는 대표적인 전술이다. 그리고 두 사람 모두 군대를 이끌고 알프스 산맥을 넘었다.

한니발의 무서움은 전설적이다. 우는 아이를 겁을 주어 달래려고 할 때 이탈리아의 엄마들은 2000년이 넘게 지났건만 지금도 다음과 같이 얘기한다. "한니발 아드 포르타스Hannibal ad portas!", 즉 "한니발이 문 밖에 와 있다"고 한다. 우리로 치면 호랑이, 도깨비, 곶감, 혹은 일제시대 때 순사의 역할이다. 세상에서 제일 무서운 대상이 한니발인 것이다.

그러나 두 사람에게는 사실 하나의 공통점이 더 있다. 그것은 바로 무수히 많은 전투에서 승리했지만 결국에는 전쟁에서 지고 만 군인이라는 점이다. 두 사람의 성취를 폄하하기 위해서 이런 말을 하는 것은 결코 아니다. 그들 수준의 위대함으로도 해결되지 않는 영역이 있다는 걸 얘기하고 싶은 것이다.

그게 전쟁과 전투의 관계다. 아무리 전투에서 이겨도 전쟁에 이긴다는 보장은 없다. 전쟁이 일련의 전투로 구성되어 있기는 하지만 전쟁의 승리에는 전투의 승리만으로 담보할 수 없는 다른 요소들이 개입되기 마련이다.

한니발의 경우에는 모국 카르타고와 적국 로마 간 국력의 근본적 차이가 주된 요인이었다. 여기서의 국력이란 근본적으로 한 나라의 경제력에 다름 아니다. 게다가 한니발이 그토록 회피하고자 했던 자국 영토 내에서의 방어전을 도시를 무조건 사수해야 한다는 미명 하에 강요했던 카르타고의 정치인과 귀족계급 탓도 있었다. 나폴레옹의 경우도 모든 유럽 국가들이 떼로 덤빈 힘을 결국 프랑스 혼자 받아내기 역부족이었다고 평할 수 있다. 워털루Waterloo에서 나폴레옹이 혹시 이겼더라도 유럽 제 국가들은 어떻게든 다시 도전해왔을 테고 그런 근본적 힘의 차이를 무한히 극복할 수는 없다.

그러나 전투의 승패가 필연적으로 전쟁의 승패로 귀결되지 않는다고 해서 전투가 중요하지 않다는 뜻은 결코 아니다. 그와 같은 경우는 사실 법칙이기보다는 예외에 속한다. 즉, 전투에 이긴 쪽이 전쟁도 이기는 경우가 대부분이다.

역사적으로 보면 전투에는 졌지만 끝내 전쟁에 승리한 쪽에는 몇 가지 조건이 있었다. 그중 하나가 바로 경제력의 확연한 차이다. 또 다른 하나는 적국에게 쉽게 점령당하지 않을 영토, 다시 말해 종심 방어를 가능하게 하는 지리적 여건이다. 이러한 조건들은 외생적으로 주어진 변수기 쉽다. 당장 어떻게 할 수 있는 대상이 아니라는 얘기다.

또한 전투의 수행에 필요한 전술을 전쟁의 수행에 필요한 전략보다 하위의 것으로 여기는 것도 섣부른 일이다. 둘은 각기 다른 차원에 존재하는 것일 뿐, 누가 더 중요하고 누가 덜 중요하고의 문제가 아니다. 실제 전투를 수행하는 이들의 노고와 희생이 없다면 제아무리 뛰어난 전략도 무용지물에 불과하고, 반대로 제대로 된 전략이 없다면 전투부대는 헛된 피를 흘릴 뿐이다.

특히, 후자를 맡은 이들이 전자를 행하는 사람들을 하찮게 보는 경향이 우리나라에는 있다. 사실 이는 비단 우리 군만의 문제기보다는 사회 전반적인 문제다. 이런 문제를 접할 때마다 나는 제2차 세계대전 때 유럽연합군 총사령관이었던 드와이트 아이젠하워Dwight Eisenhower의 고백이 생각난다. 그는 노르망디 상륙작전의 디데이D-Day를 하루 앞두고 미 101공수사단의 사병들과 함께 시간을 보냈다. 다음날 낙하산에 의지해 독일군 배후로 침투할 그들을 격려하기 위해서였다. 하지만 그는 동시에 "천진난만한 젊은이들을 사지로 몰아넣고 있는 게 아닌가 하는 죄책감에 잠을 이루지 못했다"고 했다.

이 책은 군사경제학 3부작의 두 번째 책이다. 전작인 『전투의 경제학』이 전투를 수리·경제적 관점에서 다뤘다면, 이 책은 전쟁을 경제적·수학적 관점에서 다룬다. 크게 보아 두 가지의 관점을 제시하고 있는데, 하나는 게임이론으로 전쟁을 분석하는 것이고, 다른 하나는 보급, 병참, 군수의 관점으로 전쟁을 바라보는 것이다. 후자는 특히 군인이든 군사에 관심이 있는 애호가든 인기 없는 걸로 둘째 가라면 서러워할 만한 주제다. 하지만 인기가 중요성을 대신할 수는 없다.

왜 이런 주제의 책을 쓰냐는 질문을 개인적으로 꽤 많이 받았다. 나도 설명하기는 참 어렵다. 보편적으로 관심을 가질 만한 주제도 아니고, 꼭 써야 하는 무슨 의무가 있는 것도 아니니까. 그럼에도 불구하고 '써야 한다'는 생각을 지울 수가 없었다. 평생의 숙제 같은 것이 아닐까 싶기도 하다.

모든 이들의 평화와 행운을 빈다.

2017년 7월

잠원 자택 서재에서

권오상

들어가는 말 • 7

PART 1 전쟁에서 경제는 얼마나 중요한가? • 15

CHAPTER 1 _ 불협화음으로 가득 찬 전쟁과 경제의 이중주 • 17

CHAPTER 2 _ 전쟁을 경제의 관점으로 분석하기 위한 게임이론 • 35

CHAPTER 3 _ 경제적 시각에서 바라본 전쟁 발발의 비효율성 퍼즐 • 53

PART 2 적이 더 강해지기 전에 공격해야 하는가? • 69

CHAPTER 4 _ 나폴레옹 이후 전통의 강국 프랑스와 도전자 프로이센의 악연 • 71

CHAPTER 5 _ 예방적 전쟁의 발발 가능성에 대한 이론 • 89

CHAPTER 6 _ 프랑스-프로이센 전쟁의 발발과 결말 • 104

PART 3 불확실성 하에서 어떻게 전쟁할 것인가? • 123

CHAPTER 7 _ 양면 전쟁은 제1차 세계대전 때 독일에게 최악의 시나리오 • 125

CHAPTER 8 _ 만취한 대령들이 내리는 최선의 공격 및 방어 전략 • 144

CHAPTER 9 _ 탄넨베르크에서 러시아 1군을 방치하고 2군에 올인하다 • 159

PART 4 전쟁의 승패를 가르는 숨은 주인공은? • 179

CHAPTER 10 _ 신출귀몰하는 "유령사단"의 지휘관, 북아프리카에 가다 • 181

CHAPTER 11 _ 아마추어 군인은 작전을, 프로페셔널 군인은 군수를 • 197

CHAPTER 12 _ 사막의 여우 롬멜도 군수의 한계는 넘을 수 없었다 • 211

PART 5 선제공격의 이득이 전쟁을 일으키는가? • 227

CHAPTER 13 _ 꼬일 대로 꼬인 팔레스타인과 이스라엘의 관계 • 229

CHAPTER 14 _ 선제적 전쟁과 예방적 전쟁, 그리고 기습적 전쟁의 차이 • 244

CHAPTER 15 _ 6일 전쟁과 욤 키푸르 전쟁에서 한 번씩 주고받다 • 257

PART 6 핵전쟁은 일어날 수 있는가? • 275

CHAPTER 16 _ 이래도 미쳤고(MAD) 저래도 미친(NUTS) 핵전쟁의 전략들 • 277

CHAPTER 17 _ 히로시마에서 쿠바 위기, 그리고 작전 오페라와 오차드까지 • 295

참고문헌 • 315

Adam Smith

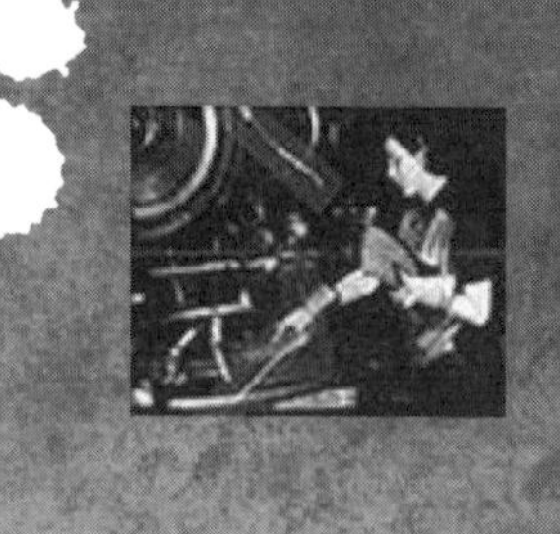

PART 1
전쟁에서 경제는 얼마나 중요한가?

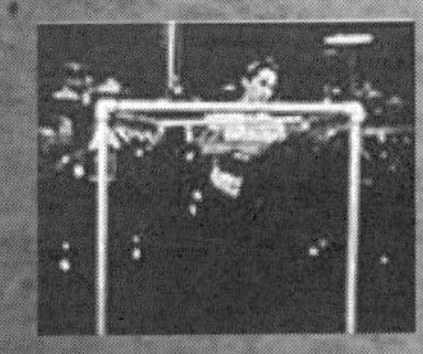

CHAPTER 1

불협화음으로 가득 찬 전쟁과 경제의 이중주

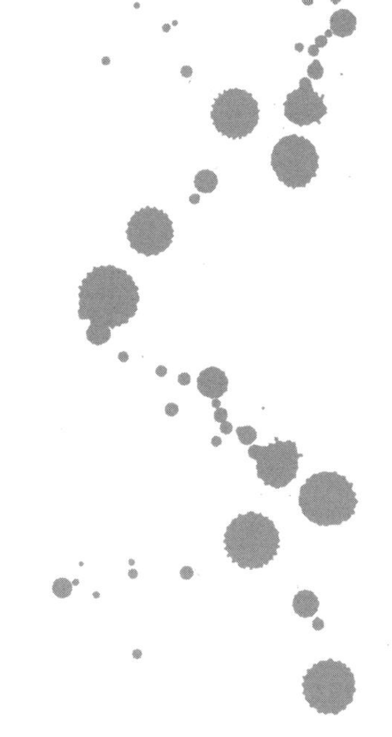

● 전쟁과 경제는 떼려야 뗄 수 없는 관계다. 아무리 생각해봐도 이를 부인할 대담한 사람은 없을 것 같다. 혹시라도 있다면 정말로 간이 부어 있거나 혹은 제정신이 아닐 것이다. 전쟁을 치르려면 군대와 무기, 그리고 돈이 필요하다. 군대, 무기, 돈에 각각 대응되는 노동력, 생산량, 자본은 경제의 핵심 중의 핵심이다. 하다못해 전쟁 시뮬레이션 게임을 한 번이라도 해본 사람은 이 둘의 불가분의 관계를 충분히 잘 안다.

경제학이 전쟁의 문제에 천착하게 된 것은 결코 최근의 일이 아니다. 전쟁과 군사력에 대한 관심은 경제학이라는 분야가 새로 생겨나던 때부터 있었다. 경제학의 시조는 영국의 애덤 스미스Adam Smith다. 바로 그 스미스가 전쟁과 경제의 관계에 대해 지대한 관심을 보였다.

이를테면, 스미스는 자신의 저서 『국부론The Wealth of Nations』에서 다음과 같이 말했다.

"오늘날의 전쟁에서는 화기에 소요되는 비용이 엄청나므로 이런 경

Adam Smith

●●● 경제학의 시조인 영국의 애덤 스미스는 전쟁과 경제의 관계에 대해 지대한 관심을 보였다. 그는 자신의 저서 『국부론』에서 오늘날의 전쟁에서는 화기에 소요되는 비용이 엄청나므로 이런 경비를 능히 부담할 수 있는 국가가 당연히 유리하다고 썼다. 다시 말해 경제력이 앞선 국가일수록 더 강한 군사력을 확보하게 되고, 그만큼 전쟁에서 이기기 쉽다는 주장을 했던 것이다.

비를 능히 부담할 수 있는 국가가 당연히 유리하다. 따라서 부유한 문명국이 가난한 미개국에 비해 훨씬 유리한 입장이다. 고대에는 부유한 문명국이 가난한 미개국의 공세로부터 자신을 지키기가 어려웠다. 하지만 오늘날에는 가난한 미개국이 부유한 문명국에 비해 스스로를 방어하기가 더 힘들다."

다시 말해, 경제력이 앞선 국가일수록 더 강한 군사력을 확보하게 되고, 그만큼 전쟁에서 이기기 쉽다는 주장을 스미스가 했던 것이다.

보통의 경제학자들은 스미스를 시장이 모든 것을 알아서 해결해준다는 시장만능주의자로 묘사하곤 한다. 각각의 개인은 자신의 사적 이익만을 추구할 따름이지만, 이른바 '보이지 않는 손'의 놀라운 능력을 통해 결과적으로 국가 전체의 공적 목적이 저절로 달성된다고 주장한다. 이들은 경제의 문제를 "시장이 옳으냐 아니면 정부가 옳으냐?" 하는 식의 단순한 이분법으로 재단하기를 즐긴다.

위와 같은 주장을 스미스가 되살아나서 들었다면 한마디로 어이없어했을 것이다. 『국부론』에서 그는 국가의 역할을 강조하고 또 강조했기 때문이다. 그렇기에 시장만능주의자의 원조로 자신의 이름이 거론되는 것에 대해서는 정말로 분통을 터뜨렸을 것 같다.

『국부론』의 원래 제목은 "국가의 부의 본성과 원인에 대한 탐구An inquiry into the nature and cause of the wealth of nations"다. 스미스에게 경제학이란 이처럼 국가의 관점에서 성립되는 것으로서 시장의 관점은 부차적이었다. 다시 말해, 정치와 분리될 수 없는 경제에 대한 연구, 즉 정치경제학이었다.

스미스는 유럽 각국의 상황을 검토한 후 금전적 이익만 남기면 그만이라는 중상주의를 맹렬히 비판했다. 독점권을 보유한 소수의 귀족 계급과 상인에게만 유리한 제도라는 이유에서였다. 그는 이들 특권층의 사적인 부는 국가의 힘을 갉아먹는 암적인 요소라고 봤고, 화폐는 부 자체기보다는 교환수단에 불과하다는 것을 알고 있었다.

궁극적으로 스미스는 보통의 서민들에게 부가 돌아가야 국가가 부강해진다는 지론의 소유자였다. 그게 『국부론』이라는 책을 쓴 동기기도 했다. 『국부론』에는 이외에도 정부가 무역에 간섭하는 보호무역이 경우에 따라 정당화될 수 있다는 견해나, 전쟁이 나면 강제징집을 통해 급히 구성한 민병대보다는 국민의 세금으로 평상시에도 운영되는 전문군대, 즉 상비군이 국가에 이롭다는 주장 등이 나온다. 이 정도면 군사와 경제의 관계에 대한 스미스의 관심이 보통 수준이 아니었음을 충분히 짐작할 수 있으리라.

사실, 스미스가 아니더라도 경제력이 전쟁의 승패에 영향을 미친다는 것을 깨닫는 것은 결코 어렵지 않다. 앞의 들어가는 말에서 언급한 2명의 군사적 영웅이 처했던 불운한 상황이 바로 그러했다. 카르타고의 인구와 영토, 그리고 그 두 가지로부터 파급되는 생산력은 로마에 비해 확연한 열세였다. 나폴레옹이 끝내 무릎을 꿇은 19세기 초반 프랑스의 경제력은 영국과 프로이센 두 나라가 합한 힘에 결코 미칠 수가 없었다.

이러한 상황은 찾고자 하면 얼마든지 찾을 수 있다. 가장 대표적인 예가 제1·2차 세계대전에서 미국과 연합국의 관계다. 미국의 경제력은 유럽의 여러 나라들의 경제력을 모두 합친 것에 못지않았고, 그래서 미국이 참전을 결심하는 순간 이미 전쟁의 승패가 결정된 것이나 다름없었다.

이를 테면, 제2차 세계대전 때 영국의 수상이었던 윈스턴 처칠Winston Churchill은 1941년 12월 7일 일본이 미국 하와이 진주만 해군기지를 공격했다는 소식을 듣고는 "그렇다면 결국은 우리가 이겼군!" 하고 기뻐할 정도였다. 반면, 히틀러도 같은 소식을 듣고 고무되었다는 건 역사의 아이러니다. 히틀러는 "이제는 우리가 전쟁에 질 리가 없다. 이제 우리에겐 3000년 동안 한 번도 패한 적 없는 동맹국이 생겼다"고 환호했던 것이다. 과거의 통계적 확률은 역시나 믿을 게 못 된다.

그렇다면 실제로 미국이 포함된 연합국과 독일, 이탈리아, 일본으로 구성된 추축국의 경제력의 차이가 어느 정도였는지 한번 확인해보자. 이럴 때 비교할 만한 지표로 우선 인구수나 영토의 넓이를 생각해볼 수 있다. 인구와 영토는 틀림없이 경제력의 중요한 요소로서 인구가 많고 영토가 넓을수록 더 큰 경제력과 군사력과 연결되곤 한다. 하지만 최다 인구 국가들이면서 영토도 광활한 중국과 인도가 제2차 세계대전 때 별다른 힘을 쓰지 못한 것을 생각하면 이게 전부는 아니다. 뭔가 빠진 게 있다.

그건 바로 한 나라의 총체적 생산력이다. 그리고 총체적 생산력을 포괄하는 경제적 지표를 하나만 고른다면 아무래도 국내총생산GDP, Gross Domestic Product을 골라야 할 듯싶다. 국내총생산은 1년의 기간 동안 그 나라 안에서 생산된 모든 최종생산물의 수량에 가격을 곱한 것을 모두 더한 값이다. 이 안에는 식량, 의복, 연료 등 기본적인 의식주에 해당되는 것부터 무기, 차량, 함선, 화약 등 직접적인 전쟁 수행에 필요한 모든 물품들이 다 포함되어 있다. 국내총생산은 약점투성이의 불완전한 지표라 그 숫자에 너무 엄밀한 의미를 부여하는 것은 섣부른 일이다. 하지만 국가 간의 개략적인 경제력 비교가 목적이라면 충분히 그 의의를 찾을 수 있다.

1941년 기준 각국의 국내총생산을 비교해보면, 미국은 1,094인 반면, 독일은 441, 이탈리아는 144, 일본은 196이었다. 이 숫자들은 1990년의 미 달러 가치로 환산한 값이니 단위에 크게 신경 쓰지 말고 상대적 비교 목적으로만 이해하자. 추축국 3국의 국내총생산을 다 더해도 781로서 미국의 약 70%에 불과했다. 여기에 비시 정부Gouvernement de Vichy 프랑스의 130을 더한다 해도 911에 그친다.

사실, 미국이 참전하기 직전 연합국 진영의 경제력은 상대적 열세에 놓여 있었다. 같은 해 영국의 국내총생산은 344, 독일에 일격을 얻어맞은 소련은 359로 합해봐야 703으로 추축국에 밀렸다. 물론 그렇게 된 근본적 원인은 프랑스를 비롯한 일련의 유럽 국가들이 독일에 점령당해 전열에서 이탈했기 때문이었다.

원래 연합국 측은 특히 서부 유럽만 놓고 보면 경제력에서 어느 정도 앞서 있었다. 1939년 기준 영국은 287, 프랑스는 199였고, 독일은 411, 이탈리아는 151이었다. 이대로만 놓고 보면 486 대 562로 연합국이 작지만, 여기에 네덜란드의 45, 벨기에의 40, 덴마크의 21, 노르웨이의 12 등을 감안하면 한 10% 이상 더 컸다.

이와 비슷한 사례들로부터 우리는 두 가지 결론을 도출해낼 수 있다. 하나는 경제력의 극명한 차이를 군대의 전투력만으로 극복하기는 참으로 어렵다는 사실이다. 가령, 태평양전쟁으로 국한시켜놓고 보면 미국과 일본의 경제력 차이는 5배 이상이었다. 이걸 뒤집는다는 것은 거의 기적에 가까운 일이었다.

진주만 공격을 입안하고 지휘한 일본의 연합함대 사령장관 야마모토 이소로쿠山本伍十六는 이 사실을 누구보다도 잘 인식하고 있었다. 그는 진주만 공격 1년여 전인 1940년 9월 당시의 총리대신 고노에 후미마로近衛文磨에게 "저는 만약 결과에 상관없이 싸우라는 지시를 받는다면 6개월이나 어쩌면 1년 동안은 꽤 설칠 수 있겠지만, 둘째 해나 셋째 해에는 자신이 없습니다. 저는 귀공이 일본-미국 전쟁을 피하도록 애써주시기를 바랍니다"라는 의견을 전달했다. 그의 의견은 결국 묵살되었고 실제로 일본은 약 7개월 후인 미드웨이 해전Battle of Midway을 기점으로 종전까지 일방적인 수세에 몰리고 말았다.

다른 하나는 경제력의 차이가 아주 크지 않다면 단순히 경제력의 비교만으로 전쟁의 승패가 갈리지 않는다는 점이다. 다시 말해, 경제력상의 약간의 열세는 군대의 전투력으로 극복 못 할 정도는 아니다. 1940년 유럽 서부전선에서 연합국이 독일에 속절없이 밀린 것이 그 예다. 독일의 동맹국이었던 이탈리아도 전쟁에 참가하고 있기는 했지만 유럽 서부전선과는 무관했기에 그 전역은 오직 독일만의 전쟁이었다.

하지만 위의 결론들은 결코 기계적인 법칙이 아니다. 예외를 찾고자 하면 얼마든지 찾을 수 있다. 예를 들면, 1904년부터 1905년까지 러시아와 일본이 치른 러일전쟁을 보자. 당시 일본의 국내총생산은 러시아의 30%에 불과했고, 인구도 4,600만 명 대 1억 4,600만 명으로 거의 비슷한 비율로 적었다. 그렇지만 일본은 러시아를 너끈히 무릎 꿇려 세계를 놀라게 했다.

경제력의 극명한 차이를 군대의 전투력만으로 극복하기는 참으로 어렵다. 가령, 태평양전쟁 당시 미국과 일본의 경제력 차이는 5배 이상이었다. 이걸 뒤집는다는 것은 거의 기적에 가까운 일이었다. 위 사진은 1942년 6월 6일 미드웨이 해전 당시 일본 중순양함 미쿠마를 공격하는 미 해군 더글래스 SDB-3 던틀리스 급강하폭격기.

VS

하지만 예외도 있다. 게릴라전 같은 비대칭전쟁의 경우라면 경제력의 비교는 그 의미를 잃는다. 1960, 70년대 미국의 베트남 전쟁은 경제력이나 군사력 어느 측면으로도 비교가 되지 않는 싸움이었지만, 미국은 사실상 패배했다.

게릴라전 같은 비대칭전쟁의 경우라면 경제력의 비교는 더욱 그 의미를 잃는다. 1960, 70년대 미국의 베트남 전쟁이나 1980년대 소련의 아프가니스탄 전쟁 등은 경제력이나 군사력 어느 측면으로도 비교가 되지 않는 싸움이었지만 미국과 소련은 각각 사실상 패배했다.

국내총생산보다는 1인당 국민소득이 더 나은 지표라는 견해를 갖는 사람도 없지 않다. 단순한 생산력보다는 테크놀로지 수준이 전쟁의 승패에 더 결정적이라는 관점이라면 수긍할 만하다. 20세기 중에 있었던 총 37번의 전쟁 중 1인당 국민소득이 높은 쪽이 승리한 경우는 총 28번으로 약 76%의 확률에 해당한다. 일례로, 1·2·3차 중동전에서 아랍국가들의 국내총생산은 이스라엘을 압도했지만 전쟁에서는 완패하고 말았다. 반면, 1인당 국민소득의 관점에서 보면 이스라엘 쪽이 높았던 것이다.

국내총생산이건 1인당 국민소득이건 전쟁에서 한 국가의 경제력을 보는 이유는 바로 전쟁의 수행에 막대한 비용이 들기 때문이다. 군대는 평상시에도 더 많은 병력과 최신 무기를 원한다. 하물며 전시에는 말할 것도 없다. 하지만 원하는 것을 원하는 만큼 마음대로 갖는 것은 경제의 원리에 어긋난다.

그래서 군대의 가장 큰 적은 적국의 군대가 아니라 자국의 재무부라는 우스갯소리 아닌 우스갯소리도 있다. 자신들이 원하는 대로 예산을 주지 않는 데 대한 반감이 쌓이고 쌓인 탓이다. 실제로 제2차 세계대전이 한창인 1940년 5월 영국의 재무부는 영국 경제 전반에 대한 통제권을 잃었다. 또한 재무장관은 두 번에 걸쳐 전쟁 내각으로부터 축출되기도 했다. 전쟁 수행에 별로 도움이 되지 않는 조직이라는 국방부의 의견 때문이었다. 심지어 제2차 세계대전 종전 후 냉전시대에 영국 국방부가 관리하는 '핵전쟁 시 반드시 피신시켜야 할 210명'의 명단에 장관 포함 재무부 사람은 단 한 명도 포함되지 않았다.

실제로 전쟁을 벌이는 데에는 엄청난 돈이 소요된다. 그리고 이는 예나 지금이나 변함이 없다. 한 사례로 펠로폰네소스 전쟁Peloponnesian War 때 아테네가 쓴 돈의 규모와 그 돈을 어떻게 조달했는지 알아보자. 기본적으로 아테네의 수입원은 델로스 동맹에 속한 주변의 도시국가들로부터 받던 조공으로, 아테네는 이들로부터 매년 400~560탈란트를 걷었다. 한편, 27년간 지속된 전쟁에서 편차는 있지만 매년 평균적으로 1,527탈란트의 비용이 들었다. 이에 대처하고자 아테네는 전쟁이 발생하던 기원전 431년에는 조공을 600탈란트로 올렸고 기원전 429년부터 기원전 420년까지는 매년 1,300탈란트씩 걷었다.

하지만 그것만으로 감당이 되지 않자 아테네는 기원전 422년까지 매년 평균 600탈란트를 다른 도시국가인 폴리나스와 니케아로부터 추가로 빌려야 했다. 빌린 돈을 갚기 위해 처음에는 조공을 폐지하고 아테네를 통과하는 모든 물품에 대해 5%의 세금을 부과했는데, 그걸로도 모자라 기원전 410년부터는 조공과 10%로 인상된 세금을 동시에 물리기까지 했다. 델로스 동맹 소속 도시국가들은 이로 인해 피폐해질 대로 피폐해졌고, 기원전 405년 아테네가 아이고스포타미 해전Battle of Aegospotami에서 패하자 반기를 들었다. 수입이 끊긴 아테네는 결국 기원전 404년 스파르타에 항복할 수밖에 없었다.

위 아테네의 사례에는 전쟁비용을 조달하는 방법들이 총망라되어 있다. 그 방법이란 직접 돈을 걷거나 혹은 정부의 이름으로 돈을 빌리

●●● 펠로폰네소스 전쟁 당시 아테네는 전쟁비용 조달을 위한 모든 방법을 동원했다. 자국민에게는 세금을 거뒀고 동맹국으로부터는 조공을 받았으며, 그래도 모자라면 주변 국가에게 돈을 빌렸다. 이는 지금 현재까지도 사용되는 방법들이다. 전비 조달에 관한 결정은 이를 현재 세대에게 물릴 것이냐 혹은 일단 다음 세대에게 떠넘기고 볼 것이냐의 문제기도 하다.

●●● 국민 개개인이 소득세를 내기 시작한 것도 바로 전쟁 때문이다. 소득세는 영국 수상 윌리엄 피트(William Pitt the Younger)가 프랑스 혁명 전쟁에 맞서 무기와 장비를 구매하기 위한 비용을 충당할 목적으로 1798년 12월에 최초로 도입했다. 전쟁비용은 결국 세금이건 국채건 간에 온전히 그 나라 국민들의 몫이다.

는 것, 즉 국채를 발행하는 것이다. 거기에 더해 미국이 다른 나라들의 돈으로 치른 1991년 걸프전의 파이낸싱 기법도 발견할 수 있다. 전비를 어떻게 조달할 것이냐의 결정은 이를 현재 세대에게 물릴 것이냐, 혹은 다음 세대에게 일단 떠넘기고 볼 것이냐의 문제기도 하다. 대다수의 국가들은 거의 전적으로 세금에만 의존해 전쟁을 치르곤 했다. 한편, 영국은 부도를 내지 않는다는 평판을 지킨 탓에 국채를 통한 전비 조달도 폭넓게 활용해온 예외적 존재다.

국민 개개인이 소득세를 내기 시작한 것도 바로 전쟁 때문이다. 소득세는 1798년 프랑스 혁명 전쟁 때 영국에 최초로 도입되었다가 1816년에 폐지되었다. 그러다 1842년에 다시 부활해 오늘에 이른다. 미국도 원래는 소득세를 내지 않던 나라였다. 그러다 남북전쟁이 시작된 1861년에 강제적으로 부과하기 시작했고 남북전쟁 종전 후 폐지했다가 영국처럼 재도입했다. 결국, 전쟁비용은 세금이건 국채건 간에 온전히 그 나라 국민들의 몫이다.

지금까지 경제력이 전쟁에 어떤 영향을 미치는지를 알아봤다면 이제부터는 그 역에 대해 알아보자. 즉, 전쟁이 한 나라의 경제에 어떠한 영향을 미치는지를 묻는 것이다.

일부 경제학자들은 전쟁이 경제에 긍정적인 영향을 미친다는 견해를 갖고 있다. 전쟁을 일으키는 원인이 경제적 이득을 얻기 위해서고 그렇게 획득한 경제적 이득은 다시 새로운 전쟁을 일으키는 유용한 자원이 된다는 주장은 전쟁이 경제에 긍정적이라는 견해의 능동적 변종이다. 제국주의적 관점이라 할 수 있는 이러한 설명은 제2차 세계대전 중의 독일이나 일본의 행태와 꽤 부합한다. 독일의 레벤스라움Lebensraum, 즉 생존권역 개념이나 일본의 대동아공영권 같은 것들이 그 예다. 빼앗은 다른 나라의 영토 모두가 경제적인 이익이라고 볼 수는 없지만, 전체적으로 보면 이익임에는 틀림없다는 것이다.

전쟁이 경제에 긍정적이라는 견해의 수동적 변종은 다른 나라의 영토나 자원을 빼앗지 않더라도 전쟁 행위 그 자체가 경제를 진작하는 효과가 있다는 주장이다. 이를 가리켜 '전쟁의 철의 법칙'이라고 부르기도 한다. 이러한 주장을 하는 사람들은 제1차 세계대전과 제2차 세계대전, 그리고 1950년의 한국전쟁 때 미국의 실질 국내총생산이 큰 폭으로 증가되었다는 사실을 그 증거로 즐겨 제시한다.

좀 더 자세히 들여다보면 위 전쟁들이 어떻게 경제를 부양하는 효과를 가져왔는지 깨달을 수 있다. 이를 테면 당시 미국의 군비 지출은 실업인구를 통해 이뤄졌다. 즉, 다른 부문이 활용하는 자원과 생산력

WOMEN MAKE ARMY AND NAVY EQUIPMENT

TEXTILE MILLS SUPPLY THE WARP AND WOOF OF THE ARMED FORCES

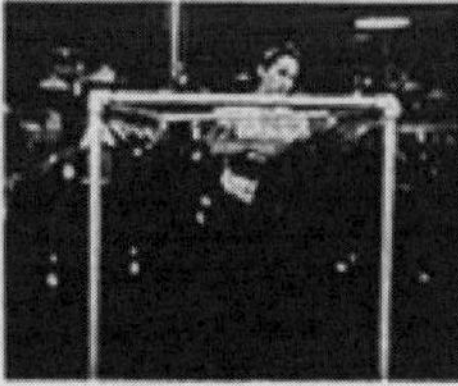

THE CLOTHING INDUSTRY EMPLOYS MANY WOMEN ON UNIFORMS

UNDERWEAR FOR YANKS—WARM-UP FOR VICTORY

THE ARMY MARCHES ON—SHE PACKS SHOES

PUNCH-PRESS OPERATORS WEAR SLACKS FOR SAFETY IN THE ELECTRICAL INDUSTRY

RADIO TRANSMITTERS RESPOND TO A WOMAN'S TOUCH

THESE COME IN HANDY WHEN AIRPLANES ARE FORCED DOWN AT SEA

JUST AS GOOD AS A MAN—DRAFTING IN A WAR INDUSTRY

THE GENERAL PRAISES A SOLDIER ON THE PRODUCTION LINE

●●● 전쟁이 경제에 긍정적이라는 견해의 수동적 변종은 다른 나라의 영토나 자원을 빼앗지 않더라도 전쟁 행위 그 자체가 경제를 진작하는 효과가 있다는 주장이다. 이를 가리켜 '전쟁의 철의 법칙'이라고 부르기도 한다. 이러한 주장을 하는 사람들은 제1차 세계대전과 제2차 세계대전, 그리고 1950년의 한국전쟁 때 미국의 실질 국내총생산이 큰 폭으로 증가되었다는 사실을 그 증거로 즐겨 제시한다. 위 사진은 제2차 세계대전 당시 미 육군과 해군의 다양한 군수품을 생산하는 여성 노동자들의 모습을 보여주는 미 노동부 여성국 사진.

을 희생시켜 얻은 게 아니라 활용되지 못하던 잠재적 생산력에 생기를 불어넣음으로써 국내총생산을 증가시켰던 것이다. 실제로 전쟁 기간 동안 미국의 실업률은 하락했다. 일자리가 충분치 않아 내수가 신통치 않을 때의 대응책으로 정부가 적극적인 재정정책을 펼치는 것과 같은 논리적 연장선상에 있는 이 효과를 완전히 부인하기는 어렵다.

그러나 전쟁이 경제에 미치는 부정적 효과도 분명히 존재한다. 가장 전형적인 예는 군국주의 국가의 경우다. 군국주의 국가란 국가의 모든 자원과 역량을 오직 군대와 전쟁을 위해 사용하는 국가다. 공식적으로는 국내총생산의 10% 이상이 군에 관련되어 있고 인구의 2% 이상이 군인으로 복무 중이면 군국주의 국가로 판정한다. 스미스는 『국부론』에서 고대 그리스 인구의 20~25%는 스스로를 군인으로 간주했다고 지적했다. 이 기준에 비추어보면 고대 그리스 도시국가들은 예외 없이 군국주의 국가에 속했다고 볼 수 있다.

적지 않은 수의 군사경제연구자들에 의하면, 지속 가능한 군대의 규모는 전체 인구 대비 1% 정도다. 잠깐 동안이라면 1%를 넘어설 수도 있겠지만 그런 상태가 장기간 지속되면 국가의 경제가 손상되기 마련이다. 역설적이지만, 군국주의 국가가 전쟁에서 실제로 이기는 경우는 생각보다 많지 않다. 아마도 이는 국가가 장기적으로 지탱할 수 있는 한도를 넘어서서 단기의 군사적 성과에 목을 매기 때문일 것이다. 다시 말해, 국가의 경제를 운영함에 있어 군국주의는 비효율적이기 쉽다.

전쟁에 따라오기 십상인 낭비나 물가상승으로 인한 악영향도 고려해야 한다. 예를 들어, 제1차 세계대전 때 미국의 신발 제조업자들은 군화 3,500만 켤레를 미군에 팔았지만 400만 명의 미군 병사들에게는 한 켤레 아니면 두 켤레만 지급되었다. 결국 종전 시 2,500만 켤레가 남았는데 회사가 번 돈을 반환할 리는 없었다. 또 가죽 제조업자들은 매클레런McClellan 말안장을 수십만 개나 미군에게 팔았지만 기병대는 파견되지 않았다. 가장 극적인 예는 한 마차 제조업체의 경우다. 이 회사는 대령들이 자동차를 타서는 안 되며 더불어 말을 타도 안 된다는 주장을 폈다. 그 결과 6,000대의 '대령 전용' 사륜마차를 미군에 팔아 넘기는 데 성공했다. 그중에 실제로 사용된 마차는 단 한 대도 없었다.

사실, 요즘의 전쟁은 전면전보다는 내전인 경우가 많다. 1세기 전만 해도 10건의 전쟁이 있으면 그중 9건이 국가 간 전면전이었지만 현재는 그 반대다. 내전은 평균 7, 8년 정도 지속되는 경향이 있고, 그로 인한 피해를 복구하고 내전 전의 상태로 돌아가는 데에만 보통 10년 이상 소요된다. 다시 말해, 저개발국들이 주로 겪는 내전에서는 '전쟁의 철의 법칙'이 성립되기를 기대할 수 없다.

전쟁이 경제에 긍정적일 수 있다는 주장에 대한 가장 강력한 반론은 아마도 전쟁을 통해 이득을 얻는 사람들과 손해를 보는 사람들이 같지 않다는 점이다. 전쟁을 통해 돈을 버는 사람들은 분명히 있다. 한편, 대다수의 국민들은 전쟁이 자국 내에서 치러지면 직접적인 인명과 재산상의 손해를 입기 쉽고, 특히 전쟁터에 나서는 군인들은 부상을 당하거나 목숨을 잃는다. 그리고 앞에서도 지적했듯이 전쟁을 치르는 비용은 결국 평범한 국민들의 주머니에서 나오기 마련이다. 사람들의 목숨의 대가로 발생된 국내총생산의 증가를 경제의 관점

●●● 예일대의 폴 케네디는 "역사적으로 강대국들은 부를 축적하면서 힘을 얻었고, 한편 그 힘을 무리하게 지키려고 하면서 결국은 자신의 부를 소진시켰다"고 전쟁과 경제의 관계를 정리했다. <사진 출처: CC BY 2.0 / US Naval War College>

에서 긍정적이라고 평가할 수 있는지는 두고두고 되새겨봐야 할 문제다.

틀림없는 사실은 전쟁을 논하면서 경제적 관점을 도외시할 수는 없다는 점이다. 경제학은 전쟁의 제반 사항, 즉 원인이나 효과 등을 분석하고 이해하는 데 도움이 될 수 있다. 또한 전쟁을 경제적 관점으로 본다는 것은 이익과 장려책, 그리고 선택 사이의 관계로 인식하는 것이기도 하다. 전쟁에는, 그것이 설혹 잘못된 것일지언정, 경제적 동기가 개입될 수 있다. 예일대의 폴 케네디Paul Kennedy는 "역사적으로 강대국들은 부를 축적하면서 힘을 얻었고, 한편 그 힘을 무리하게 지키려고 하면서 결국은 자신의 부를 소진시켰다"고 전쟁과 경제의 관계를 정리했다.

하지만 경제적 관점과 무관한 다양한 측면들이 전쟁에 존재한다는 점도 인정하지 않을 수 없다. 나폴레옹 시절의 독일 군인 칼 폰 클라우제비츠Carl von Clausewitz는 이를 일컬어 "전쟁은 열정, 운, 이성으로 이뤄진 삼위일체"라고 지적했다. 전쟁과 경제는 사실 같은 동기에 의해 좌지우지되는 것일지도 모른다. 그것은 바로 탐욕과 공포다. 그렇게 보면 영국의 유미주의 작가 오스카 와일드Oscar Wilde의 말처럼, 진실은 좀처럼 순수하지 않으며 결코 단순하지 않다.

그게 바로 전쟁과 경제의 관계다.

CHAPTER 2

전쟁을 경제의 관점으로 분석하기 위한 게임이론

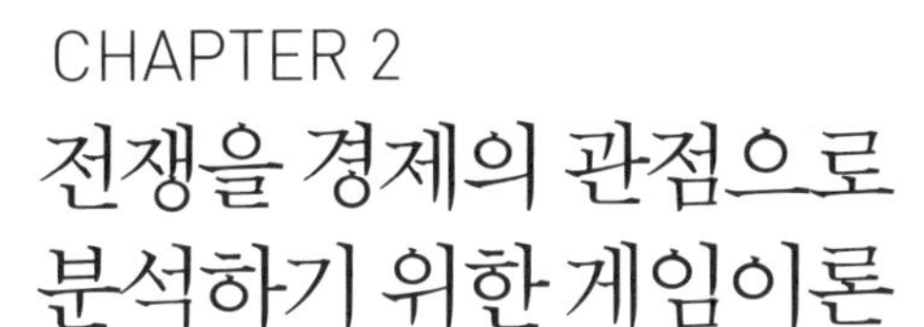

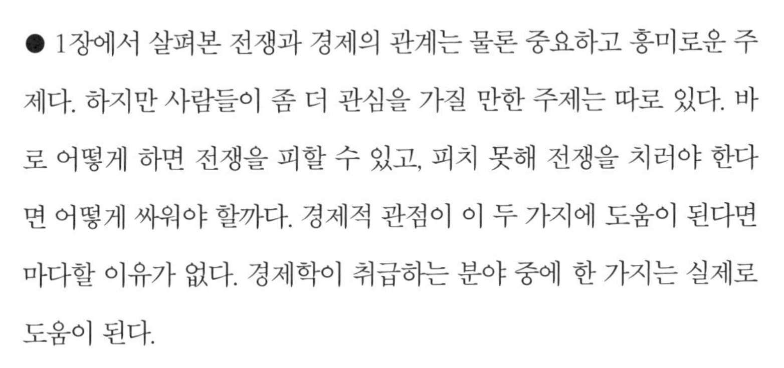

● 1장에서 살펴본 전쟁과 경제의 관계는 물론 중요하고 흥미로운 주제다. 하지만 사람들이 좀 더 관심을 가질 만한 주제는 따로 있다. 바로 어떻게 하면 전쟁을 피할 수 있고, 피치 못해 전쟁을 치러야 한다면 어떻게 싸워야 할까다. 경제적 관점이 이 두 가지에 도움이 된다면 마다할 이유가 없다. 경제학이 취급하는 분야 중에 한 가지는 실제로 도움이 된다.

이제 여러분이 실제로 전쟁을 수행하는 당사자라고 상상해보도록 하자. 참전 여부를 결정짓는 정치지도자나 혹은 군대를 직접 지휘하는 사령관이라고 가정하자는 거다. 취임하자마자 결정해야 하는 문제가 들이닥친다. "A를 공격할까요, 아니면 B를 공격할까요?"와 같은 질문 아니면 "2배 많은 적군을 상대로 부대 C가 현재 위치를 고수해야 할까요, 아니면 후퇴해서 전열을 재정비해야 할까요?"와 같은 구체적이면서 중대한 군사적 결정을 내려야 한다. 당신이 잘못된 결정을 내리면 수많은 부하들이 목숨을 잃게 되고, 나아가 국가의 존폐가 위태로워진다.

이러한 상황을 상상해보면 전쟁에서 의사결정의 어려움을 실감할 수 있다. 가령, 앞의 두 번째 상황에서 현재 위치를 고수하기로 결정했다고 해보자. 진지 방어의 성공 여부는, 그러나, 내 결정 이상으로 적군의 결정에 달린 일이다. 그 지역을 반드시 빼앗겠다고 적군이 생각한다면 그 이상의 부대를 투입할 테고 그러면 부대 C는 헛되이 전력만 소모하는 꼴이 된다. 반면, 함락시키기 어렵다고 보고 부대를 뒤로 물리지 말란 법도 없다.

말하자면, 내가 어떤 결정을 내렸다고 해서 최종적인 결과가 확정되는 게 아니다. 전쟁은 내 결정만큼이나 상대방의 결정에 따라 결과가 달라진다. 문제는 상대방의 선택을 미리 알 수 있는 방법이 없다는 데 있다. 상대방의 군사적 결정은 한마디로 불확실하다. 불확실성은 전쟁의 본질적인 특성이다.

클라우제비츠가 한 유명한 말 중에 '네벨 데스 크리게스Nebel des Krieges', 즉 전쟁의 안개라는 말이 있다. 전쟁에 내재되어 있는 불확실성을 가리키는 말이다. 그는 세 가지의 불확실성이 있다고 봤다. 첫째는 아군의 실제 전투능력이고, 둘째는 적군의 규모와 전력이며, 셋째는 적군의 의도 혹은 행동이다.

병력 수가 전적으로 동일한 아군의 2개 보병사단이 있을 때, 그 두 사단의 전투력이 반드시 같지는 않다. 지휘관의 지휘 역량과 부대원들의 무장, 훈련 상태, 전투 의지 등에 따라 얼마든지 천양지차의 결과가 발생된다. 또한, 상대하는 적군의 규모와 전투력은 늘 언제나 불

●●● 클라우제비츠가 한 유명한 말 중에 '네벨 데스 크리게스(Nebel des Krieges)', 즉 전쟁의 안개라는 말이 있다. 전쟁에 내재되어 있는 불확실성을 가리키는 말이다. 그는 세 가지의 불확실성이 있다고 봤다. 첫째는 아군의 실제 전투능력이고, 둘째는 적군의 규모와 전력이며, 셋째는 적군의 의도 혹은 행동이다. 클라우제비츠는 전쟁 행위의 4분의 3은 이러한 불확실성에 의해 좌지우지된다고 했다. 어떻게 이러한 전쟁의 불확실성을 헤쳐나갈 수 있을까?

확실하기 마련이다. 나아가 그 불확실한 규모와 전투력의 적 부대가 구체적으로 취하게 될 행동은 더더욱 미스터리다. 클라우제비츠는 전쟁 행위의 4분의 3은 이러한 불확실성에 의해 좌지우지된다고 했다.

무언가가 불확실할 때 이를 확률로써 나타내려는 시도가 있을 수 있다. 경제학이 즐겨 사용하는 방법이다. 하지만, 안타깝게도 전쟁에서 이러한 접근법은 쓸 수가 없다. 왜냐하면 적군의 의도와 행동은 확률로 나타낼 수 있는 대상이 아니기 때문이다. 사람은 누구나 자기 자신만의 기준에 따라 결정을 내리며 적군의 군사적 결정도 다르지 않다. 그렇기 때문에, 확률을 임의적으로 부여하고 그로부터 결과의 기대값을 구해 결정을 내리는 경제학적 '기대값 극대화' 방법은 쓸 수도 없고 써서도 안 된다.

적군이 내리는 결정의 불확실성은 피할래야 피할 수 없는 숙명이다. 이럴 때 흔히 시도하는 행위 중의 하나가 상대방의 결정을 예측하려 드는 것이다. 정찰이나 첩보 등을 통해 상대방 결정의 불확실성을 줄이거나 심지어는 아예 없애버리려 든다.

더 많은 정보를 획득하려는 행위 자체는 비난받을 만한 일이 아니다. 하지만 섣부른 단정적인 판단을 내리게 된다면 그건 다른 얘기다. "절대로" A를 공격할 리가 없고 "반드시" B를 공격할 거라는 지휘관의 믿음이 그릇된 것으로 판명될 경우 극심한 패배는 피할 수 없다. 전투와 전쟁은 물론 과단성 있게 치러야 한다. 그러나 불확실성이 싫다고 어설프게 적의 행동을 예단하는 것은 과단성이 아닌 무모함의 발휘다. 부대의 규모가 커질수록 신중하고도 사려 깊은 결정이 요구되는 이유다.

이제 역사적 사례를 통해 실제로 어떻게 전쟁의 불확실성을 헤쳐나갈 수 있는지 알아볼 차례다. 그 대상은 1982년 영국과 아르헨티나가 벌인 이른바 포클랜드 전쟁Falklands War이다. 먼저 전쟁의 무대가 된 섬에 대해 알아보도록 하자.

포클랜드 제도는 남대서양과 남극해의 접경지역인 남위 53도에 위치한 일련의 섬이다. 면적은 제주도 면적의 약 7배인 1만 2,000제곱킬로미터 정도로 경상남도나 전라남도 정도의 크기다. 하지만 인구는 2012년 기준으로 3,000명에 지나지 않고, 해안가에 펭귄 떼들이 옹기종기 모여 있을 정도로 추운 지방이라 지정학적인 가치 외의 다른 경제적 유용성은 별로 없다. 제1차 세계대전 때 7척의 영국 함대와 5척의 독일 함대가 맞붙어 독일 측이 장갑순양함 샤른호르스트Scharnhorst와 그나이제나우Gneisenau를 포함한 함선 4척을 일방적으로 잃은 포클랜드 해전의 무대기도 했다.

역사적으로 보면, 프랑스와 영국이 18세기 중반에 각기 병력과 인원을 섬에 보내 정착지를 꾸몄다. 프랑스 쪽이 2년 앞섰는데 프랑스군 부대를 지휘한 사람은 루이 앙트완 드 부갱빌Louis Antoine de Bougainville로, 그의 성은 남태평양의 섬 이름으로도 유명하다. 프랑스는 이내 스페인에게 섬에 대한 권리를 넘겼고, 스페인은 이 섬을 말비나스 제도Islas Malvinas라고 불렀다.

19세기 초 스페인으로부터 독립한 아르헨티나는 이 섬에 대한 영유권을 주장하고 정착민을 보냈다. 하지만 간헐적으로 영국의 군대가 나타나 섬을 점령하고는 영국의 영토임을 재천명하는 일이 반복되었다. 1840년경부터는 영국인으로 구성된 정착지가 완전히 확립되었고, 100년이 넘게 영국의 지배를 받았다. 그러나 아르헨티나는 이를 인정하지 않았다.

제2차 세계대전 후 세계 제국의 지위를 잃은 영국에게 포클랜드 제도의 지정학적 중요성은 예전 같지 않았다. 군대를 주둔시키기 위한 경제적 부담이 크게 느껴졌을 뿐 아니라 평화적 해결을 종용하는 국제연합UN, United Nations의 압력도 있어서, 1960년대 후반부터 영국은 포클랜드 제도를 넘기는 협상을 아르헨티나와 실제로 벌였다. 하지만 막상 대부분 영국계인 포클랜드 주민들의 반대로 인해 결말이 쉽게 나지 않았다. 그러던 와중에 1982년 4월 내부적 불만을 딴 데로 돌리기 위해서였는지, 아르헨티나는 포클랜드 제도와 남대서양의 사우스조지아South Georgia 섬, 그리고 사우스샌드위치 제도South Sandwich Islands를 무력으로 점령해버렸다. 섬에 주둔 중이던 소수의 영국 해병대는 중과부적으로 항복했다.

자, 이제 여러분이 당시 영국의 수상이었던 마거릿 대처Margaret Thatcher라고 해보자. 아르헨티나의 무력 점령에 대한 영국의 대응 방안은 두 가지였다. 하나는 1만 3,000킬로미터의 거리를 감수하고서라도 군대를 보내 전쟁을 벌이는 것이다. 다른 하나는 외교적 수단에 의존해 사태 해결에 나서는 것이다.

이 두 가지 방안을 택했을 때의 결과를 미리 확실히 알 수 있다면 결정은 너무나 쉽다. 더 나은 결과가 나오는 쪽을 택하면 그만이기 때문이다. 그러나 그렇지 못하다는 게 문제다. 아르헨티나가 어떤 행동을 하느냐에 따라 결과가 달라지게 됨은 너무나 자명하다. 그렇다면 어떤 행동을 할지를 섣불리 정하지 말고 우선 어떤 행동이 가능한지 알아봐야 한다.

크게 보아 아르헨티나도 두 가지 선택이 가능하다고 가정해보자. 하나는 점령한 포클랜드 제도를 지키기 위해 계속 군사적 노력을 기울이는 것이고, 다른 하나는 점령을 포기하고 부대를 철수시키는 것이다. 아르헨티나에게 이와 같은 두 가지 대안이 있음을 생각해내는 것은 조금 귀찮기는 하지만 그렇게 어려운 일이 아니다.

내 대안과 적의 대안이 모두 나열되었다면 그 다음에는 각각의 경우에 어떤 결과가 발생할지를 따져봐야 한다. 예를 들어, 내 입장에서 최선의 시나리오는 외교적 수단으로 아르헨티나군을 철수시키는 것이다. 그 다음의 차선은 군대를 파병하고 아르헨티나군이 철수하는 것이다. 아르헨티나군이 철수했다는 사실은 같지만 군대를 보낸 막대한 비용을 고스란히 감내해야 하기 때문에 처음의 시나리오만 못하다.

군대를 보냈는데도 불구하고, 아르헨티나가 일전을 감수하고 포클랜드에서 철수하지 않는 상황은 앞의 두 번째만도 못하다. 전쟁이 불가피한데, 이길 수도 있지만 질 수도 있기 때문이다. 외교적으로 해결하려고 했지만 아르헨티나가 철군하지 않는 상황은 가능한 네 가지의 시나리오 중에 최악이다. 결과적으로 포클랜드 제도를 빼앗긴 셈이고, 외교·군사적으로 무능력한 수상이라는 오명을 뒤집어써 정치생명에도 심각한 위협이 될 게 분명하다.

군대를 보냈을 때가 외교적 수단에 의존했을 때보다 항상 더 나은 결과를 가져오거나 혹은 반대로 외교적 수단에 의존했을 때가 항상 더 나은 결과를 가져온다면 걱정할 게 없다. 더 나은 쪽을 택하면 되기 때문이다. 그러나 앞의 시나리오들을 보면 알겠지만 그렇지가 못

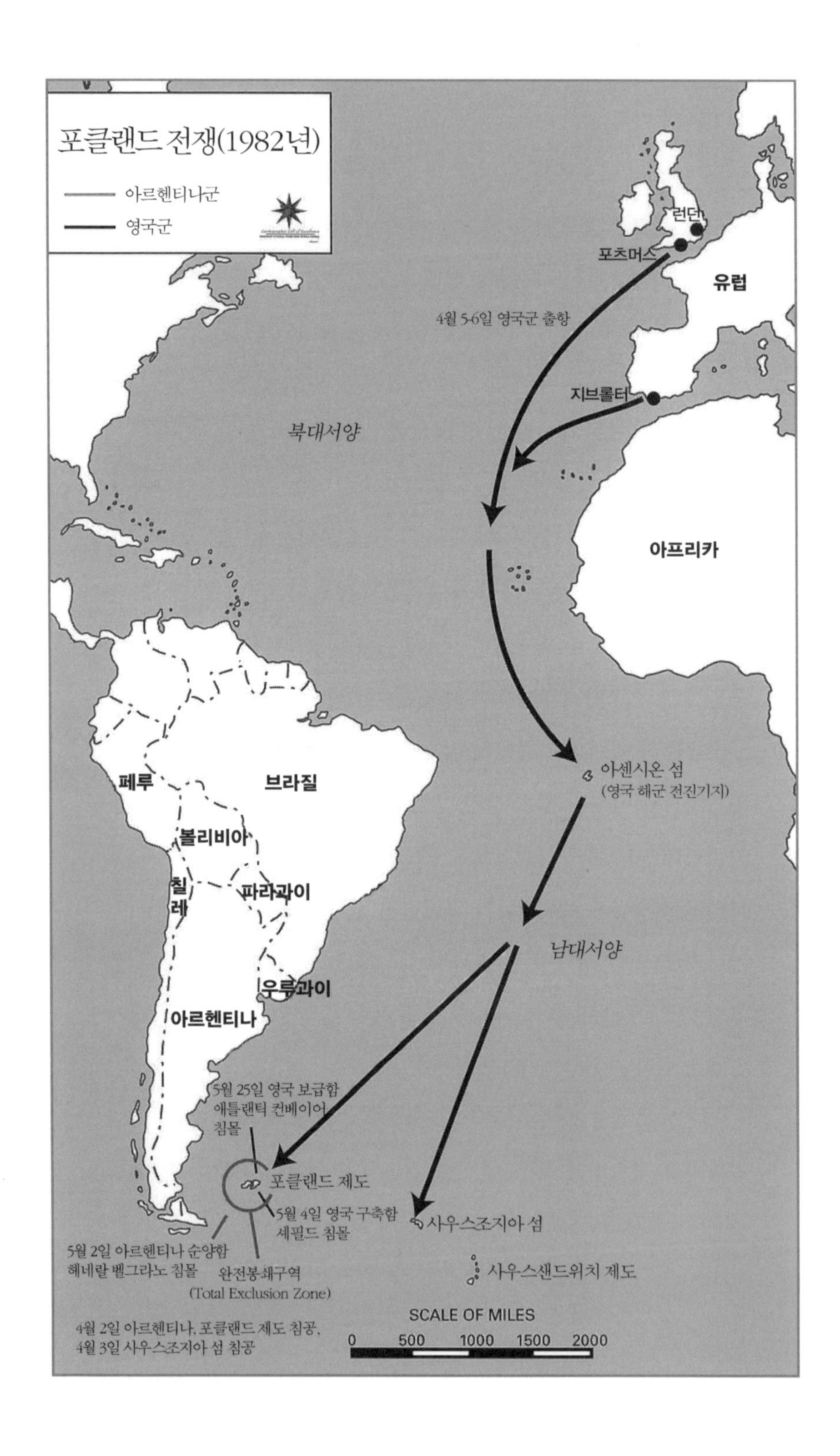
포클랜드 전쟁(1982년)
아르헨티나군
영국군
런던
포츠머스
유럽
4월 5-6일 영국군 출항
지브롤터
북대서양
아프리카
아센시온 섬
(영국 해군 전진기지)
페루
브라질
볼리비아
칠레
파라과이
남대서양
우루과이
아르헨티나
5월 25일 영국 보급함
애틀랜틱 컨베이어
침몰
포클랜드 제도
5월 4일 영국 구축함
셰필드 침몰
사우스조지아 섬
5월 2일 아르헨티나 순양함
헤네랄 벨그라노 침몰
완전봉쇄구역
(Total Exclusion Zone)
사우스샌드위치 제도
4월 2일 아르헨티나, 포클랜드 제도 침공,
4월 3일 사우스조지아 섬 침공
SCALE OF MILES
0 500 1000 1500 2000

하다. 아르헨티나가 철수해주면 외교적 수단을 쓴 쪽이 더 낫지만, 반대로 아르헨티나가 끝까지 싸우자고 들면 군대를 보내는 쪽이 그나마 낫다. 그런데 당연한 얘기지만 아르헨티나가 어떤 행동을 보일지는 알 수가 없다. 그러니 이러지도 저러지도 못하는 난처한 입장이다.

하지만 조금만 더 생각해보면 다음과 같은 사실을 깨달을 수 있다. 아르헨티나의 지도자 입장에서 보면 영국이 무슨 선택을 하든 철수하는 쪽보다 점령을 유지하는 쪽이 낫다는 점이다. 아르헨티나 입장에서 최선은 영국이 외교를 택하고 자신은 점령을 공고히 하는 쪽이고, 그 다음은 영국이 군대를 보내고 자신도 점령부대를 유지해 일전을 치르는 것이다. 영국이 군대를 보내고 자신은 철수하는 상황이 앞의 두 시나리오보다 바람직하지 못하고, 최악의 상황은 영국이 군대도 보내지 않았는데 굴복해 물러나는 경우다. 다시 말해, 철수를 결정하면 아르헨티나의 군사정권은 무너질 가능성이 높았고, 그걸 아르헨티나의 지도자도 모르지 않을 거라는 점이었다.

그렇다면 이제 영국의 선택은 쉬워진다. 아르헨티나의 지도자가 논리적이라는 가정 하에서 부대를 철수시키지 않을 거라는 예상을 해볼 수 있다. 그 경우, 영국으로서는 파병하는 쪽이 더 유리하다. 실제로 양국은 지금까지 검토한 대로 파병과 주둔을 선택했고, 결국 포클랜드 제도를 놓고 전쟁을 벌였다.

약 두 달여 동안 지속된 전쟁의 승자는 영국이었다. 퇴역 예정이던 항공모함 허미스Hermes와 경항모 인빈시블Invincible을 주축으로 한 영국 해군이 제공권을 장악한 후, 해병대의 상륙작전으로 포클랜드 제도에 주둔하던 1만 명 이상의 아르헨티나 수비대의 항복을 받아냈던 것이다. 한편, 영국의 피해도 없지는 않아서 구축함 셰필드Shefield와 코벤트리Coventry에 더해 2척의 프리깃함이 프랑스제 공대함 미사일인 엑소세Exocet에 의해 격침되었고, 이외에도 10대의 전투기와 24대의 헬리콥터가 격추되었다. 아르헨티나는 순양함 헤네랄 벨그라노General Belgrano와 잠수함 1척이 침몰되었고, 35대의 전투기와 25대의 헬리콥터를 포함한 다수의 항공기를 잃었다.

이제까지의 논의를 이해의 편의를 위해 표로 나타내면 〈표 2.1〉과 같다. 아르헨티나의 결정이 불확실한 상황에서 영국은 결정하기 쉽지 않다. 파병이 외교적 노력보다 항상 더 나은 결과를 가져오지도 않고, 반대로 외교적 노력이 파병보다 항상 더 나은 결과를 가져다주지도 못하기 때문이다.

〈표 2.1〉 1982년 포클랜드 전쟁 때 영국 관점의 이해득실 결과

		아르헨티나	
		점령 유지	부대 철수
영국	파병	차악	차선
	외교적 노력	최악	최선

하지만 상대방인 아르헨티나의 입장은 훨씬 쉽다. 바보가 아닌 다음에야 아르헨티나가 부대 철수를 택할 수는 없다. 여기에는 사실 영국에 불리한 만큼 아르헨티나에는 유리할 거라는 가정이 개입되어 있다. 군사적 대치 상황에서 이러한 가정은 충분히 납득할 만하다. 아르헨티나의 입장에서 보면, 영국의 선택과 무관하게 점령 유지가 부대 철수보다 항상 더 나은 결과를 가져온다. 아르헨티나의 점령 유지와

같은 대안을 '우성대안'이라고 부르며, 이러한 대안이 존재하는데도 불구하고 택하지 않는 것을 정당화하기란 극히 어렵다.

지금까지 얘기한 내용이 바로 이 장의 주제인 게임이론의 한 예다. 게임이란 말에 현혹되어서는 곤란한데, 이 말을 쓰게 된 이유는 1928년에 발표된 "사회적 놀이의 이론"이라는 제목의 독일어 논문이 이 이론의 출발점이기 때문이다. 하지만 그 논문의 저자였던 헝가리 태생 존 폰 노이만John von Neumann의 의도는 처음부터 체스나 전쟁과 같은 두 상대방 간의 대결 상황을 다루기 위한 이론을 전개하는 것이었다. 다시 말해 게임이론은 대결에 관한 수학적 이론이라고 할 수 있다.

경제학을 하는 사람들은 게임이론을 경제학의 한 분파라고 생각하곤 한다. 하지만 게임이론 자체는 수학으로 보는 게 타당하며, 다만 경제 분야에도 적용할 여지가 있을 뿐이다. 실제로 게임이론은 정치과학, 생물학, 컴퓨터과학, 철학 등의 분야에서도 경제학 이상으로 폭넓게 활용된다. 게임이론에는 굉장히 광범위한 내용이 있어서 이 책에서 모든 걸 설명할 수는 없다. 또한 하려고 마음만 먹으면 온갖 수식으로 도배할 수 있을 정도로 까다로운 수학이 개입된다. 그런 걸로 페이지를 채울 생각은 물론 전혀 없다. 다만, 그 핵심적인 원리에 대해서만큼은 일반인도 이해하고 활용할 수 있을 정도로 쉽게 설명하는 것이 내가 의도하는 바다.

우성대안의 활용 다음으로 중요한 게임이론의 한 원칙을 설명하기 위해 다음의 역사적 사례를 살펴보도록 하자. 1944년 6월 프랑스의 노르망디Normandie에 상륙한 연합군은 셰르부르Cherbourg를 포함한 코탕탱Cotentin 반도를 7월 말까지 확보하는 데 성공했다. 버나드 몽고

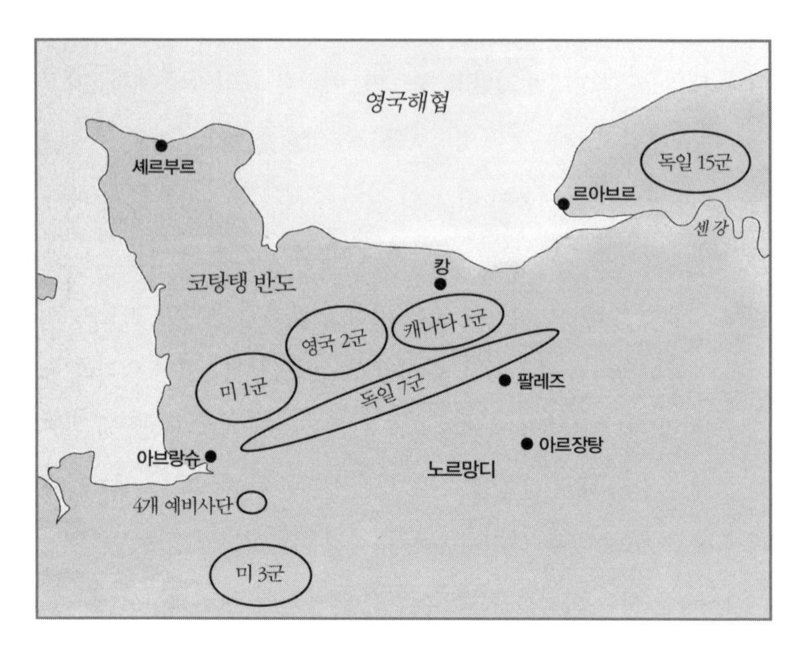

〈그림 2.1〉 아브랑슈 틈새 전투의 연합군과 독일군의 배치 상황

메리Bernard Law Montgomery가 지휘하는 영국 2군과 캐나다 1군은 코탕탱 반도가 시작되는 북동쪽 끝인 캉Caen 근방에서, 코트니 하지스Courtney H. Hodges가 지휘하는 미 1군은 코탕탱 반도의 남서쪽 끝인 아브랑슈Avranches 근방에서 독일 7군과 마주하고 있었다. 한편, 아브랑슈 남쪽에 자리잡은 조지 패튼George Smith Patton Jr.의 미 3군은 미 1군과 함께 미 12군집단에 속해 군집단 사령관 오마 브래들리Omar Nelson Bradley의 지휘를 받았다.

8월 7일, 브래들리는 고민에 빠졌다. 하지스의 미 1군이 주춤하는 사이 패튼의 미 3군이 브르타뉴Bretagne 등을 목표로 동시에 서쪽, 남쪽, 동쪽으로 헤집기 시작하자 아브랑슈 전방에 틈이 생긴 탓이었다. 당시 독일의 서부방면 총사령관은 귄터 폰 클루게Günther von Kluge로, 그는 D

군집단과 B군집단의 사령관도 겸하고 있었다. 브래들리에게는 아브랑슈 틈새의 남쪽에 아직 전투에 투입하지 않은 미군의 4개 사단이 있었고, 이들에게 어떠한 명령을 내릴 것인가가 문제였다.

기본적으로 브래들리에게는 세 가지 대안이 있었다. 첫 번째 대안은 4개 예비사단을 북쪽으로 이동시켜 아브랑슈 틈새를 틀어막는 거였다. 두 번째 대안은 이들을 오히려 미 3군과 함께 동쪽으로 진군시켜 독일 7군을 압박하거나 심지어는 그 배후를 차단하는 가능성을 엿보는 것이었다. 세 번째 대안은 전세가 불투명하니 하루 동안 전황을 지켜보면서 예비사단들을 움직이지 않는 거였다.

한편, 브래들리와 맞서는 클루게에게는 두 가지 대안만 존재할 따름이었다. 하나는 아브랑슈 틈새를 향해 서쪽으로 공격을 가해 미 1군과 3군을 분리시키는 것이었고, 다른 하나는 병력을 동쪽으로 후퇴시켜 센Seine 강을 배후로 파드칼레Pas-de-Calais 지역의 15군과 함께 방어선을 재구축하는 거였다.

브래들리의 관점에서 보면 최선의 시나리오는 자신이 하루를 기다리고 클루게가 공격을 해오는 경우였다. 독일군의 공격이 거세도 하루 늦을지언정 예비사단을 투입해 막으면 될 일이었고, 게다가 예비사단의 투입 없이 틈새를 막을 수 있으면 그들을 즉시 동쪽으로 보내 독일 7군에 대한 포위망을 형성할 가능성도 있기 때문이었다.

차선의 시나리오는 예비사단들을 동쪽으로 보낼 때 클루게가 후퇴하는 경우였다. 독일 7군을 포위할 가능성은 사라졌지만 그들에 대한 강한 압박을 적시에 가할 수 있어서였다. 그 다음 차선의 시나리오는 예비사단들이 하루 기다리는 동안 클루게가 후퇴하는 경우로, 적당한 수준의 압박을 가하기 때문이었다. 네 번째로 유리한 시나리오는 예비사단들로 틈새를 막은 반면 클루게가 후퇴한 경우였다. 전열을 재정비해서 다시 동쪽으로 보내기에는 시간이 걸리기 때문에 압박이 약해지는 탓이었다.

그보다도 못한 차악의 상황은 예비사단들로 틈새를 막았는데 클루게가 공격해온 경우였다. 틈새를 막기는 막겠지만 예비병력의 소모가 생기고 이를 다시 공세로 전환하기까지 적지 않은 시간이 필요하기 때문이었다. 마지막으로 최악의 상황은 예비사단들을 동쪽으로 보냈는데, 클루게의 공격으로 아브랑슈 틈새가 완전히 벌어지는 경우였다. 이렇게 되면 미 1군과 3군은 서로 분리되어 전선에 커다란 구멍이 생기는 꼴이었다.

〈표 2.2〉 1944년 8월 아브랑슈 틈새 전투 때 브래들리 관점의 이해득실 결과

		클루게	
		서쪽으로 공격	동쪽으로 후퇴
브래들리	예비사단 북진	차악	차차악
	예비사단 동진	최악	차선
	하루 기다림	최선	차차선

앞에서 언급된 우성대안이 이 상황에 존재하는지 먼저 확인해보자. 브래들리 관점에서 보면 하루 기다림이 예비사단 북진보다 언제나 더 낫기는 하지만, 예비사단 북진이 예비사단 동진보다 반드시 낫다고 할 수 없고, 예비사단 동진이 하루 기다림보다 반드시 유리하지 않다. 그러니까 브래들리에게 우성대안은 없는 상황이었다. 한편, 클루게의

입장에서 봐도 서쪽으로의 공격이 동쪽으로의 후퇴보다 항상 더 낫지 않아 클루게도 우성대안을 갖고 있지 않았다. 즉, 양쪽 모두에게 우성대안이 없는 상황이었다.

게임이론은 우성대안이 없는 경우에 쓸 수 있는 두 번째 원칙을 갖고 있다. 이름하여 '최악의 최선화'다. 각각의 대안을 선택했을 때의 최악의 결과를 상정한 후, 그중 제일 견딜 만한 최악의 대안을 택하라는 게 이 원칙의 전부다.

브래들리 입장에서 최악의 최선화를 먼저 적용해보자. 예비사단 북진의 최악의 상황은 클루게가 공격하는 여섯 가지 시나리오 중 차악의 경우고, 예비사단 동진의 최악의 상황은 마찬가지로 클루게가 공격하는 모든 시나리오 중 최악의 경우며, 하루 기다림의 최악의 상황은 클루게가 후퇴하는 전체 시나리오 중 차차선의 경우다. 이 셋 중 가장 나은 결과는 당연히 세 번째인 차차선 상황이다. 따라서 브래들리는 하루 기다리는 결정을 내려야 한다.

이번에는 입장을 바꿔 클루게 입장에서 최악의 최선화를 시도해보자. 서쪽으로 공격했을 때의 최악의 상황은 브래들리의 예비사단이 하루 기다리는 전체 중의 최악의 경우며, 동쪽으로 후퇴했을 때의 최악의 상황은 예비사단이 동진하는 전체 중의 차악의 경우다. 여기서도 브래들리에게 유리한 만큼 클루게에게 불리하다고 가정했다. 예컨대, 브래들리의 최선은 클루게에게 최악이며, 브래들리의 최악은 클루게에게는 최선이다. 따라서 이 둘 중 최선의 결과인 차악에 해당하는 동쪽으로 후퇴하는 방안이 최악의 최선화를 따르는 결정이다.

실제로 브래들리와 클루게는 모두 최악의 최선화를 따랐다. 브래들

VS

●●● 1944년 노르망디 상륙작전 후 8월 7일, 브래들리(왼쪽)는 고민에 빠졌다. 미 1군이 주춤하는 사이 미 3군이 브르타뉴 등을 목표로 동시에 서쪽, 남쪽, 동쪽으로 헤집기 시작하자 아브랑슈 전방에 틈이 생긴 탓이었다. 브래들리와 클루게(오른쪽) 모두 우성대안이 없는 상황에서 게임이론의 또 다른 원칙인 '최악의 최선화'를 따랐다. 브래들리는 자신의 예비사단들을 하루 동안 기다리게 했고, 클루게는 동쪽으로 후퇴해서 방어선을 재정비하기로 결정했다. 그러나 클루게의 결정은 히틀러 때문에 실행되지 못했다. 결국 아브랑슈 틈새를 돌파하려는 독일군의 공세는 막히고 말았고, 브래들리는 다음날 4개 사단을 동쪽으로 진격시켰다.

리는 자신의 예비사단들을 하루 동안 기다리게 했고, 클루게는 동쪽으로 후퇴해서 방어선을 재정비하기로 결정했다. 그러나 클루게의 결정은 실행되지 못했다. 왜냐하면 히틀러가 후퇴를 허락하지 않고 동쪽으로 공격할 것을 명령했기 때문이다. 47기갑군단 산하의 2전차사단과 116전차사단, 그리고 무장친위대 2전차사단 다스 라이히Das Reich가 동원된 뤼티히 작전Operation Lüttich이었다. 아브랑슈 틈새를 돌파하려는 독일군의 공세는 미 30보병사단과 35보병사단의 분전으로 막히고 말았고, 브래들리는 다음날 4개 사단을 동쪽으로 진격시켰다.

이후의 전투는 이름하여 팔레즈Falaise-아르장탕Argentan 포위전이라고 알려진 전투로 독일 7군은 거의 포위당했다. 주머니 모양의 포위망에 갇힌 독일군은 미 포병에게 일방적으로 학살당했고, 남아 있는 부대를 겨우 탈출시킨 클루게는 8월 16일 서부방면 총사령관 자리에서 해임되었다. 베를린Berlin으로 소환되기 직전인 8월 19일 클루게는 자살했다.

최악의 최선화가 의미를 갖는 이유는 발생할 수 있는 최악의 경우를 관리하겠다는 입장이기 때문이다. 즉, 내가 최악의 최선화에 따라 행동하게 되면 상대방은 무슨 결정을 하든 내가 각오하고 있는 최악의 상황 이하를 강요할 수 없다. 말하자면, 브래들리는 클루게가 무슨 결정을 내리든 자신에게 벌어질 최악의 경우를 차차선으로 관리한 셈이고, 클루게 또한 마찬가지였던 것이다. 또한, 최악의 최선화에 따라 행동하면 상대방의 실수로 인해 예상치 않았던 이득을 취할 가능성도 있다. 다시 말해, 히틀러의 명령에 의해 독일군이 서쪽으로 공격한 탓에 각오하고 있던 것 이상의 행운을 누렸던 것이다.

사실, 앞의 포클랜드 전쟁에서도 최악의 최선화가 적용될 여지가 있었다. 〈표 2.1〉로 돌아가보면 영국 입장에서 파병의 최악인 전체의 차악은 외교적 노력의 최악인 전체의 최악보다 더 낫다. 따라서 영국이 최악의 최선화를 따른다면 (왜냐하면 우성대안이 영국에게는 없기 때문에) 파병을 하는 것이 마땅하다. 실제로 대처가 이런 과정을 거쳐 파병 결정을 내렸는지는 미지수다. 하지만 논리적으로 사고하는 사람이라면 누구라도 동일한 결정을 내렸어야 한다는 점이 핵심이다.

미군의 군사교리에 의하면, 지휘관은 적의 전력을 감안하여 성공을 가장 크게 약속하는 일련의 행동을 택해야 한다고 되어 있다. 이를 일컬어 '상황 판단estimate of situation 독트린'이라고 부른다. 이는 기본적으로 앞에서 브래들리나 클루게가 내린 판단과 다르지 않다. 즉, 적군의 의도를 선불리 추정해 작전을 펴는 것이 아니고, 아군과 적군의 전력에 대한 종합적인 분석을 기반으로 해서 작전을 수립하는 것이다. 다시 말해, 상황 판단 독트린은 게임이론의 여러 원칙들을 실제로 적용하는 것과 같다.

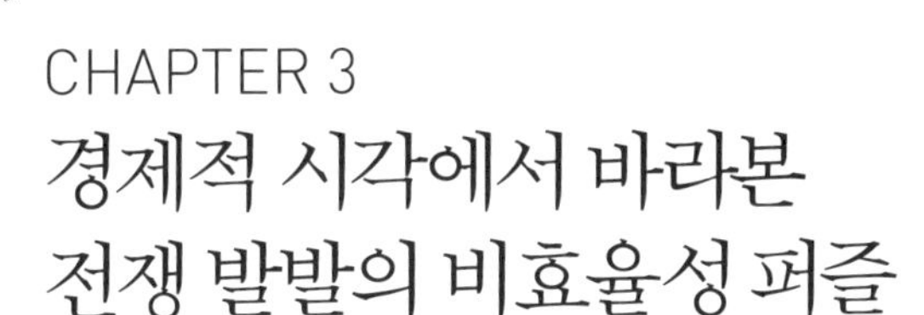

CHAPTER 3
경제적 시각에서 바라본 전쟁 발발의 비효율성 퍼즐

● 미국의 언론인이자 작가인 토머스 프리드먼Thomas Friedman은 전쟁의 발발에 대한 자신만의 이론을 갖고 있다. 이름하여 '황금빛 아치 이론Golden Arches Theory'이다. 여기서 황금빛 아치란 미국의 패스트푸드 체인 맥도날드의 노란색 M을 지칭한다. 이 이론에 의하면, 맥도날드가 진출한 나라들끼리는 전쟁을 하지는 않는다. 비즈니스는 전쟁보다는 평화를 가져오기에 미국식 자본주의의 상징이라고 할 수 있는 맥도날드가 진출한 나라들끼리는 전쟁을 할 리가 없다는 논리다. 프리드먼이 황금빛 아치 이론을 제시한 때는 1999년으로, 실제로 그때까지는 그의 이론이 진리인 것처럼 보였다.

그러나 프리드먼은 한 가지 사실을 간과했다. 영국은행Bank of England의 치프 이코노미스트Chief Economist로 일한 적이 있는 찰스 굿하트Charles Goodhart의 이른바 '굿하트의 법칙Goodhart's law'이 그것이다. 굿하트의 법칙에 의하면, 통계적으로 성립되는 것처럼 보이는 사회적 현상은 정

●●● 1999년 토머스 프리드먼(왼쪽)는 맥도날드가 진출한 나라들끼리는 전쟁을 하지는 않는다는 '황금빛 아치 이론'을 제시했다. 실제로 그때까지는 그의 이론이 진리인 것처럼 보였다. 그러나 프리드먼은 통계적으로 성립되는 것처럼 보이는 사회적 현상은 정책적으로 관찰되는 순간 사라져버린다는 찰스 굿하트(오른쪽)의 '굿하트의 법칙'을 간과했다. 실제로 황금빛 아치 이론은 2008년 맥도날드가 진출한 러시아와 그루지아가 전쟁에 돌입하면서 깨져버렸다.

책적으로 관찰되는 순간 사라져버린다. 실제로 황금빛 아치 이론은 2008년 맥도날드가 진출한 러시아와 그루지아가 전쟁에 돌입하면서 깨져버렸다.

전쟁이 벌어졌을 때 이의 원인을 규명하는 것은 생각보다 어려운 일이다. 하나의 현상에 대응되는 각기 다른 관점의 설명 혹은 해석이 가능하기 때문이다. 예를 들어보자. 한 사람이 길을 가다 갑자기 옆에서 있던 사람을 때렸다. 정치의 관점을 갖는 사람에게는 "다른 이들을 폭력으로 굴복시키려는 의지의 구체화"로 보인다. 종교적 갈등에 주목하는 사람은 "사탄 마귀나 다름없는 우상을 믿은 불경을 단죄한 것"이 될 것이다. 모든 걸 돈과 경제의 문제로 보는 경제학자라면 "기절

●●● 약 200년간에 걸쳐 치러진 십자군 전쟁을 두고 종교적 목적이나 열정에 사로잡혀 벌인 전쟁이라고 설명하는 경우가 일반적이다. 한편, 근래 들어 십자군 전쟁의 근본적인 원인은 경제적 이익의 추구였다는 해석도 많이 제기되고 있다. 영지를 상속받을 수 없었던 기사 계급의 차남 이하들이 자신들만의 영지를 확보하기 위해 가톨릭 대 이슬람이라는 대립구도를 활용했다는 것이다. 아마도 진실은 어느 하나만 옳기보다는 둘을 적절히 섞어놓은 어떤 것이기 쉽다.

시켜 돈을 뺏으려 한 행위"로 인식할 것이고, 심리학자라면 "억압된 성적 충동의 발현"으로 이해할 것이다.

실제의 전쟁은 이보다 더 복잡하다. 가령, 약 200년간에 걸쳐 치러진 십자군 전쟁crusades을 두고 종교적 목적이나 열정에 사로잡혀 벌인 전쟁이라고 설명하는 경우가 일반적이다. 한편, 근래 들어 십자군 전쟁의 근본적인 원인은 경제적 이익의 추구였다는 해석도 많이 제기되고 있다. 영지를 상속받을 수 없었던 기사 계급의 차남 이하들이 자신

●●● 19세기 프랑스의 무정부적 자본주의자 귀스타브 드 몰리나리는 전쟁을 경제의 시각으로 바라본 최초의 사람 중 하나다. 몰리나리의 관점에 따르면, 전쟁은 경제적 행위에 다름 아니다. 즉, 비용과 이익의 문제라는 것이다.

들만의 영지를 확보하기 위해 가톨릭 대 이슬람이라는 대립구도를 활용했다는 것이다. 아마도 진실은 어느 하나만 옳기보다는 둘을 적절히 섞어놓은 어떤 것이기 쉽다. 오로지 종교적인 열정만으로 200년 가까이 전쟁을 치른다는 주장은 공허할 따름이고 금은보화와 땅을 뺏겠다는 경제적 계산만이 유일한 동기라는 진술은 불합리하기만 하다.

19세기 프랑스의 무정부적 자본주의자 귀스타브 드 몰리나리Gustave de Molinari는 전쟁을 경제의 시각으로 바라본 최초의 사람 중 하나다. 그는 다음의 말처럼 전쟁을 비용과 이익의 관점에서 바라봤다.

"전쟁의 이익이 그 비용을 감당할 수 있을까? 지난 수세기 동안 벌어졌던 전쟁의 역사는 전쟁의 비용이 지속적으로 증가되어왔음을 증명해왔다. 그 결과, 문명국가 사이의 어떠한 전쟁도 그 이익이 비용을 능가하지 못하게 되었다."

몰리나리의 관점에 따르면, 전쟁은 경제적 행위에 다름 아니다. 즉, 비용과 이익의 문제라는 것이다. 전쟁을 이러한 경제적 관점으로 바라보게 되면 다음과 같은 결론이 자연스럽게 뒤따른다. 이익이 비용을 능가하는 전쟁은 좋은 전쟁인 반면, 이익이 비용에도 미치지 못하는 전쟁은 나쁜 전쟁이 된다. 그렇다면 가장 좋은 전쟁은 말할 것도 없이 경제적 이익이 비용을 한참 상회하는 전쟁일 것이다. 그리고 이익이 비용을 능가하는 좋은 전쟁을 마다할 이유는 없다. 아니, 더 많이 벌여야 한다.

이와 같은 관점은 사실 협소하기 짝이 없다. 왜냐하면, 세상의 모든 물건과 행위가 돈으로 사고 팔 수 있는 대상이라는 시장지상주의적 사고방식이 전쟁의 영역에 적용된 결과기 때문이다. 이익만이 유일한 목표요, 가치라는 주장을 하는 사람들이 없지는 않다. 하지만 그런 주장을 하는 것은 특정 종파의 신념 체계만이 옳다고 주장하는 것과 도토리 키재기요, 오십보백보다.

세상에는 돈으로 사거나 팔 수 없는 것들이 분명히 존재한다. 가장 대표적인 예로서 사람들의 생명이나 선거 투표권 같은 것들을 들 수 있다. 이게 가능한 사회나 국가는 아직 없다. 이런 행위를 하거나 시도한 사람은 발견되면 법에 의해 처벌된다. 일련의 공공재들도 사거나 팔 수 없는 대상이다. 가격 기구로 무장된 시장이 결코 전능한 존재가 아니라는 것은 '시장의 실패'라는 말을 찾아보면 누구나 쉽게 깨달을 수 있다.

역사적으로 봐도 경제적 목적과 전혀 무관한 전쟁이 없지 않다. 이런 면에서 가장 눈에 띄는 예는 1979년의 중국-베트남 전쟁이다. 2월 17일 중국은 약 60만 명으로 구성된 2개 군구 산하의 병력을 동원해서 중국-베트남의 국경을 넘었다. 이에 대해 베트남은 정규군과 민병대를 합쳐 20만 명 정도의 병력으로 맞섰다.

베트남과 중국은 국경을 마주한 탓에 2000년이 넘도록 원수 관계를 유지해왔다. 덩치가 큰 중국이 베트남을 일방적으로 몰아붙였을 것 같지만 중국에 흡수당하지 않고 국가를 유지해온 것만으로도 베트남의 저력은 인정받아야 한다. 베트남 사람들은 세계제국 원의 거듭되는 공격에도 끈질기게 저항해 정복당하지 않은 역사를 자랑하며, 13세기 말에 원을 상대로 세 번의 승리를 거두고 병사한 쩐 흥 다오Tran Hung Dao, 陳興道를 지금도 베트남 최고의 영웅으로 추앙하고 있다.

베트남의 수도 하노이Hanoi를 목표로 한다던 중국의 공세는 시가전과 게릴라전을 펼치는 베트남군의 방어에 막혀 얼마 못 가 추동력을 잃었고, 돌연 3월 6일 "베트남을 혼내준다는 전쟁의 목표가 달성되었다"는 선언과 함께 철군해버렸다. 약 4주 만에 원래의 국경선으로 회귀한 이 기이한 전쟁은 양쪽 모두에게 대략 3만~5만 명 정도의 사상자 피해로 안겼다.

전쟁을 경제적 행위로만 바라보는 것에는 분명히 한계가 있다. 그러한 한계를 인정한 채로, 보다 본격적으로 전쟁을 경제의 관점으로 분석해보도록 하자. 분석의 목표는 전쟁의 본질을 좀 더 잘 이해하고, 또 어떻게 하면 전쟁의 발발을 막을 수 있을까다. 이러한 목표를 염두에 둔 채로 이후의 논의 전개를 음미하도록 하자.

논의의 출발점은 앞에서도 얘기한 전쟁으로 인한 경제적 이익과 비용의 비교다. 표준적인 재무이론을 따르자면 이익의 기대값이 비용의 기대값을 능가할 경우 전쟁은 정당화될 수 있다. 다시 말해, 전쟁으로 인한 비용이 아무리 크다고 하더라도 전쟁을 통해 그 이상의 이익을 거둘 것으로 예상한다면 전쟁을 일으키겠다는 결정이 합리적으로 보일 수 있다.

여기서 방금 전에 나온 '합리적'이라는 말에 대해 미리 설명하도록 하자. 합리적이라는 말은 크게 보면 두 가지 의미로 사용된다. 하나는 글자 그대로의 합리성이다. 즉, 정해진 기준과 이치에 맞게 결정한다는 의미다. 한편, 경제학자들이 얘기하는 합리적은 모든 것을 오직 돈의 관점으로만 바라보고 자신의 손익만을 극대화한다는 의미다.

다시 말해 경제적 합리성은 상식적인 합리성과는 다른 것이다. 경제적인 합리성으로 보자면, 사람을 때리는 비용이 1이고 뺏은 돈이 2면 이 행위는 합리적이다. 그러나 이러한 강탈행위를 '음, 합리적인 행위군' 하고 생각할 사람은 없다. 용어상의 오해가 있을 수 있기에 이후부터는 경제학자들의 합리성을 지칭하는 말로 '재무적 손익 극대화'를 쓰려고 한다.

모든 국가들이 재무적 손익 극대화를 추구한다고 가정해보자. 이 경우, 예상 이익이 비용에 미치지 못하면 전쟁은 일어나지 말아야 한다. 왜냐하면 전쟁을 일으키는 순간 자동적으로 손해가 확정되기 때문이다. 문제는 예상 이익이 비용을 넘는 경우다. 재무적 손익을 극대화하는 국가들은 이 경우 주저함 없이 전쟁에 돌입하게 된다. 예전에는 전쟁이 왜 일어나는가에 대한 대답으로 이러한 설명을 제시하곤 했다. 국가들이 재무적 손익 극대주의자기 때문에 그렇다는 것이다.

그런데 여기에 바로 수수께끼가 있다. 전쟁의 예상 이익이 비용보다 크다고 하더라도 직접 전쟁하는 것보다 더 나은 재무적 손익을 얻을 수 있는 방법이 '반드시' 있기 때문이다. 그게 사실이라면, 재무적 손익 극대자인 국가는 전쟁을 벌이는 대신 그 방법을 택함이 마땅하다. 다시 말해 모든 국가들이 진정으로 재무적 손익 극대주의자라면, 이래도 전쟁은 일어나지 말아야 하고 저래도 전쟁은 일어나지 말아야 한다.

그 방법은 바로 재무적 파이를 적절히 나눠 갖는 '협상'이다. 이제부터 그러한 협상안이 언제나 반드시 존재함을 수학적으로 증명해 보이려고 한다. 그렇게 어려운 내용은 아니지만 수식이 부담스럽다면 관련 내용을 생략하고 이 장의 맨 뒷부분으로 건너뛰어도 무방하다.

제일 먼저 전쟁을 통해 백과 흑이라는 두 나라가 나눠 갖게 될 재무적 이익의 크기를 1이라고 가정하자. 영토의 가치라고 생각해도 좋고, 석유나 철광석 같은 특정 자원의 가치라고 생각해도 좋다. 실제의 이익은 물론 굉장히 다양한 범위에 속하는 값일 것이다. 하지만 일반적인 경우를 다루기 위해 그 값이 얼마든 간에 1이라는 값으로 표준화했다고 생각하자.

그 다음, 두 상대방이 전쟁에 돌입했을 때 이길 확률과 질 확률을 가정해보자. 백이 이길 확률을 $p_{백}$, 흑이 이길 확률을 $p_{흑}$이라고 하자. 논의의 선명성을 위해 두 나라가 비길 가능성은 없다고 하자. 그 경우, 다음과 같은 식 (3.1)이 성립한다.

$$p_{백} + p_{흑} = 1 \qquad (3.1)$$

앞과 같은 식이 성립하는 이유는 바로 발생 가능한 모든 경우의 확률을 다 더하면 반드시 1이 되는 확률의 기본적 성질 때문이다. 백과 흑이 전쟁을 하는데 비기는 경우를 제외하면, 백 입장에서 일어날 수 있는 모든 가능성은 자신이 이기거나 혹은 지는 것이다. 자신이 이기는 경우의 확률은 $p_{백}$이고, 자신이 지는 경우의 확률은 $1 - p_{백}$인데, 이는 흑이 이기는 확률과 같다. 따라서 식 (3.1)과 같은 결과가 나온다.

다음으로 전쟁을 벌일 때의 비용에 대한 가정이 필요하다. 백이 부담하게 될 비용을 $c_{백}$, 흑이 부담하게 될 비용을 $c_{흑}$이라고 정의하자. 이 경우, 다음의 식 (3.2)와 같은 부등식이 성립한다.

$$c_{백} > 0,\ c_{흑} > 0 \tag{3.2}$$

다시 말해, 백이든 흑이든 전쟁을 벌이면 지불해야 하는 재무적 비용이 반드시 있다는 뜻이다. 전쟁 시 복구해야 하는 재산상 손해, 무기 구입에 쓴 돈, 죽거나 다친 사람들을 감안하면 이러한 비용이 언제나 0보다 크다는 가정은 지극히 당연하다.

전쟁이 일어났을 때 백과 흑의 손익의 기대값을 각각 E[백]과 E[흑]이라고 정의하자. E[백]과 E[흑]은 다음의 식 (3.3), 식 (3.4)와 같다.

$$E[백] = 1 \times p_{백} - c_{백} = p_{백} - c_{백} \tag{3.3}$$
$$E[흑] = 1 \times p_{흑} - c_{흑} = p_{흑} - c_{흑} \tag{3.4}$$

식 (3.3)을 설명하자면, 이익의 총량인 1에 백이 이길 확률을 곱한 값이 비용을 감안하기 전의 이익의 기대값이며, 여기서 전쟁으로 인한 비용을 뺀 값이 최종적인 손익의 기대값이다. 흑 또한 마찬가지 설명이 가능하다.

이제 새로운 변수 a를 정의할 차례다. a는 백이 전쟁을 하지 않고 협상을 통해 얻을 수 있는 이익의 크기다. a가 구체적으로 얼마일지는 아직 알 수 없다. 그러나 0보다는 크거나 같고, 1보다는 작거나 같다는 사실은 자명하다. 아무리 협상을 못해도 0보다 작은 값이 생길 수는 없고, 아무리 협상을 잘 해도 전체 파이의 크기인 1보다 큰 값을 얻을 수는 없기 때문이다. 그리고 협상에는 재무적 비용이 수반되지 않으므로 a는 그 자체로 최종적인 손익이다.

백 입장에서 a가 전쟁 시 손익의 기대값인 E[백]보다 크거나 같다면 재무적 손익 극대화 관점에서 전쟁을 벌이지 않는다. 전쟁을 해서 얻을 수 있는 재무적 손익에 못하지 않은 결과를 마다할 이유가 없기 때문이다. 식 (3.3)과 함께 이를 나타내면 다음의 식 (3.5)와 같다.

$$a \geq p_{백} - c_{백} \quad (3.5)$$

위의 논리는 흑에도 그대로 적용된다. 협상을 통해 백이 a라는 가치를 얻는다는 말은 흑이 1에서 a를 뺀 나머지를 갖는다는 말이기도 하다. 흑의 입장에서 협상의 결과인 1－a가 전쟁 시의 손익의 기대값 E[흑]보다 크다면 전쟁을 벌일 이유가 없다. 이를 식 (3.4)와 함께 표현하면 다음의 식 (3.6)을 얻을 수 있다.

$$1 - a \geq p_{흑} - c_{흑} \quad (3.6)$$

식 (3.5)와 식 (3.6)을 정리하고 식 (3.1)을 대입하면 다음과 같은 식 (3.7)이 나온다.

$$p_{\text{백}} - c_{\text{백}} \leq a \leq p_{\text{백}} + c_{\text{흑}} \qquad (3.7)$$

만약, 위의 식 (3.7)을 만족하는 a가 존재한다면, 백과 흑은 전쟁을 벌일 이유가 없다. 백과 흑 모두에게 전쟁하는 것보다 만족스러운 대안인 a가 존재한다는 뜻이기 때문이다.

그런데 식 (3.7)의 우변인 $p_{\text{백}} + c_{\text{흑}}$에서 좌변인 $p_{\text{백}} - c_{\text{백}}$을 빼면 다음과 같은 결과가 나온다.

$$p_{\text{백}} + c_{\text{흑}} - p_{\text{백}} + c_{\text{백}} = c_{\text{백}} + c_{\text{흑}} \qquad (3.8)$$

따라서, 뺀 결과는 $c_{\text{백}} + c_{\text{흑}}$이고, 이는 식 (3.2)에 의해 언제나 0보다 크다. 이 말은 식 (3.7)을 만족하는 a가 반드시 존재한다는 뜻이다. 이로써 양국의 전쟁 예상 손익이 둘 다 0보다 큰 상황에서도 두 나라 모두 자신의 손익을 더욱 키울 수 있는 협상안이 반드시 존재한다는 주장은 증명되었다.

그러면 실제로 백과 흑이 협상을 통해서 나눠 가질 수 있는 재무적 이익의 크기는 얼마나 될까? 이를 직관적으로 이해하는 데는 앞과 같은 일반적인 수식보다는 구체적인 숫자를 보는 쪽이 더 낫다. 다음과 같은 가상의 예를 생각해보자. 백과 흑은 100억 달러 가치의 유전을 놓고 다투고 있다. 백이 전쟁에서 이길 확률은 70%고 흑이 전쟁에서 이길 확률은 30%다. 백의 전쟁비용은 25억 달러고, 흑의 전쟁비용은 10억 달러다.

전쟁을 할 때 백의 기대손익은 100억 달러×0.7-25억 달러로, 그

값은 45억 달러다. 반면, 전쟁을 벌일 때 흑의 기대손익은 100억 달러×0.3-10억 달러로, 그 값은 20억 달러다. 백은 a가 45억 달러 밑으로 내려오는 협상을 할 리가 없고, 흑은 1-a가 20억 달러보다 작은 결과를 받아들일 수 없다.

흑의 입장을 조금 더 정리하면 a가 80억 달러를 초과할 수 없다는 것과 같다. 그 말은 a는 최소 45억 달러는 되어야 하고, 최대 80억 달러가 될 수 있다는 뜻이다. 다시 말해, 식 (3.7)처럼 a가 45억 달러에서 80억 달러 사이에 있다면 백과 흑은 서로 전쟁하는 대신 협상안을 받아들일 만하다. 즉, 백과 흑이 협상을 통해 나눌 수 있는 재무적 여지는 바로 a의 최대값 80억 달러에서 a의 최소값 45억 달러를 뺀 35억 달러임을 깨달을 수 있다. 그리고 이 35억 달러는 바로 백의 전쟁비용 25억 달러와 흑의 전쟁비용 10억 달러를 더한 값과 정확히 일치한다.

말하자면, 전쟁이 비효율적인 이유는 바로 이들 전쟁비용에 기인한다. 전쟁을 하지 않고 백과 흑이 100억 달러를 적절히 나눠 가지는 것에 비해, 전쟁을 하게 되면 두 나라의 예상 손익의 합은 65억 달러로 줄어든다. 전쟁비용으로 두 나라가 35억 달러를 써버린 탓이다. 바로 그 비용 35억 달러가 전쟁을 하지 않을 경우 추가적으로 나눠 가질 수 있는 돈인 것이다.

따라서 전쟁비용이 클수록 협상의 전체 파이는 커지고 양국의 기대손익은 줄어든다. 그만큼 협상의 여지가 커진다고 볼 수 있다. 반대로 전쟁비용이 작을수록 협상의 여지는 줄어든다. 양국의 기대이익이 각각 커지는 탓도 있고, 협상을 통해 나눌 수 있는 파이 크기도 줄어들기 때문이다. 또한, 다툼이 있는 대상의 재무적 이익이 클수록 전쟁비용의 상대적 중요성이 줄어든다. 그러므로 이는 양국의 협상의 여지를 줄인다.

위의 내용을 앞의 2장에서 나왔던 게임이론의 이해득실 표로 나타내보자. 이러한 표현을 통해 새로운 내용이 생기는 부분은 없다. 다만, 우성대안이나 최악의 최선화와 같은 결정 방법을 적용하기가 좀 더 용이하다는 점이 있을 뿐이다.

〈표 3.1〉 백과 흑이 각각 전쟁을 택할 때와 협상을 택할 때의 이해득실 결과

		흑	
		전쟁을 결정한다	백의 제안을 받아들인다
백	전쟁을 결정한다	$(p_{백} - c_{백}, p_{흑} - c_{흑})$	$(p_{백} - c_{백}, p_{흑} - c_{흑})$
	a를 갖겠다고 제안한다	$(p_{백} - c_{백}, p_{흑} - c_{흑})$	$(a, 1-a)$

〈표 3.1〉을 보면 앞의 2장에서 나왔던 표와 조금 형태가 다르다. 아까는 백과 흑의 선택지의 조합에 대해 하나의 결과만 존재했지만, 이번에는 2개의 결과가 있다. 이유는 이번 경우 백의 이익이 곧 흑의 손실이 아니기 때문이다. 가령, 포클랜드 전쟁에서 영국에게 최선은 아르헨티나에게 최악이었고, 그 역도 마찬가지였다. 반면, 이번 경우, 백의 이익이 곧 흑의 손실은 아니다. 흑에게는 흑만의 고유한 이해득실 결과가 있다.

원래는 백 관점의 이해득실 표 하나, 그리고 흑 관점의 이해득실 표 하나 해서 2개의 표가 필요하다. 그러나 그렇게 나타내면 자리를 많이 차지하게 된다. 이를 하나로 줄인 결과가 〈표 3.1〉과 같은 방식이다. 한 쌍의 선택지 조합에 대해 왼쪽은 백의 손익, 오른쪽은 흑의 손익을 나타냈다.

한 가지 눈에 띄는 것은 백과 흑 중 한쪽이라도 전쟁을 결정하면 결과적으로 전쟁으로 인한 동일한 손익을 얻는다는 점이다. 이유는 단순하다. 아무리 흑이 전쟁을 원하지 않아도 백이 쳐들어오면 전쟁하지 않을 재간이 없기 때문이다. 반대도 마찬가지다.

먼저 백의 관점부터 검토하자. 식 (3.7)을 만족하는 a를 제안하는 한 a는 $p_{백} - c_{백}$보다 크거나 같다. 따라서 백에게 a를 갖겠다는 제안은 전쟁을 결정하는 것에 대해 우성대안이다. 흑의 어떠한 결정에 대해서도 그쪽이 전쟁 결정보다 더 낫거나 최소 같은 결과를 얻기 때문이다.

다음 흑의 관점을 검토하자. 백이 제안한 a가 식 (3.6)을 만족하기에 $1 - a$는 $p_{흑} - c_{흑}$보다 크거나 같다. 그러므로 흑에게 백의 제안을 받아들이는 것은 전쟁을 결정하는 것에 대해 우성대안이다. 양쪽 모두에게 우성대안이 있으므로 이의 선택은 자명하다. 즉, 백과 흑은 백이 a를 갖는 협상안에 동의하기 마련이다.

지금까지의 논의를 종합하건대, 재무적 손익 극대주의자의 가정 하에서 전쟁이 벌어지는 것은 한마디로 이해할 수 없는 현상이다. 가령, 백이 모든 것을 빼앗기 위해 전쟁을 벌인다는 식의 설명을 흔히 하지만 이건 완전한 설명이 될 수 없다. 왜냐하면 백이 조금 양보함으로써 동시에 자신의 예상 손익을 높이는 대안이 얼마든지 있었기 때문이다.

전쟁의 원인에 대한 가장 통상적인 설명은 전쟁의 양 당사자 간에 서로 불만을 갖고 있어서라는 식이다. 물론 이런 설명은 어느 선까지는 유용하다. 불만 없이 전쟁에 돌입하는 경우는 상상조차 하기 어렵다. 즉, 불만의 존재는 틀림없이 전쟁의 필요조건이다. 다시 말해, 전쟁이 벌어졌으면 불만은 반드시 있다.

하지만 불만이 전쟁의 충분조건이 아니라는 게 핵심이다. 불만이란 어디나 있기 마련이다. 그렇다면 왜 어떤 불만은 전쟁이 되는데, 어떤 불만은 전쟁이 되지 않는가를 설명할 수 있어야 한다. 그러나 그걸 만족스럽게 설명해낸 사람은 아직 없다.

이를 총칭해 '전쟁의 비효율성 퍼즐'이라고 부른다. 국가들이 협상할 수 있고 또 재무경제적으로도 그게 더 나은 대안임에도 불구하고 때로는 전쟁을 벌여야 한다고 도대체 왜 결정하는가를 묻는 것이다. 이 질문에 대한 완벽한 답은 존재하지 않는다. 하지만 이 책의 2부와 5부에서 부분적으로나마 답하기 위한 일련의 시도들을 해보려 한다.

19세기 영국의 사상가 존 스튜어트 밀John Stuart Mill과 프랑스의 경제사상가 장-바티스트 세Jean-Baptiste Say 사이에 존재하는 한 가지 공통점에 대한 얘기로 이 장을 마치도록 하자. 둘 다 19세기에 전쟁비용이 너무 올라가서 전쟁은 이제 구시대의 유물이 되었다고 믿었다. 전쟁비용에 대한 그 둘의 의견은 전적으로 옳은 것이었다. 하지만 구시대의 유물이라는 부분은 안타깝게도 완전히 틀렸다.

PART 2

적이 더 강해지기 전에 공격해야 하는가?

CHAPTER 4

나폴레옹 이후 전통의 강국 프랑스와 도전자 프로이센의 악연

● 프랑스는 전통적으로 유럽 대륙의 맹주였다. 유럽에 대해 대륙이라는 표현을 쓰기는 했지만 사실 면적의 관점에서 보면 유럽은 아시아나 아프리카에 비해 턱없이 작다. 1,018만 제곱킬로미터라는 공식적인 면적은 오스트레일리아의 774만 제곱킬로미터보다 30% 정도 크다. 하지만 여기서 우랄 산맥 서쪽의 러시아 영토를 빼고 나면 615만 제곱킬로미터로 오스트레일리아의 80%에 불과하다. 그중 우크라이나를 제외하고 가장 큰 나라가 바로 프랑스다. 현재의 프랑스 영토를 기준으로 보면 영국은 45%, 이탈리아는 55%, 독일도 65%에 지나지 않고, 제일 근접한 스페인도 92%에 그친다.

프랑스는 단지 면적만 넓은 게 아니다. 살아보면 부러울 정도로 좋은 기후와 기름진 토양을 가졌다. 뭐든지 심기만 하면 쑥쑥 자라는 평야가 끝도 없이 펼쳐지고 남쪽의 지중해는 해산물로 넘쳐난다. '이들은 전생에 무슨 공덕을 쌓았길래 선조들이 이런 데 자리를 잡았나…'

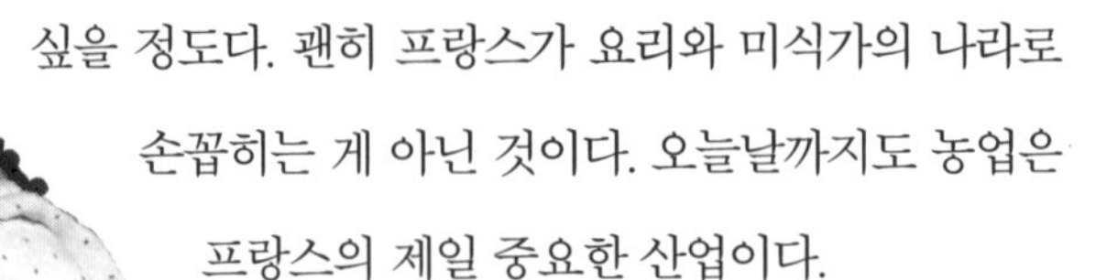

●●● 17세기 초 태양왕 루이 14세 시절에 프랑스의 국력은 군사력과 경제력 양 측면 모두에서 태양처럼 빛났다.

싶을 정도다. 괜히 프랑스가 요리와 미식가의 나라로 손꼽히는 게 아닌 것이다. 오늘날까지도 농업은 프랑스의 제일 중요한 산업이다.

유럽의 역사에서 프랑스에 비견할 만한 나라를 꼽으라면 이탈리아와 스페인 정도가 있다. 실제로 이들은 유럽 대륙의 패권을 놓고 프랑스와 치열하게 싸웠다. 하지만 프랑스는 싸울지언정 압도당한 적은 거의 없었고 프랑스의 결정은 유럽 내 힘의 균형에 가장 큰 변수로 작용하곤 했다. 일례로, 17세기 초 태양왕 루이 14세Louis XIV 시절에 프랑스의 국력은 군사력과 경제력 양 측면 모두에서 태양처럼 빛났다.

반면, 프랑스의 꾸준한 권세에 비하면 독일은 들쭉날쭉한 편이었다. 서로마 제국이 멸망한 후 세워진 프랑크 왕국의 카롤루스Carolus는 사라센을 물리치고 교황 레오 3세Leo III로부터 800년에 로마 제국의 황제라는 칭호를 얻었다. 그러나 카롤루스의 손자 대에 이르러 세력이 약화된 프랑크 왕국은 중프랑크, 서프랑크, 동프랑크로 찢어졌고, 이 세 나라는 대략 현재의 이탈리아, 프랑스, 독일로 이어진다.

동프랑크는 10세기에 한동안 위세를 떨치기도 했지만 이후 사분오열하여 각 지역의 소규모 제후들이 난립하게 되었고, 이 상태는 무려 19세기까지도 크게 달라지지 않았다. 프랑스와 독일은 서로 카롤루스의 후예임을 자처하기에 같은 사람을 놓고 프랑스에서는 샤를마뉴Charlemagne, 즉 샤를 대제라고 칭하고, 독일에서는 카를 대제Karl der Große라고 부른다. 한편, 로마 제국의 후예임을 자처하는 이탈리아인들에게 카롤루스의 이탈리아식 표현인 카를로 마그노Carlo Magno는 큰 관심거리가 못 된다.

●●● 프랑크 왕국의 카롤루스(768~814년 재위)가 치세 내내 전개한 정력적인 영토 확장으로 프랑크 왕국의 면적은 2배로 넓어졌다.

무엇보다도 종교개혁은 통일된 강력한 독일 출현에 반하는 큰 걸림돌이었다. 독일 중동부에 위치한 아이슬레벤Eisleben 태생의 마르틴 루터Martin Luther가 비텐베르크Wittenberg 성당의 정문에 95개조의 항의문을 붙인 이래로 프로테스탄트와 가톨릭 사이에 격렬한 대립이 벌어졌고 결과적으로 독일은 지리멸렬한 항구적 내전 상태를 면치 못했다.

일례로, 1524년의 이른바 독일농민전쟁에서 농민들은 루터의 지지를 원했지만 루터는 이들을 비기독교인으로 규정하고 귀족들 편에 섰다. 이에 실망한 남부 독일인들은 가톨릭으로 돌아섰고, 신교가 지배적인 북부 독일과 구교가 지배적인 남부 독일의 대립은 두고두고 통일 독일 출현의 발목을 잡았다. 이어 1618년부터 1648년까지 전 유럽이 독일 땅에서 벌인 30년 전쟁은 크나큰 상흔을 독일인들에게 남겼다.

또 다른 걸림돌은 오스트리아의 존재였다. 오스트리아라고 하는 국가 이름이 원래 '동부제국'이란 뜻의 독일어에서 나올 정도로 이들은 독일과 역사와 언어를 공유했다. 오스트리아는 자신이 주도하는 것이 아닌 한 쪼개져 있는 독일의 여러 제후국들이 뭉치는 것을 경계했다. 범독일권에서의 헤게모니를 유지하기 위해서였다.

13세기 말부터 합스부르크 가문Haus Habsburg이 지배한 오스트리아는 주변을 흡수하면서 제국으로 올라섰고 유럽의 여러 왕가와 결혼관계를 맺어 세력을 공고히 했다. 이런 쪽으로 가장 유명한 인물은 아마도 1793년 프랑스 혁명의 와중에 남편 루이 16세Louis XVI와 함께 기요틴guillotine(프랑스 혁명 당시 죄수의 목을 자르는 사형 기구)으로 처형된 마리 앙투아네트Marie Antoinette일 것이다. 그녀는 오스트리아의 여황제 마리아 테레지아Maria Theresia의 막내딸이었다.

북부 독일의 여러 제후국 중에서는 프로이센이 가장 눈에 띄었다. 프로이센은 원래 튜튼기사단의 본거지로서 13세기부터 15세기까지 이들의 직접적인 통치 아래 있었다. 흥미롭게도 프로이센의 핵심 근거지인 브란덴부르크Brandenburg는 또 다른 주요 기사단인 성요한기사단의 근거지기도 하다. 구호기사단, 병원기사단, 혹은 몰타기사단의 이름으로도 불리는 성요한기사단의 수장은 브란덴부르크와 프로이센을 지배한 호헨촐레른 가문Haus Hohenzollern이 세습했고, 프로이센 왕은 성요한기사단의 수장을 겸했다.

공작이 지배하는 공국이었던 프로이센은 17세기에 주변의 강국들인 스웨덴, 덴마크, 폴란드 등과 수많은 전쟁을 치르면서 조금씩 세력을 키웠고, 급기야 1701년 왕국이 되었다. 프레데릭 2세Frederick II 시

●●● 프레데릭 2세(그림) 시절인 18세기 중반 프로이센은 오스트리아와 전쟁을 벌여 오스트리아의 영토인 슐레지엔을 빼앗는 데 성공했다. 프로이센이 유럽의 주요 강국으로 인정받는 계기가 된 이 전쟁에서 프로이센군의 강력함은 많은 사람들에게 깊은 인상을 남겼다.

절인 18세기 중반 프로이센은 오스트리아와 전쟁을 벌여 오스트리아의 영토인 슐레지엔Schlesien을 빼앗는 데 성공했다. 프로이센이 유럽의 주요 강국으로 인정받는 계기가 된 이 전쟁에서 프로이센군의 강력함은 많은 사람들에게 깊은 인상을 남겼다. 예를 들어, 프랑스 혁명의 주요 인물 중의 하나인 미라보Mirabea가 당시 프로이센을 두고, "프로이센은 군대를 가진 국가가 아니라 국가를 가진 군대다"라는 말을 남길 정도였다.

한편, 1789년에 발생한 프랑스 혁명으로 인해 프랑스와 나머지 유럽 국가들 사이에 전혀 새로운 성격의 적대적 관계가 형성되었다. 왕들끼리 싸워 한쪽을 폐위시키거나 혹은 귀족이 왕을 끌어내리고 자신이 왕이 되는 것은 괜찮지만 평민들이 왕을 끌어내린다는 것은 있을 수 없는 일이라고 여겼기 때문이다. 혁명의 출현에 기존 군주국가들은 바짝 긴장했고, 그러한 물결이 자국으로 번지지 않도록 공동으로 프랑스를 포위 압박하는 모양새를 취했다.

먼저 포문을 연 것은 오스트리아와 프로이센이었다. 1791년 8월 두 나라는 필니츠 선언Declaration of Pillnitz을 통해 루이 16세와 그 가족들의 안녕에 문제가 생길 경우 가만히 있지 않겠다고 협박했다. 따지고 보면 오스트리아의 황제 레오폴트 2세Leopold II는 마리 앙투아네트의 오빠로서 그런 말을 할 만한 입장에 있었다. 그러나 프로이센은 사실 아무런 이해관계가 없었다.

프랑스 혁명 정부는 필니츠 선언에 대해 격렬하게 반발했다. 사면초가인 프랑스의 암울한 상황을 생각해보면 그런 반응은 이해할 만했다. 결국 1792년 4월 프랑스 의회는 오스트리아와 프로이센 두 나라에 대해 선전포고했다. 하지만 혁명은 비단 왕정뿐만 아니라 기존의 군대도 철저히 와해시켰다.

아무리 프랑스가 전통의 최강 육군국이라고 할지라도 유럽 전체를 상대로 싸워 이길 수는 없다는 인식이 당시에는 지배적이었다. 전쟁은 결국 인력과 물자의 싸움이기 마련이고 그런 면으로 프랑스 단독으로 나머지 유럽을 당해낼 재간은 없어 보였다. 게다가 왕이 존재하지 않는 국가란 머리 없는 몸통과 다를 바 없다는 것이 그들의 보편적인 생각이었다.

선전포고를 한 것은 프랑스였지만, 실제로 선제공격을 가한 것은 프로이센이었다. 1792년 7월 프로이센군은 프랑스 국경을 넘어 베르됭Verdun의 요새를 함락시켰다. 그리고는 부르봉 왕가House of Bourbon의 복귀에 반대하는 사람은 군법에 의해 철저히 죽음으로써 다스릴 것이라고 선언했다. 프랑스의 민중은 8월 10일 튈르리궁Palais des Tuileries에 난입하여 루이 16세와 그 가족을 탑에 가두는 것으로 대답을 대신했다. 이들은 결국 1793년 10월 처형되었다.

프로이센군은 프랑스 영내로의 진군을 계속했지만 9월 20일 발미 전투Battle of Valmy에서 프랑스군의 빼어난 실력을 처음으로 겪게 되었다. 3만 4,000명의 프로이센군은 3만 2,000명의 프랑스군에 대해 근소하나마 병력상의 우세를 유지했고, 대포 수에서도 54문 대 40문으로 앞서 있었다. 그러나 농민들로 구성된 프랑스 의용군은 격렬히 저항했고 루이 14세 이래의 정예 프랑스 포병은 자신들이 여전히 유럽 최강임을 입증했다. 반나절의 전투 끝에 프로이센군은 저녁 무렵 후퇴를 결정했고 그 결과 이 전투는 프랑스 혁명군의 최초의 승리로 기록되었다.

손실은 양군 모두 경미한 편으로, 프로이센군은 184명, 프랑스군은 300명에 그쳤다. 당시 프로이센군의 일원으로 전투에 참가했던 독일의 작가 볼프강 폰 괴테Johann Wolfgang von Goethe는 프랑스 의용군의 충천한 사기에 깊은 인상을 받은 나머지 "바로 오늘 이곳에서 세계 역사의 새로운 시대가 시작되었다"고 썼다. 프로이센군은 자신들의 추가적인 손실을 우려한 나머지 아예 자국으로 퇴각해버렸고 이후 10년이 넘도록 프랑스와의 교전을 삼갔다.

그사이 프랑스의 위세는 더욱 드높아졌다. 코르시카Corsica 태생의 포병 황제 나폴레옹 보나파르트Napoléon Bonaparte의 등장 때문이었다. 자유, 평등, 박애라고 하는 보편적 가치를 내세운 프랑스의 이른바 '그랑 아르메Grand Armee'는 전 유럽 대륙을 휩쓸고 다녔고 적어도 육지에서의 전투라면 적수를 찾을 수 없었다. 특히, 나폴레옹은 1805년 오스트리아와 러시아의 연합군을 단박에 무릎 꿇렸다. 12월의 아우스털리츠 전투Battle of Austerlitz에서 6만 7,000명과 157문의 포로 구성된 프랑스군은 8만 5,400명과 318문의 포를 가진 연합군을 상대로 8,245명의 손실을 입는 대신 1만 6,000명의 사상자와 2만 명의 포로를 잡는 압승을 거뒀다. 프레스부르크 조약Treaty of Pressburg(1805년 나폴레옹 전쟁 중 체결된 오스트리아와 프랑스의 평화조약)을 받아들인 오스트리아는 이제 대對프랑스 전열에서 떨어져 나갔다.

나폴레옹의 다음 목표는 프로이센이었다. 결과는 프로이센의 완패였다. 1806년 프랑스군이 프로이센 영토로 진격해 벌어진 예나 전투Battle of Jena에서 나폴레옹이 직접 지휘한 4만 명의 프랑스군은 6만 명의 프로이센군을 물리쳤고, 같은 날 아우어슈테트 전투Battle of Auerstedt에서는 루이-니콜라스 다보Louis-Nicolas Davout가 지휘한 2만 7,000명의 프랑스군이 2배가 넘는 6만 500명의 프로이센군을 상대로 거의 2배에 달하는 손실교환비를 강요하면서 완승을 거뒀다.

하룻동안 벌어진 두 번의 전투 이후 프로이센군은 완전히 붕괴되었다. 이내 2만 3,000명의 사상자와 15만 명을 포로로 잃은 것이다. 전쟁 전의 총병력이 25만 명이었으니 남은 병력은 7만여 명에 지나지 않았다. 나폴레옹군은 국경을 넘은 지 단 19일 만에 프로이센군을 분쇄하고 베를린에 입성했다.

이후로도 프로이센은 프랑스에 대한 저항을 계속했다. 하지만 이제 유럽 대륙 내에서 유일하게 나폴레옹에게 정복당하지 않은 러시아 쪽에 미약한 힘을 보태는 정도에 불과했다. 가령, 1807년 2월의 아일라우 전투Battle of Eylau에서 7만 5,000명의 프랑스군에 대해 7만 6,000명의 러시아와 프로이센의 연합군이 대결했지만, 이 중 프로이센군은 고작 9,000명에 불과했다. 1만 5,000명을 잃으면서 2만 명의 사상자와 3,000명의 포로를 잡은 프랑스군이 전술적 승리를 거뒀다.

단치히Danzig를 지키던 1만 4,400명의 프로이센군과 7,000명의 러시아군은 4만 5,000명의 프랑스군을 감당하지 못하고 5월에 결국 항복했고, 이로써 프로이센군의 조직적인 저항은 완전히 끝이 났다. 남아 있는 프로이센의 유일한 희망은 러시아의 분전이었다. 하지만 6월의 프리틀란트 전투Battle of Friedland에서 러시아군이 결정적인 패배를 당하면서 미약한 희망의 촛불마저 꺼지고 말았다. 러시아군의 피해가 너무나 컸기에 러시아의 알렉산드르 1세Aleksandr I는 휴전을 제안해야 했고, 결국 7월 틸지트 조약Treaties of Tilsit을 프랑스와 맺었다. 프로이센의 운명도 이 조약에서 결정되었다.

틸지트 조약에 의해 프로이센은 영토의 거의 반을 잃었고 인구도 975만 명에서 450만 명으로 줄었다. 뿐만 아니라 프로이센군의 최대 병력은 4만 3,000명으로 제한되었고, 막대한 전쟁배상금을 물기로 약속했으며, 프로이센 내에 프랑스군의 주둔이 허용되었다. 한마디로 프로이센은 프랑스의 위성국가로 전락했던 것이다. 심지어 프로이센은 1812년 나폴레옹의 러시아 침공에 프랑스 편으로 군대를 파견했다.

그러나 보로디노 전투Battle of Borodino에서의 전술적 승리와 모스크바Moskva 점령에도 불구하고 나폴레옹은 러시아를 굴복시키는 데 실패하고 말았다. 과도하게 길어진 보급선과 러시아의 혹독한 겨울이 겹쳐지면서 굶주림과 추위로 그랑 아르메는 눈 녹듯 사라져갔다. 이때 수십만 명에 달하는 경험 많은 베테랑 병사들을 잃은 프랑스의 손실은 단기간 내에 회복이 불가능할 정도로 큰 것이었다.

❶ 발미 전투는 프랑스 혁명 전쟁 중 프로이센군에게 계속 밀리던 프랑스 혁명군이 1792년 9월 20일 프랑스 동북부의 발미에서 결정적으로 승리해 전황을 역전시킨 전투로, 자원 모집된 프랑스 의용군들이 당시 유럽에서 가장 강력하다 하는 프로이센군을 무찌른 그야말로 기적적인 사건이었다.

❷ 1805년 12월 아우스털리츠 전투에서 나폴레옹이 이끄는 6만 7,000명과 157문의 포로 구성된 프랑스군은 8만 5,400명과 318문의 포를 가진 연합군을 상대로 8,245명의 손실을 입는 대신 1만 6,000명의 사상자와 2만 명의 포로를 잡는 압승을 거뒀다.

❸ 1806년 프랑스군이 프로이센 영토로 진격해 벌어진 예나 전투에서 나폴레옹이 직접 지휘한 4만 명의 프랑스군은 6만 명의 프로이센군을 물리쳤다.

❹ 나폴레옹군은 국경을 넘은 지 단 19일 만에 프로이센군을 분쇄하고 1806년 10월 27일 베를린에 입성했다.

❺ 1807년 2월 아일라우 전투에서 프랑스군은 1만 5,000명을 잃으면서 러시아와 프로이센 연합군에게 2만 명의 인명피해를 입히고 3,000명을 포로로 잡는 전술적 승리를 거뒀다.

❻ 1807년 6월 나폴레옹은 프리틀란트 전투에서 러시아를 무찌르고 대승을 거두었다. 전후처리를 위해 러시아 알렉산드르 1세는 프랑스와 틸지트 조약을 맺었고, 이로 인해 프로이센은 막대한 전쟁배상금을 물고 군비를 제한받았으며, 프로이센 내에 프랑스군 주둔을 허용해야 했다.

❼ 1812년 나폴레옹은 러시아 원정을 감행하여 쉽게 모스크바를 점령했으나, 과도하게 길어진 보급선과 러시아의 혹독한 겨울 때문에 결국 프랑스군을 이끌고 퇴각할 수밖에 없었다.

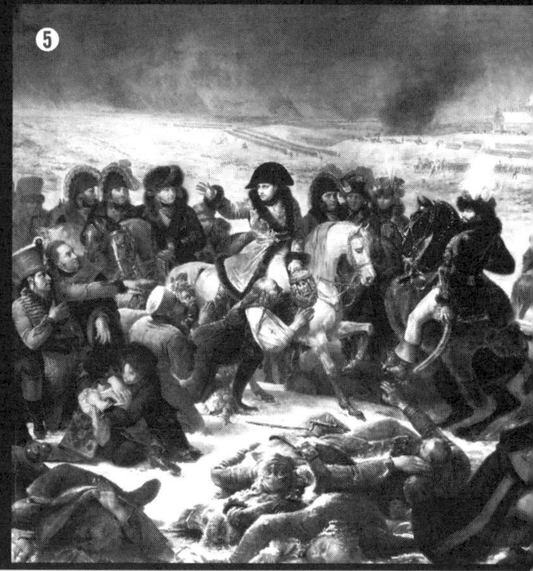

각 군은 특유의 사고방식을 갖고 있다. 가령, 육군, 특히 보병부대는 적군의 격멸 이상으로 지역의 점령과 고수에 목을 매는 경향이 있다. 반면, 해군과 공군은 첫째도 적 전투력의 분쇄고 둘째도 적 전투력의 제거다. 언제 나타날지 모르는 적 전투력을 궁극적으로 깨뜨려 없애기 전에는 언제든 내가 당할 수 있기 때문이다.

그러니 해군더러 보병소대 보초 서듯 영해의 경계선에 가서 함정으로 지키고 있으라고 하거나 공군더러 영공의 경계선에 가만히 떠 있으라고 하는 건 코미디 같은 얘기다. 그런 함정과 항공기는 좋은 과녁에 지나지 않기 때문이다. 사실, 육군도 과거의 기병이나 현재의 기갑부대 같은 경우는 땅에 집착하기보다는 적 전투력의 격멸에 집중해야 한다는 사실을 본능적으로 깨닫고 있다. 그렇게 보면, 군대의 본질은 적에게 타격을 가할 수 있는 유동적인 어떤 것이어야 마땅하다.

다시 말해, 상대의 전투력을 제거하는 쪽에 집중하는 군대는 고수기 쉽고, 상대의 땅에 집착하는 군대는 하수기 쉽다. 전자의 좋은 예가 바로 러시아 침공 전의 나폴레옹군이라면, 후자의 한 예는 러시아 침공 때의 나폴레옹군일지도 모르겠다. 제2차 세계대전 초반만 해도 대체로 전자의 능력을 보여주던 아돌프 히틀러Adolf Hitler가 1942년 스탈린그라드Stalingrad 점령에 집착하는 퇴행적 모습을 보인 것을 보면 러시아의 광야에는 상대방 군인을 현혹시키는 뭔가가 있는 듯하다.

프랑스군의 위세가 꺾이자 기회를 엿보고 있던 프로이센과 오스트리아, 스웨덴 등은 곧바로 등을 돌리고 반反나폴레옹 전선에 합류했다. 1813년 5월 뤼첸Lützen에서 7만 8,000명의 프랑스군은 5만 6,000명의 러시아군과 3만 7,000명의 프로이센군을 상대로 전투를 벌였고,

결국 러시아-프로이센군의 퇴각을 이끌어냈다.

하지만 역전의 노병들을 너무나 많이 잃은 프랑스군은 예전의 그랑 아르메는 아니었다. 자신들은 2만 1,000명을 잃은 반면, 러시아-프로이센군의 사상자는 1만 1,500명에 그칠 정도로 오히려 손실교환비는 역전되었다. 같은 달 더 큰 규모로 벌어진 바우첸 전투Battle of Bautzen에서도 양상은 비슷했다. 11만 5,000명의 나폴레옹군은 9만 6,000명의 프로이센-러시아군을 물리치기는 했지만, 사상자가 2만 1,000명 대 1만 5,500명으로 손실은 오히려 더 컸다.

10월 연합군 측에 오스트리아와 스웨덴까지 합세한 라이프치히 전투Battle of Leipzig에서 결국 프랑스군은 확연한 병력 차를 극복하지 못하고 완패하고 말았다. 애초부터 22만 5,000명 대 38만 명의 힘겨운 싸움이었지만, 전투 3일째에 이전까지 프랑스 편이었던 남부 독일의 작센Sachsen과 뷔르템베르크Württemberg의 군대 4만 명이 전장을 이탈해 연합군 측에 붙는 험한 꼴까지 겪었다. 이로써 프랑스는 라인Rhein 강 동쪽을 잃고 원래의 프랑스 영토로 축소되었다.

1814년 4월 엘바Elba 섬으로 유폐되기 전까지 나폴레옹은 네 번의 전투를 더 치렀다. 1814년 2월 10일부터 15일까지 6일간 벌어졌다 하여 통상 6일 전투라고 불리는 이 일련의 전투에서 달랑 7만 명의 나폴레옹군은 33만 명의 프로이센-러시아 연합군을 상대로 모조리 승리를 거뒀다. 특히, 마지막이었던 14일의 보샹 전투Battle of Vauchamps에서 프랑스군은 600명만을 잃으면서 프로이센군에게 7,000명의 사상자를 안겼다. 예전과 같은 정예병이 아니라고 해도 프랑스군은 여전히 강했다. 다만, 이제는 나폴레옹조차도 어떻게 해볼 수 없을 정도

●●● 나폴레옹이 프로이센군과 치른 최후의 전투는 저 유명한 1815년 6월의 워털루 전투다. 이때 6만 8,000명의 영국군과 5만 명의 프로이센군을 상대로 나폴레옹이 지휘한 7만 3,000명의 프랑스군은 3만 4,000명을 잃은 반면, 영국-프로이센 연합군의 손실은 2만 4,000명에 그쳤다. 이 전투에서 패한 나폴레옹은 세인트헬레나 섬에 다시 유배되어 거기서 세상을 마쳤다.

로 양측의 병력 격차가 벌어졌다.

나폴레옹이 프로이센군과 치른 최후의 전투는 물론 저 유명한 1815년 6월의 워털루 전투Battle of Waterloo다. 이때 6만 8,000명의 영국군과 5만 명의 프로이센군을 상대로 나폴레옹이 지휘한 7만 3,000명의 프랑스군은 3만 4,000명을 잃은 반면, 영국-프로이센 연합군의 손실은 2만 4,000명에 그쳤다. 이 전투에서 패한 나폴레옹은 세인트헬레나Saint Helena 섬에 다시 유배되어 거기서 세상을 마쳤다.

요약해보면, 프로이센에게 프랑스는 늘 버거운 상대였다. 일대일로

붙었을 때는 전패했고, 그때의 손실은 참혹할 정도로 컸다. 물론, 나중에 나폴레옹군의 세력이 약해진 후 프로이센군이 승리를 거두는 경우도 없지는 않았다. 라이프치히 전투와 워털루 전투가 그 예다. 그러나 프로이센군만의 단독 전투가 아니고 연합군을 구성해, 그것도 2배 혹은 그 이상의 병력 차가 나는 상태에서 치른 전투였음을 감안해야 한다. 이를 두고 프로이센군이 원래 약체라고 오해해서는 곤란하다. 그들은 수많은 다른 전투에서 강병임을 증명한 군대였다. 다만, 빛나는 전통과 빼어난 전투력을 보유한 유럽 최강 프랑스 육군의 상대가 되기에는 모자람이 있었던 것이다.

나폴레옹을 제거한 후 프랑스에 부르봉 가문의 왕정을 복귀시킨 빈 회의Congress of Wien에서 프로이센은 많은 전리품을 획득했다. 전쟁 이전의 대부분의 영토를 회복했고 라인란트Rheinland나 베스트팔렌Westfalen 같은 지역도 추가적으로 갖게 되었다. 이에 비해 프랑스에서는 정치적인 혼란이 계속되었다. 빈 회의에 의해 왕위에 오른 샤를 10세Charles X는 1830년 7월 혁명에 의해 쫓겨나고 새로운 입헌군주로 루이 필립 1세Louis Philip I가 등장했다. 그러나 그는 1848년의 혁명으로 폐위되고, 프랑스는 제2공화국으로 거듭났다. 나폴레옹 보나파르트의 조카 루이-나폴레옹Louis-Napoléon은 이때 대통령으로 선출된 후 1852년 새로운 프랑스의 황제, 즉 나폴레옹 3세가 되었다.

그러나 프랑스 육군의 실력은 정치적 혼란에도 불구하고 별로 녹슬지 않았다. 실제로 1853년부터 1856년까지의 크림 전쟁Crimean War에서 프랑스는 영국과 연합하여 러시아를 패퇴시켰다. 이어 1859년에 벌어진 제2차 이탈리아 독립전쟁에서는 오랜 숙적 오스트리아와 일

●●● 1862년 프로이센의 빌헬름 1세가 수상으로 임명한 오토 폰 비스마르크는 통일된 독일을 꿈꿨다. 그가 꿈꾼 통일은 오스트리아 제국을 배제한, 프로이센 중심의 통일된 독일이었다. 그러기 위해서는 범독일권의 헤게모니를 놓고 오스트리아와 자웅을 겨뤄야 했다. 1866년 6월 드디어 독일 통일을 놓고 프로이센과 오스트리아는 전쟁에 돌입했고, 프로이센이 승리함에 따라 독일 통일의 기초가 확립되었다.

전을 벌였다. 17만 2,000명을 동원한 프랑스는 7만 4,000명의 사르데냐군과 함께 24만 2,000명의 오스트리아군에 맞섰는데, 대포의 수가 오스트리아군의 반에도 못 미쳤음에도 불구하고 승리를 거뒀다.

그사이 착실히 국력을 키워온 프로이센은 1866년 오스트리아-프로이센 전쟁을 일으켰다. 그 배후에는 1862년 프로이센의 빌헬름 1세Wilhelm I가 수상으로 임명한 오토 폰 비스마르크Otto Eduard Leopold von Bismarck가 있었다. 비스마르크는 통일된 독일을 꿈꿨는데, 그가 꿈꾸는 독일은 이른바 '보다 작은 독일'이었다. 즉, 오스트리아 제국을 배제한, 프로이센 중심의 통일된 독일을 염두에 두고 있었다. 그러기 위해서는 범독일권의 헤게모니를 놓고 오스트리아와 자웅을 한번 겨뤄야 했다.

프로이센 측에는 북부 독일의 17개 연방이 가세한 반면, 오스트리아 측에는 바이에른, 작센, 하노버, 뷔르템베르크 등의 남부 독일이 붙었다. 50만 명의 프로이센-북부 독일 연합군은 60만 명의 오스트리아-남부 독일 연합군에 비해 다소 열세였지만, 또 다른 변수가 하나 있었으니 바로 이탈리아군의 참전이었다. 30만 명을 동원한 이탈리아는 오스트리아의 지배로부터 벗어나려는 열망으로 가득했고, 비스마르크는 그러한 이탈리아의 소망을 적절히 활용했다. 결국 프로이센-북부 독일-이탈리아의 연합이 승리를 거둔 이 전쟁을 이탈리아인들은 3차 독립전쟁이라고 부른다.

이제 프로이센이 독일 통일을 위해 넘어야 할 마지막 산은 바로 프랑스였다. 그러나 프랑스라는 산은 너무나 높게 느껴졌다. 그리고 섣불리 움직였다간 호시탐탐 기회를 노리고 있는 오스트리아와 남부 독일 국가들이 프랑스와 연합하여 역공을 펼칠 가능성도 충분했다. 그건 이탈리아와 연합해 오스트리아를 물리친 오스트리아-프로이센 전쟁에서의 승리의 레시피에 그대로 당하는 격이었다. 프로이센으로서는 먼저 전쟁을 일으킬 엄두는 나지 않았다.

반면, 프랑스는 프로이센의 부상을 우려의 눈길로 바라보고 있었다. 예나 지금이나 프로이센은 자신들의 상대가 되지 못한다는 인식은 여전했다. 객관적인 전력을 보더라도 프랑스는 프로이센보다 우위에 있었다. 영토도 더 넓었고 인구도 3,800만 명으로 프로이센의 2,470만 명의 1.5배를 상회했다. 전쟁 시 프로이센의 동맹이 될 북부 독일의 인구를 합쳐도 3,200만 명으로 프랑스보다 적었다.

하지만 이대로 계속 두다가는 언젠가 프로이센이 자신들을 능가할지도 모른다는 불안감이 있었다. 그때가 올 때까지 손 놓고 있기보다는 차라리 아예 약할 때 손을 봐주자는 시각이 점차 힘을 얻기 시작했다. 1870년 스페인의 왕위 계승자로 프로이센의 왕자를 선택하려는 움직임에 대해 프랑스는 곧바로 개입에 나섰다. 동쪽의 프로이센과 서쪽의 스페인에 포위되는 상황은 절대로 받아들일 수 없었다.

결국, 프랑스의 압력에 굴복해 왕위계승계획은 없던 일이 되었지만, 프랑스의 여론은 계속 끓어올랐다. 모욕을 당했다는 이유였다. 이때는 국가적 모욕이 전쟁을 시작하는 데 충분한 원인이 되던 시절이었다. 하지만 결과적으로는 비이성적인 원인이었다. 루이 필립 1세 시절에 수상을 지냈던 아돌프 티에르Adolphe Thiers는 프랑스 의회에서 "굳이 전쟁을 할 필요는 없고 외교적으로 풀 문제"라고 주장했지만, 그의 목소리는 "반역자!", "프로이센놈!"이라고 소리치는 다수의 고함소리에 묻히고 말았다.

1870년 7월 16일, 마침내 프랑스 의회는 프로이센을 상대로 전쟁을 개시할 것을 결정했다. 오늘날 우리가 프랑스-프로이센 전쟁이라고 부르는 전쟁의 시작이었다.

CHAPTER 5

예방적 전쟁의 발발 가능성에 대한 이론

● 바로 앞 장에 나온 프랑스가 프로이센에 대해 선전포고하는 상황은 그렇게 낯설게 느껴지지 않는다. 적지 않은 수의 전쟁들이 이러한 이유로 벌어지기 때문이다. 이와 같은 전쟁을 지칭하는 용어도 존재한다. 이름하여 '예방적 전쟁preventive war'이다.

예방적 전쟁은 현재 패권을 쥐고 있기는 하지만 쇠락하고 있는 기존 강대국이 급성장하고 있지만 아직은 강대국의 힘에 미치지 못하는 신흥국을 먼저 공격함으로써 벌어지는 전쟁이다. 이유는 이대로 가다가는 언젠가는 자신이 추월당하리라는 일종의 두려움 때문이다. 늦어지기 전에 아예 싹을 잘라놓자는 식인 것이다.

이번 장에서는 이와 같은 예방적 전쟁의 발발을 설명할 수 있는 이론에 대해 알아보고자 한다. 알아보는 목적은 단지 현상을 설명하는데 있지 않다. 사후 약방문 식으로 그럴듯한 해설을 하는 것이 흥미롭게 들릴 수는 있지만 그런 식의 이론 놀음은 아무짝에도 쓸모가 없기 때문이다. 예방적 전쟁이 일어나는 과정을 논리적으로 분석함으로써 실제로 어떻게 하면 이런 유類의 전쟁 발발을 줄일 수 있을 것인가가 궁극적인 관심사다.

논의의 출발점은 앞의 3장에 나왔던 게임이론 모델이다. 아까와 마찬가지로 백군과 흑군을 가정하자. 백은 쇠퇴하는 강대국이고 흑은 떠오르는 신흥국이다. 백과 흑이 나눠 가져야 하는 재무적 이익의 크기는 1이고, 지금 당장 전쟁을 벌였을 때 백이 이길 확률을 그냥 p라고 부르자. 따라서 현재 시점에 흑이 이길 확률은 1－p다. 또한, 전쟁을 벌였을 때의 백과 흑의 비용은 각각 $c_{백}$, $c_{흑}$이라고 하자.

이제 아까와 달라지는 부분을 살펴보자. 앞의 경우는 시간적 관점에서 오직 현재만 존재했다. 반면, 예방적 전쟁을 상상하려면 현재만으로는 부족하다. 지금 현재는 패권을 쥐고 있지만 '미래에는' 군사적 균형이 역전될 것이라는 게 예방적 전쟁의 기본 가정이다. 다시 말해, 현재뿐만 아니라 미래에 대한 고려도 필수적이다.

이를 위해 1라운드와 2라운드의 두 단계로 구성된 게임을 가정하자. 1라운드는 현재에 해당하며, 2라운드는 미래에 해당한다. 2라운드의 미래가 현재로부터 얼마나 먼 훗날일지에 대해서 정답은 없다. 그렇더라도 최소 1년 이상, 길게는 수년 이후를 상상하면 무리가 없다.

1라운드는 아까와 달리 순차적인 게임을 가정하자. 무슨 말인고 하니, 마치 바둑처럼 흑이 먼저 결정을 내리면 그에 따라 백이 결정하는 구조다. 흑이 결정해야 할 사항은 현재의 군사적 균형을 무너뜨릴 공세적 군비 증대에 나설 것인가 혹은 말까다. 흑이 결정하고 나면, 이어 백이 흑의 결정에 따라 협상을 제안하든가 혹은 전쟁을 일으키는 대안 중에 하나를 택한다.

2라운드의 상황은 앞의 1라운드에서 백과 흑이 무슨 결정을 내렸는가에 따라 달라진다. 1라운드의 (흑, 백)의 조합에는 (증대, 협상), (증대, 전쟁), (유지, 협상), (유지, 전쟁)의 네 가지가 있다. 1라운드에서 백이 전쟁을 벌이면 그 효과가 그대로 2라운드까지 유지된다고 가정하자. 즉, (증대, 전쟁)과 (유지, 전쟁)의 경우, 2라운드에서 백과 흑이 특별히 결정할 사항은 없다.

반면, 1라운드에서 백이 협상을 선택하고 흑이 이에 동의하면, 2라운드에서 백과 흑은 다시 앞의 3장에 나온 협상할 것인가 혹은 전쟁할 것인가 중에 하나를 선택한다. 다만, 흑이 1라운드에서 군비 증대를 택했는가 혹은 아닌가에 따라 상황이 다르다. 만약, 흑이 현상 유지를 택했다면, 말하자면 (유지, 협상)의 경우, 1라운드나 2라운드나 달라질 게 없다. 즉, 백이 전쟁에서 이길 확률은 1라운드나 2라운드나 동일한 p다. 흑이 군비 증대를 하지 않았기 때문이다.

반면, 흑이 공세적 군비 증대를 택했다면 얘기가 달라진다. 이를테면 (증대, 협상)의 경우다. 이제 백이 전쟁에서 이길 확률은 더 이상 p가 아니다. 흑이 1라운드 때보다 더 많은 군대나 혹은 더 강력한 무기를 갖고 있기 때문이다. 이 경우의 2라운드에서 백이 이길 확률을 q라고 하자. 당연한 얘기지만 q는 p보다 작아야 한다. 그래야 흑이 군비를 증대한 효과가 묘사된다. 부가적으로, 군비를 증대했건 혹은 하지 않았건 간에 각 라운드의 전쟁 비용은 $c_{\text{백}}$과 $c_{\text{흑}}$으로 같다고 하자.

마지막으로 한 가지만 더 언급하면 게임이론으로 예방적 전쟁을 분석하기 위한 준비가 끝난다. 그것은 바로 d로 나타낼 미래의 상대적 중요도라는 변수다. 이는 2라운드의 재무적 손익이 1라운드에 비해 얼마나 더 중요한가를 나타낸다. 예를 들어, d가 1이라는 의미는 2라운드의 이익이 1라운드의 이익과 전적으로 같다는 뜻이다. 반면, d가 2라면 이제는 2라운드가 1라운드보다 2배 더 중요하다는 의미다. 극단적으로는 d가 0인 경우와 혹은 무한대에 가까운 굉장히 큰 값을 갖는 경우를 가정해볼 수도 있다. d가 0이면 미래는 전혀 중요하지 않고 현재만이 중요하다는 의미며, 반대로 d가 굉장히 큰 수면 현재는 거의 아무런 의미가 없고 오직 미래만이 중요하다는 뜻이다.

이제 모든 준비가 끝났다. 발생 가능한 모든 경우들이 망라된 위의 네 가지 시나리오에 대해 하나씩 차례대로 검토하도록 하자. 게임이론의 정수는 '가상적으로 상대방의 입장이 되어보는 것'에 있다. 그로부터 최선의 합리적 결정이 자연스럽게 따라 나온다.

제일 먼저 (증대, 협상)의 시나리오를 검토하자. 이는 1라운드에서 흑이 군비를 증대하기로 결정하고, 이어 백이 어떤 협상안을 제안해 흑이 동의한 상황이다. 현재로서는 백이 어떠한 협상안을 제시했는지, 즉 나눠야 하는 1라운드의 재무적 이익 1에서 백이 갖겠다는 w가 구체적으로 얼마인지 알 수 없다. 그러나 그게 얼마건 간에 흑이 그러한 분할에, 다시 말해 자신이 1 − w를 갖는 것에 동의해 전쟁이 벌어지지 않았다는 뜻이다.

사실, 흑으로서는 백이 제안한 w의 협상안을 꼭 받아들여야만 한다는 법은 없다. w가 마음에 들지 않으면 전쟁을 벌여도 된다. 그런데 그렇게 되면 (증대, 전쟁)과 똑같은 상황이다. 누가 먼저 시작했건 간에 1라운드에 전쟁이 벌어지고 그 효과가 2라운드까지 그대로 미친다. 그러니 이는 (증대, 전쟁)의 시나리오를 검토할 때 같이 알아보는 것으로 충분하다.

1라운드에서 협상이 타결되었으므로 이제 2라운드다. 그런데 곰곰이 생각해보면 2라운드에서 백과 흑이 처한 상황은 앞의 3장의 〈표 3.1〉과 질적으로 다르지 않다. 백은 전쟁을 일으키거나 혹은 b라는 협상안을 제안할 수 있고, 흑 또한 전쟁을 일으키거나 백의 협상안을 받아들일 수 있다. 그런데 b가 흑 입장에서 무리한 요구가 아니라면, 다시 말해, 자신의 몫인 1－b가 전쟁을 벌였을 때 얻게 될 기대손익보다 작지만 않다면 거부할 이유가 없다. 그리고 앞의 3장에서 밝혔듯이 그러한 b는 반드시 존재한다.

따라서, 백은 흑이 거부할 이유가 없는 협상안 b를 제시하고 흑은 그에 동의하는 게 재무적 손익 극대화 관점에서 양쪽 모두에게 타당한 결정이다. 즉, 1라운드에서 (증대, 협상)이 선택되었다면, 2라운드의 결과는 협상으로 귀결되는 것이 논리적으로 합당하다. 백이 제안할 b는 식 (3.7)로부터 유추할 수 있듯이 다음의 식 (5.1)과 같다.

$$b = q + c_{흑} \qquad (5.1)$$

주목할 만한 점은 b가 a보다 작다는 점이다. 이는 q가 p보다 작기 때문이다. 1라운드에서 흑은 군비를 증대하는 결정을 내렸고, 그 결과 2라운드에서 백이 전쟁에 이길 확률 q는 앞의 1라운드의 p보다 작아야 함은 앞에서도 이미 얘기했다.

백이 식 (5.1)의 b보다 더 큰 값을 요구하면 어떻게 될까? 그 경우,

흑으로서는 차라리 전쟁을 하는 쪽의 기대손익이 더 크기 때문에 전쟁을 택한다. 결과적으로 백은 b를 제안했더라면 얻었을 기대손익보다도 더 작은 값을 얻게 된다. 전쟁의 비효율성 때문이다. 따라서 백이 바보가 아닌 이상(물론 실제에서는 바보일 수도 있기는 하다) 그런 제안을 할 리가 없다. 어떻게 보더라도 결론은 평화로운 협상 타결이다.

이제 (증대, 협상)의 1라운드 시나리오에 연결된 2라운드는 새로운 협상으로 귀결됨을 알았으므로, 이를 감안하여 1라운드에서의 백과 흑의 기대손익을 알아보자. 여기서 주의할 점은 1라운드의 기대손익은 1라운드 자체뿐만 아니라 2라운드의 기대손익까지 포함한다는 점이다. 왜냐하면 현재 시점에서 내리는 의사결정은 현재와 미래를 다 감안하여 내리는 것이 순리기 때문이다.

먼저 백의 입장을 검토하자. 백이 w의 협상을 제안했을 때의 기대손익은 다음의 식 (5.2)와 같다.

$$E[\text{백}|w\text{를 제안, 증대}] = w + d(q + c_{\text{흑}}) \qquad (5.2)$$

식 (5.2) 우변의 첫째 항은 협상 타결로 1라운드에 얻게 될 재무적 이익이고, 둘째 항은 식 (5.1)에 의해 주어진 2라운드 협상 타결로 인한 재무적 이익에 상대적 중요도 d를 곱한 결과다.

반면, 흑의 기대손익은 다음의 식 (5.3)과 같다.

$$E[\text{흑}|w\text{에 동의, 증대}] = 1 - w + d(1 - q - c_{\text{흑}}) \qquad (5.3)$$

이제 구해야 할 것은 (증대, 전쟁)의 시나리오 때 백과 흑의 기대손익이다. 이 기대손익이 앞의 식 (5.2)나 식 (5.3)보다 큰 경우, 백이나 흑은 전쟁을 택하는 게 재무적 손익 극대화 관점에서 타당한 결정이다. 전쟁 시의 백과 흑의 기대손익은 다음의 식 (5.4), 식 (5.5)와 같다.

$$E[\text{백}|\text{전쟁, 증대}] = p - c_{\text{백}} + d(p - c_{\text{백}}) \quad (5.4)$$

$$E[\text{흑}|\text{전쟁, 증대}] = 1 - p - c_{\text{흑}} + d(1 - p - c_{\text{흑}}) \quad (5.5)$$

식 (5.4), 식 (5.5)에서 2라운드의 기대손익이 상대적 중요도를 제외하면 1라운드와 같은 이유는 앞에서 이미 가정한 바와 같다. 한번 전쟁을 결정하면 그 여파가 고스란히 미래에도 미치기 때문이다.

1라운드에서 흑이 군비 증대를 택했을 때 백의 대안은 w를 제안하거나 혹은 전쟁에 돌입하는 것이다. 전쟁을 개시하는 경우의 기대손익에서 w로 협상 타결될 때의 기대손익을 뺀 값이 0보다 큰 경우가 존재하면 어떻게 될까? 그런 조건을 만족하는 w를 식 (5.2)와 식 (5.4)를 통해 구해보면 다음의 식 (5.6)과 같은 결과가 나온다.

$$w < p - c_{\text{백}} + d(p - q - c_{\text{백}} - c_{\text{흑}}) \quad (5.6)$$

그런데 w는 1라운드에 나누는 전체 재무적 이익인 1보다 클 수는 없다. 없는 가치를 내줄 방법은 없기 때문이다. 따라서 만약 식 (5.6)의 우변이 1보다 큰 경우가 존재한다면 어떠한 w를 백이 제안하건간에 식 (5.6)은 항상 성립한다. 그 말은 백으로서는 이유 불문하고 전쟁을 결정하는 게 재무적 손익 극대화에 부합하는 결정이라는 뜻이다.

이쯤에서 한번 구체적인 숫자를 갖고 그런 경우가 가능할지 알아보자. p가 80%, q가 20%, $c_{백}$과 $c_{흑}$이 각각 10%고, d가 1인 경우, 식 (5.6)의 우변을 구해보면 1.1이 계산된다. 다시 말해, 백이 전쟁을 선택하는 경우가 그렇게 불가능하지 않다는 얘기다.

물론, 변수들의 구체적 조합에 따라 전쟁 대신 w를 제안하는 경우도 나올 수는 있다. 가령, p가 70%, q가 30%, $c_{백}$과 $c_{흑}$이 각각 15%고, d가 0.5인 경우, 식 (5.6)의 우변을 구해보면 0.6이 계산된다. 이런 경우, 백은 w로 1을 제안한다. 즉, 1라운드의 모든 재무적 이익을 독차지하겠다는 것이다. 이래도 되는 이유는 위의 값들이 주어졌을 때 흑의 전쟁 시 기대이익은 0.225인 반면, 1의 협상안에 동의할 때 흑의 기대이익은 0.275기 때문이다. 다시 말해, 백이 탐욕스럽게 나와도 흑으로서는 그 협상안을 받아들이는 쪽이 더 낫다. 왜냐하면, 꾹 참고 나중에 2라운드 때 1 − b를 갖는 쪽이 성질 난다고 전쟁을 벌이는 것보다 더 얻을 게 많기 때문이다.

그렇다고 무턱대고 백이 아무 때나 1라운드에서 모두 다 갖겠다고 할 수 있지만은 않다. 예를 들어, p가 60%, q가 40%, $c_{백}$과 $c_{흑}$이 각각 20%, d가 0.1이고, w가 1인 경우, 전쟁을 택할 때의 흑의 기대이익은 0.22인 반면, 1의 협상안에 동의할 때의 기대이익은 0.04에 불과하다. 백이 지나치게 욕심을 낸다면 흑 입장에서 전쟁의 개시는 불가피하다. 하지만 백으로서도 과도하게 욕심을 부리다가 전쟁이 나면 적절한 협상안으로 타결되는 것보다 결과적으로 더 못한 손익을 얻기 때문에 그런 결정을 내리지 않는 쪽이 합리적이다.

위의 내용은 예방적 전쟁이 왜 벌어지는가를 이해하는 데 도움이 된다. 현재와 미래의 전쟁 승리 확률, 양국의 전쟁비용, 그리고 미래의 상대적 중요도에 따라 백의 예방적 전쟁이 재무적 손익 극대화에 부합하는 선택이 될 수 있다. 특히, 1) 신흥국의 미래 전쟁 승리 확률이 높아질수록, 2) 양국의 전쟁비용이 낮아질수록, 그리고 3) 미래의 상대적 중요도가 커질수록, 예방적 전쟁의 발발 가능성은 높아진다. 신흥국이 적극적으로 군비를 증대할수록 미래의 승리 확률이 커질 것이므로 결과적으로는 백에 의한 예방적 전쟁이 일어날 가능성이 커진다.

또한, 미래를 더 중요하게 여기는 것 하나만으로도 예방적 전쟁이 일어날 수 있다. 가령, 아까 두 번째의 경우, 즉 p가 70%, q가 30%, $c_{백}$과 $c_{흑}$이 각각 15%인 경우, d가 0.5 대신 5로 바뀌면 식 (5.6)의 우변은 1.05로 계산된다. 이 말은 전쟁을 일으키는 쪽이 어떤 협상안보다도 더 백에게 유리하다는 뜻이다.

여기까지의 논의를 놓고 보면 암울해진다. 특정한 조건이 충족되는 경우만이라는 단서가 붙기는 했지만 어쨌거나 예방적 전쟁이 불가피할 수도 있다는 결론이기 때문이다. 그렇지만 벌써 절망하기에는 이르다. 아직 검토하지 않은 시나리오들, 즉 (유지, 협상)과 (유지, 전쟁)의 경우가 남아 있기 때문이다.

1라운드에서 흑이 군비 증대 대신 현상 유지를 택했다고 하자. 이 경우, 1라운드와 2라운드의 백의 전쟁 승리 확률은 p로 동일하다. 이를 감안하여 먼저 흑의 협상 시와 전쟁 시의 기대손익을 구하면 다음의 식 (5.7), 식 (5.8)과 같다.

$$E[\text{흑}|y\text{에 동의, 유지}] = 1 - y + d(1 - y) \quad (5.7)$$

$$E[\text{흑}|\text{전쟁, 유지}] = 1 - p - c_{\text{흑}} + d(1 - p - c_{\text{흑}}) \quad (5.8)$$

식 (5.7)에서 식 (5.8)을 뺀 값이 0보다 작지 않다면 흑은 y의 협상안에 동의하기 마련이다. 그러한 y를 구해보면 다음의 식 (5.9)의 결과를 얻을 수 있다. 즉, 백이 1라운드에 제안하는 y가 $p + c_{\text{흑}}$과 같은 경우까지는 받아들일 수 있다.

$$y \le p + c_{\text{흑}} \quad (5.9)$$

이제 백의 협상 시와 전쟁 시의 기대손익을 구할 차례다. 이를 정리한 결과가 다음의 식 (5.10)과 식 (5.11)이다.

$$E[\text{백}|y\text{를 협상, 유지}] = y + dy \quad (5.10)$$

$$E[\text{백}|\text{전쟁, 유지}] = p - c_{\text{백}} + d(p - c_{\text{백}}) \quad (5.11)$$

식 (5.10)의 y에 $p + c_{\text{흑}}$을 대입하고, 거기서 식 (5.11)을 빼면 다음의 식 (5.12)가 나온다.

$$E[\text{백}|y\text{를 협상, 유지}] - E[\text{백}|\text{전쟁, 유지}] = (1 + d)(c_{\text{백}} + c_{\text{흑}}) > 0 \quad (5.12)$$

즉, d와 양국의 전쟁비용은 항상 0보다 크므로, 식 (5.12)는 언제나 0보다 크다. 그 말은 백이 $p + c_{\text{흑}}$을 제안하는 한 백도 전쟁을 일으킬 이유가 없고 흑도 전쟁을 일으키지 않는다는 뜻이다. 다시 말해, 흑이 군비를 증대하지 않는 한, 백과 흑은 둘 다 위의 y의 협상안을 선택하기 마련이다.

이제 마지막으로 비교해봐야 할 것 하나가 남았다. 바로 흑 입장에서 1라운드 선수로 군비를 증대하는 경우와 현상 유지를 택하는 경우 중에 어느 쪽이 더 낫냐는 거다. 흑이 현상 유지를 택했을 때의 기대손익은 식 (5.7)과 식 (5.9)를 결합해 구할 수 있으며, 그 결과는 식 (5.13)과 같다.

$$E[\text{흑}|\text{유지}] = 1 - p - c_{\text{흑}} + d(1 - p - c_{\text{흑}}) \qquad (5.13)$$

앞에서 논의한 바와 같이 흑이 군비 증대를 택했을 때의 결과는 구체적인 변수들의 조합에 따라 다르다. 백의 예방적 전쟁이 불가피한 상황이라면, 그때의 흑의 기대손익은 식 (5.5)로서 방금 전의 식 (5.13)과 전적으로 동일하다. 다시 말해, 군비 증대의 결과가 백의 예방적 전쟁으로 귀결될 상황이라면 흑으로서는 현상 유지 대신 굳이 군비 증대를 택할 이유가 없다. 재무적 손익 극대화 관점에서 나아지는 게 아무것도 없기 때문이다.

한편, 어느 선을 넘지 않는 군비 증대를 통해 결과적으로 자신의 기대손익을 늘리는 경우도 충분히 생각해볼 수 있다. 가령, p가 80%, $c_{\text{백}}$과 $c_{\text{흑}}$이 각각 10%고, d가 1인 경우, 흑이 현상 유지를 택했을 때의 기대손익은 0.2다. 반면, 군비 증대를 통해 q를 50%로 만든다면 흑의 기대손익은 0.4로 늘어난다. 왜냐하면 q가 50%인 경우 백이 전쟁을 벌

이면 1.4의 기대손익을 예상할 수 있지만, 1라운드에 1을 갖기로 결정하면 총 1.6의 기대손익을 예상할 수 있기 때문이다. 다시 말해, 백이 예방적 전쟁을 벌일 이유가 없기에 흑은 지금 당장은 조금 더 양보하더라도 나중에 그 이상을 협상으로 가질 수 있다. 하지만 q를 20%로 만드는 것처럼 너무 급격하게 군비 증대를 하다가는 지금 당장 전쟁을 면할 수가 없다.

정리해보면, 예방적 전쟁의 발발을 완전히 배제할 수는 없다는 사실과, 그럼에도 불구하고 이를 피할 수 있는 적절한 조건의 존재 가능성도 열려 있다는 사실을 깨달을 수 있다. p와 양국의 전쟁비용, 그리고 d가 정해져 있다고 하더라도, q의 조절을 통해 전쟁을 피하고 동시에 자국의 기대손익을 높이는 게 불가능하지만은 않다.

궁극적인 질문은 그러나 그런 회피 가능성에도 불구하고 왜 실제

●●● 예상했던 전쟁비용보다 실제 전쟁비용이 적었다는 역사적 사례는 찾아보기 힘들다. 전쟁비용이 예상보다 언제나 늘어나는 요인 중 중요한 것은 쉽게 전쟁을 이길 수 있다는 착각이다. 1980년대에 거의 10년간 벌어진 소련의 아프가니스탄 전쟁(왼쪽 사진)이나 미국의 2003년 이라크 전쟁(가운데 사진) 그리고 현재도 진행 중인 미국의 아프가니스탄 전쟁(오른쪽 사진) 같은 것들이 좋은 예다. 따라서 필연적이지 않은 예방적 전쟁을 줄이려면 대내외적으로 투명한 군사적 정보 공개와 국가들 간에 보다 개방적인 외교적 소통이 필요하다.

로는 예방적 전쟁이 벌어지냐는 것이다. 이에 대해 두 가지 대답이 가능할 듯하다. 한 가지는 기존 강대국이 신흥국의 정확한 의지를 확인하기가 곤란하다는 점이다. 신흥국이 군비를 증대하려고 하는지 혹은 현상 유지를 원하는지 파악한다는 것은 결코 쉬운 일이 아니다. 강대국에게 효과적으로 감시할 수 있는 수단이 없다면 신흥국에게는 군비 증대가 우성대안이다. 문제는 그렇기 때문에 강대국은 예방적으로 신흥국을 때리고 본다는 점이다.

또 다른 한 가지의 대답은 전쟁의 승패나 전쟁비용 등에 대한 지나치게 낙관적인 견해를 갖는 경우가 많다는 점이다. 애초에 예상했던 전쟁비용보다 실제 전쟁비용이 적었다는 역사적 사례를 나는 알지 못한다. 전쟁비용이 예상보다 언제나 늘어나는 요인 중 중요한 것은 쉽게 전쟁을 이길 수 있다는 착각이다. 미국의 2003년 이라크 전쟁이나 1980년대에 거의 10년간 벌어진 소련의 아프가니스탄 전쟁, 그리고 현재도 진행 중인 미국의 아프가니스탄 전쟁 같은 것들이 좋은 예다. 가능성이 크지 않다는 것을 알면서도 쉽게 이길 수 있다고 거짓말을 하는 경우도 흔하다. 따라서 필연적이지 않은 예방적 전쟁을 줄이려면 대내외적으로 투명한 군사적 정보 공개와 국가들 간에 보다 개방적인 외교적 소통이 필요하다.

전쟁이 이와 같은 정보의 불확실성을 줄이는 현실적 수단이라는 견해를 갖고 있는 사람들도 있다. 한번 붙어보면 실제로 누가 더 강한지, 비용이 얼마나 발생할지 등에 대해서 깨닫게 되고, 그런 뒤에도 꼭 끝장을 보겠다고 드는 경우는 드물다는 것이다. 사실, 한쪽의 무조건 항복으로 끝나는 전쟁은 드문 편이기는 하다. 대부분의 전쟁은 초반에 정보의 불확실성이 해소되면서 적당한 타협으로 귀결되곤 한다. 1939년 일본이 소련을 상대로 일전을 벌여보고는 도저히 안 되겠다고 판단하여 이후 북방진공 계획을 접게 만든 할하강 전투 혹은 노몬한 사건이 한 예다. 그러나 이런 견해를 갖고 있는 사람에게 “당신이 직접 나가서 확인하고 올 것”을 요구한다면 그 즉시 입을 다물 것이다.

사실, 예방적 전쟁 발발의 이유에는 한 가지 가능성이 더 있다. 바로 전쟁을 일으키는 나라의 지도자가 그냥 제정신이 아닌 경우다. 이러한 가능성을 전적으로 배제할 수 없다는 게 또 하나의 슬픈 현실이다.

그 나라가 내 나라라면 뭐라도 해볼 여지가 조금이라도 있겠지만 다른 나라라면 도대체 방법이 없다. 그리고, 그 피해는 고스란히 내게도 전해져온다.

CHAPTER 6

프랑스-프로이센 전쟁의 발발과 결말

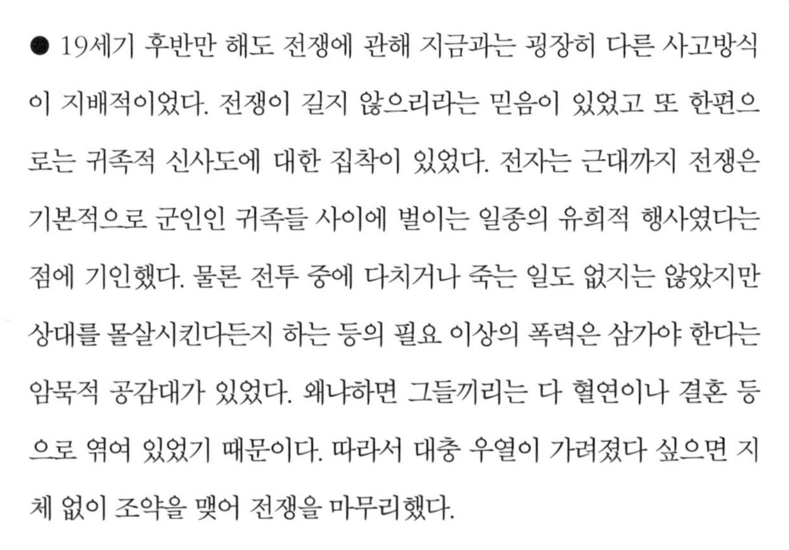

● 19세기 후반만 해도 전쟁에 관해 지금과는 굉장히 다른 사고방식이 지배적이었다. 전쟁이 길지 않으리라는 믿음이 있었고 또 한편으로는 귀족적 신사도에 대한 집착이 있었다. 전자는 근대까지 전쟁은 기본적으로 군인인 귀족들 사이에 벌이는 일종의 유희적 행사였다는 점에 기인했다. 물론 전투 중에 다치거나 죽는 일도 없지는 않았지만 상대를 몰살시킨다든지 하는 등의 필요 이상의 폭력은 삼가야 한다는 암묵적 공감대가 있었다. 왜냐하면 그들끼리는 다 혈연이나 결혼 등으로 엮여 있었기 때문이다. 따라서 대충 우열이 가려졌다 싶으면 지체 없이 조약을 맺어 전쟁을 마무리했다.

후자의 한 양상은 "내가 이제부터 공격하겠소!" 하고 알리기 전에 공격하는 것을 수치스러운 일로 여겼다는 것이다. 그래서 프랑스 의회는 아직 전쟁 준비도 채 되지 않은 상태에서 전쟁을 결정했고, 며칠 더 고민하던 나폴레옹 3세는 3일 뒤인 7월 19일 프로이센에게 공식적인 선전포고를 했다.

하지만 선전포고를 프랑스가 먼저 한 탓에 전쟁을 일으킨 나라라는 비난이 날아들었다. 전쟁을 시작한 게 프랑스인 건 부인할 수 없는 사실이었다. 무엇보다도 프랑스의 선전포고는 프로이센을 결코 좋아하지 않는 남부 독일의 여러 국가들마저 분노하게 했다. 뮌헨München이 주도인 바이에른Bayern, 슈투트가르트Stuttgart가 주도인 뷔르템베르크Württemberg를 비롯해 바덴Baden, 헤센-다름슈타트Hessen-Darmstadt까지 자발적으로 프로이센의 편을 들었다. 물론 이들이 보탤 수 있는 병력이 그렇게 많지는 않았다. 하지만 이들의 결정으로 인해 프로이센을 상대로 동과 남에서 동시에 양면 전선을 형성하는 것이 불가능해졌다.

전쟁을 먼저 선포한 프랑스의 미약한 명분은 보다 거시적인 차원에서도 프랑스에게 불리하게 작용했다. 프로이센이 프랑스 동부 국경에 병력을 집중하는 틈을 노려 프로이센과 원수지간인 오스트리아-헝가리와 덴마크가 배후를 노리지 말란 법이 없었다. 그러나 그들이 보기에 나폴레옹 3세의 프랑스는 과히 미덥지 못했고 그 결과 참전하지 않았다. 나폴레옹 3세는 러시아와 영국을 자기 편으로 끌어들이려고 애썼지만 이마저도 실패했다. 보이지 않는 곳에서 늘 빛을 발하는 비스마르크의 외교적 수완이 더 유효했기 때문이었다.

평시의 프랑스군은 원래 대략 40만 명 정도였다. 상비군과 징집병이 섞여 있는 이들 프랑스군의 상당수는 크림 전쟁, 알제리 전쟁, 이탈리아에서 치른 프랑스-오스트리아 전쟁, 그리고 멕시코-프랑스 전쟁 등을 치른 베테랑들이었다. 하지만 오스트리아-프로이센 전쟁 이후 병력이 조금씩 감소해 전쟁 직전에는 27만 명 정도까지 줄어들어 있었다. 반면, 프로이센과 전쟁을 치를 경우 잠재적으로 100만 명의 병력을 상대해야 할 형편이었다.

이를 위해 프랑스는 군제 개편에 돌입했다. 원래의 프랑스 징집병은 성년 남자를 대상으로 한 추첨에서 당첨된 일부만 복무하는 거였다. 그러나 이걸로는 충분한 병력의 확보가 어렵다고 보고 징집의 대상을 전체 성년 남자로 확대했다. 대신, 7년의 의무복무기간을 줄이는 쪽으로 방향을 잡았다. 개편안대로라면 동원 시 프랑스군은 80만 명의 병력을 갖게 되고, 이외에도 가르드 모빌garde mobile이라는 40만 명의 예비부대도 힘을 보탤 계획이었다. 그러나 이런 개편이 충분히 완성되기 전에 프랑스-프로이센 전쟁이 발발하고 말았다.

전쟁이 개시되기 전의 병력만 놓고 보면 프랑스 27만 명, 프로이센 46만 2,000명으로 프로이센이 더 많았다. 하지만 인구는 프랑스가 더 많았기에 본격적인 동원 체제에 들어가면 프랑스가 병력상으로 유리할 것으로 예상되었다. 나폴레옹 이래로 개별 병사의 능력 면에서 프랑스군은 늘 최고 수준으로 간주되었기에 질과 양 모든 면에서 자신들이 우위에 있다고 믿었던 것이다.

한편, 프랑스가 이와 같은 군제 개혁을 실행하는 동안 프로이센도 놀고 있지는 않았다. 프로이센의 군제 개혁을 이끈 사람은 1859년부터 1873년까지 프로이센의 전쟁장관을 지낸 알브레히트 폰 론Albrecht von Roon이었다. 그의 개혁은 크게 두 가지로, 하나는 프로이센의 정규군과 예비군을 통합한 것이고, 다른 하나는 동원 시 해당 연령의 모든 프로이센 남자가 징집되도록 한 것이었다. 다시 말해, 프로이센군에는 지원병이 없고 오직 징집병만 존재했다. 이는 전쟁 시에 프로이센

●●● 프랑스가 군제 개혁을 실행하는 동안 프로이센의 군제 개혁을 이끈 사람은 1859년부터 1873년까지 프로이센의 전쟁장관을 지낸 알브레히트 폰 론(사진)이었다. 그는 프로이센의 정규군과 예비군을 통합하고, 동원 시 해당 연령의 모든 프로이센 남자가 징집되도록 했다. 다시 말해, 프로이센군에는 지원병이 없고 오직 징집병만 존재했다. 이는 전쟁 시에 프로이센이 적은 인구에도 불구하고 병력상으로 프랑스군을 오히려 압도하도록 만드는 데 크게 기여했다.

이 적은 인구에도 불구하고 병력상으로 프랑스군을 오히려 압도하도록 만드는 데 크게 기여했다. 병력이 제일 많이 동원되었을 때를 기준으로 놓고 보면 프랑스군의 총병력은 91만 명에 그친 반면, 프로이센군의 총병력은 120만 명에 달했다.

하지만 프로이센군의 진정한 강점은 단지 많은 병력에 있지 않았다. 프로이센에게는 병력을 훨씬 빠르게 동원하여 효율적으로 전장에 투입할 수 있는 능력이 있었다. 우선, 프로이센군은 동원 시 크라이스Kreis, 즉 일정한 크기의 원 안에 모든 징집대상자들이 거주하도록 신경을 썼다. 따라서 시간상 하루면 동원이 가능했다. 반면, 프랑스는 각자의 거주지에서 무기저장소까지 거리가 굉장히 멀었고 이에 따라 부대에 합류하는 데 며칠씩 걸리곤 했다.

또한 프로이센의 철도는 자국 병력의 대규모 동원과 배치를 염두에 두고 건설되었다. 평상시에는 관여하지 않던 전국의 철도에 대한 통제권을 전시에는 프로이센 참모본부가 장악했다. 이를 통해 분 단위로 병력을 수송하고 하차시키는 당시로서는 묘기에 가까운 능력을 보여주었다. 반면, 프랑스는 민영 철도회사 여러 곳이 수송을 맡은 탓에 프로이센에 비해 훨씬 수송이 비효율적이었다. 특히 문제가 되었던 것은 역에 도착한 기차에서 인원과 화물을 하차하고 재배치하는 작업을 만만하게 봤다는 점이었다. 이를 수행할 인원이 부족하다 보니 병력과 물자의 수송이 병목에 갇힌 것처럼 하염없이 지체되었다.

병력의 이동을 포함한 군의 지휘 체계에서도 프로이센의 방식은 남달랐다. 말하자면, 프로이센에는 이른바 참모부가 있었다. 부대를 직접 지휘하는 지휘관들과 별도로 존재하는 중앙집중적인 참모 조직은 당시 프랑스를 포함한 다른 어떤 나라의 군대에도 존재하지 않는 것으로서 오직 프로이센에만 있었다.

사실, 아이러니하게도 이러한 참모를 효과적으로 활용한 최초의 사례는 바로 나폴레옹 시절의 프랑스였다. 1795년 이탈리아 원정 프랑스군의 참모장으로 임명한 루이 알렉상드르 베르티에Louis Alexandre Berthier가 능력을 발휘하자 이러한 시스템의 장점을 깨달은 나폴레옹이 자신이 직접 지휘하는 부대에 대해 참모부를 운용했던 것이다. 그러나 나폴레옹의 유배 이후 프랑스에서 이러한 시스템은 잊혀졌다.

평시의 프로이센 참모부는 기본적으로 프로이센이 과거에 치렀던 모든 전쟁과 전투를 분석하고 공부하는 임무를 수행했다. 목적은 물론 같은 실수가 반복되지 않도록 교훈을 체계화하고 동시에 전시의 전략을 미리 구상해보는 것이었다. 매년 시험을 통해 육군의 초급장교 120명을 선발하여 전쟁아카데미에서 교육받도록 했고 그중에서 가장 우수한 12명을 선발해 참모부에 근무시켰다. 이들은 야전 부대와 참모본부를 교대로 오가며 근무했는데, 즉 야전 경험이 부족한 참모는 바람직하지 않다고 여겼다.

그러나 프로이센 참모부의 궁극적인 임무는 전시에 프로이센군을 지휘하는 것이었다. 즉, 병력 운용과 군수 그리고 통신을 담당했고, 치프 오브 스태프chief of staff, 즉 참모총장이 이를 이끌었다. 프로이센의 참모총장은 전쟁장관으로부터 독립적이었고 직접 왕에게 보고할 의무만을 지녔다. 따라서 정치적인 외압에 신경 쓸 필요 없이 군사적 효과성과 효율성에만 집중하면 되었다.

당시의 프로이센 참모총장은 헬무트 폰 몰트케Helmuth von Moltke로서,

●●● 헬무트 폰 몰트케는 1857년에 참모총장이 된 후 무려 30년 동안 같은 임무를 수행했다. 새로운 테크놀로지의 중요성을 누구보다 잘 이해했고 프로이센군이 이를 잘 활용할 수 있도록 많은 노력을 기울였다. 특히, 단위 부대의 크기가 이미 너무 커져버려 전체 군대를 직접 지휘할 방법이 없다고 느낀 그는 상급 지휘관이 모든 것을 명령 내리기보다는 현장의 하급 지휘관들의 독립적 상황 판단과 자기주도적 대응능력을 고양시켜야 한다고 보았다. 이후 제2차 세계대전에 이르기까지 여러 전쟁에서 보여진 독일군 전투력의 상당 부분은 바로 그가 심혈을 기울여 육성한, 아래로 권한을 위임하는 프로이센군 문화에 기인한다고 해도 과언이 아니다.

제1차 세계대전 때 독일의 참모총장이었던 동명의 조카와 구별하기 위해 여기서는 삼촌 몰트케라고 부르자. 1857년에 참모총장이 된 그는 무려 그 후 30년 동안 같은 임무를 수행했다. 삼촌 몰트케는 새로운 테크놀로지의 중요성을 누구보다 잘 이해했고 프로이센군이 이를 잘 활용할 수 있도록 많은 노력을 기울였다. 예를 들어, 프랑스-프로이센 전쟁 당시 철도와 전신이 적극적으로 활용된 점은 누구보다도 그에게 공이 돌아가야 한다.

삼촌 몰트케는 방어에 투입된 포와 소총의 위력을 높이 평가했기에 적의 정면을 돌파하는 전술보다는 우회기동이 더 효과적이라고 생각했다. 그는 당연하게도 포위전을 좋아했고 또 포를 공격적인 목적으로 사용하는 것도 즐겼다. 매우 유연한 사고를 가지고 있었던 그는 "적 주력과의 최초 접촉 이후 원형 그대로 살아남는 작전계획이란 있을 수 없다"는 유명한 말을 남기기도 했다.

특히, 그는 단위 부대의 크기가 이미 너무 커져버려 워털루 전투 때처럼 전체 군대를 직접 지휘할 방법은 없다고 느꼈다. 그의 결론은 상급 지휘관이 모든 것을 명령 내리기보다는 현장의 하급 지휘관들의 독립적 상황판단과 자기주도적 대응능력을 고양시켜야 한다는 것이었다. 이후 제2차 세계대전에 이르기까지 여러 전쟁에서 보여진 독일군 전투력의 상당 부분은 바로 삼촌 몰트케가 심혈을 기울여 육성한, 아래로 권한을 위임하는 프로이센군 문화에 기인한다고 해도 과히 틀린 말이 아니다.

프랑스-프로이센 전쟁을 좌우한 또 다른 요소는 양군이 사용한 무기였다. 우선 소총을 놓고 보면 프랑스군이 프로이센군보다 더 유리했다. 프랑스군의 소총은 1866년에 개발된 이른바 샤스포Chassepot였다. 이 소총의 이름은 개발자인 알자스Alsace 태생의 엔지니어 앙트완 샤스포Antoine Alphonse Chassepo의 성을 딴 것으로, 이전까지 사용되던 미니에Minié 소총이나 이를 개조한 타바티에르Tabatière 소총을 막 대체하여 본격적인 제식 소화기로 전쟁에 투입되었다. 샤스포는 기본적으로 후장식, 그러니까 탄환을 총구가 아니라 뒤에서 장전하는 방식의 소총으로 유효사거리는 1,200미터, 최대사거리는 1,500미터에 달했다.

반면, 프로이센군의 소총은 요한 폰 드라이제Johann von Dreyse가 1836년에 개발해 1840년에 프로이센군의 제식 소화기로 채택된 M 1841, 통칭 드라이제 후장총이었다. 처음 채택되었을 때만 해도 최신 소총으로서 특히 총 뒤쪽에서 장전하는 스타일이라 엎드린 자세로 장전이 가능했다. 이는 총구로 장전하는 전장총을 장비한 군대와 싸울 때 특히 효과적이었다. 대표적인 예가 1866년 오스트리아-프로이센 전쟁으로 전장식 소총으로 싸운 탓에 오스트리아군이 전쟁에서 졌다는 평가를 내리는 사람도 적지 않다.

그러나 프랑스-프로이센 전쟁이 벌어진 1870년의 시점에서 보면 이미 35년간이나 사용된 드라이제는 거의 모든 면에서 샤스포의 상대가 될 수 없었다. 드라이제의 구경은 15.4밀리미터로 샤스포의 11밀리미터보다 대구경이었다. 하지만 샤스포 쪽의 화약량이 많아 초당 305미터의 드라이제 총구속도는 초당 410미터의 샤스포에 비해 느렸다. 또한, 유효사거리가 600미터, 최대사거리가 900미터 정도에 불과해 샤스포에 반에 그쳤다. 또한, 재장전 시간도 샤스포 쪽이 조금 더 짧아 분당 사격속도 면에서도 샤스포에 밀렸다. 확실히 소총의 위력 측면에서는 프랑스군이 프로이센군을 완벽하게 압도하는 형국이었다.

하지만 프로이센에게도 강력한 무기가 있었다. 바로 알프레트 크루프Alfred Krupp가 만든 강철제 야포였다. 사실, 프로이센보다는 원래 프랑스가 포병으로 일가를 이룬 나라였다. 19세기 초에 나폴레옹이 유럽 대륙을 휩쓸고 다닐 때 포병은 프랑스군 전력의 핵심 중의 핵심이었고, 그 덕에 그는 포병 황제라는 애칭을 얻을 정도였다. 프랑스-프로이센 전쟁 당시 프랑스 포병의 주력 야포는 구경 4센티미터의 청동제 포였다. 대략 4킬로그램에 달하는 포탄을 발사할 수 있는 이 포는 강선포이기는 했지만, 결정적으로 전장식이었다.

반면, 프로이센 포병은 전장식 6파운드 포 외에도 후장식 12파운드 포도 사용했다. 프로이센군의 포들은 프랑스군의 포보다 빠른 분당 사격속도와 더 긴 사거리를 자랑했다. 거기다 프랑스 포병의 지연신관보다 파괴력이 큰 접촉식 신관을 사용했다. 우선 포병 대 포병의 싸움에서 프랑스 포병은 프로이센 포병의 화력을 견뎌내지를 못했고, 아군 포병의 엄호를 잃은 프랑스 보병들은 자신들의 소총 사거리보다 먼 곳에서 포탄을 날리는 프로이센 포병을 상대하기 쉽지 않았다. 즉, 크루프 야포의 사거리는 2,000미터에서 3,000미터에 달해 샤스포 소총의 사거리보다 길었다.

이제 본격적인 전쟁의 경과를 따라가보자. 선전포고 후 9일 만인 7월 28일 나폴레옹 3세는 파리를 떠나 약 20만 명으로 새롭게 구성된 라인 방면군의 지휘를 맡았다. 총 6개 군단으로 구성된 라인군은 프랑스와 프로이센의 접경 도시 자르브뤼켄Saarbrücken을 먼저 점령하고

프랑스-프로이센 전쟁 당시 주요 전투 ❶ 비상부르 전투(1870년 8월 4일) ❷ 스피슈렝 전투(1870년 8월 6일) ❸ 마르-라-투르 전투(1870년 8월 16일) ❹ 그라블로트 전투(1870년 8월 18일)

뒤이어 프로이센 영토로 진공할 계획이었다. 무엇보다도 나폴레옹 3세는 전쟁을 개시했으니 승리의 과실을 가져오라는 프랑스 국내 여론의 압력을 강하게 받았다. 내부 정치적 기반이 불안정했던 그는 여러 군단장들의 반대를 무릅쓰고 공격을 명령했다.

그러나 삼촌 몰트케의 프로이센군은 프랑스군의 예상보다 훨씬 빠르게 국경에 집결했다. 5만 명의 1군이 우익에서, 13만 5,000명의 2군이 중위에서, 그리고 12만 명의 3군이 좌익에서 프랑스 국경을 넘었다. 양국의 주력부대 사이의 첫 번째 전투는 8월 4일 프랑스 영토인 비상부르Wissembourg에서 벌어졌다. 프로이센의 2개 군단과 바이에른의 1개 군단을 홀로 상대했던 프랑스 1군단이 결국 후퇴하면서 비상부르를 빼앗겼지만, 적어도 보병 대 보병의 전투에서는 프랑스군이 프로이센군을 압도하는 모습을 보였다.

이어진 두 번의 전투에서도 양상은 비슷했다. 8월 5일의 스피슈렝 전투Battle of Spicheren나 8월 6일의 뵈르트 전투Battle of Wörth에서 개별 프랑

스군단은 역전의 용사답게 분전했지만 압도적인 수적 열세를 결국 극복하지 못하고 후퇴하고 마는 모습이 재현되었다. 가령, 뵈르트 전투에서 3만 5,000명의 프랑스군은 4배에 이르는 14만 명의 프로이센군을 상대해야 했다. 확연한 병력 차에도 불구하고 손실교환비 측면에서 프랑스군은 조금씩 앞섰다.

8월 15일부터 이틀간 벌어진 마르-라-투르 전투Battle of Mars-La-Tour에서는 프로이센군의 무리수가 결과적으로 프랑스군의 후퇴를 막는 의외의 결과가 벌어지기도 했다. 프로이센 2군에 속한 3군단 3만 명은 메스Metz 요새에 포위된 무려 16만 명에 달하는 프랑스군을 상대로 돌격을 감행했다. 프로이센군의 피해는 엄청났지만 심리적으로 위축된 프랑스군은 샬롱Châlons으로 후퇴해 전열을 재정비하라는 명령을 수행하지 못했다.

8월 18일 그라블로트 전투Battle of Gravelotte는 프랑스-프로이센 전쟁의 가장 큰 전투였다. 프랑스군의 전력은 183개 보병대대와 104개 기병대대로 구성된 11만 2,000명의 병력에 520문의 포로 구성되었고, 프로이센군은 210개 보병대대와 133개 기병대대로 구성된 18만 8,000명의 병력과 732문의 포를 보유했다. 치열한 공방전이 벌어졌는데, 특히 프로이센군의 손실이 컸다. 프로이센군은 2만 명 이상의 병력을 잃은 반면, 프랑스군의 손실은 포로로 잡힌 2,000명을 포함해 1만 2,000명 정도에 그쳤다. 그러나 프랑스군은 결과적으로 메스에 갇혀 이제 완전히 포위되고 말았다.

나폴레옹 3세는 남아 있는 병력으로 샬롱 방면군을 새로 편성, 메스에 포위되어 있는 프랑스군을 구출하려고 했다. 그러나 삼촌 몰트케의 기동이 더 빨랐다. 9월 1일 역으로 고립된 202개 보병대대와 80개 기병대대, 그리고 564문의 포로 구성된 샬롱군은 222개 보병대대와 186개 기병대대, 그리고 774문의 포를 가진 프로이센군의 포위를 뚫으려 했다. 하지만 1만 7,000명의 사상자와 2만 1,000명의 포로가 발생한 프랑스군은 포위망을 뚫는 데 실패했다. 프로이센군의 피해는 9,000명 정도에 불과했다. 그날 저녁 더 이상 희망이 없다고 판단한 나폴레옹 3세는 항복하여 프로이센군의 포로가 되었다. 어이없을 정도로 싱거운 결말이었다. 메스에 포위되어 있던 프랑스군도 식량과 탄약이 고갈되어 10월에 항복했다.

물론 나폴레옹 3세가 포로로 잡힌 후에도 몇 달 더 전쟁은 계속되었다. 9월 4일 프랑스는 프로이센의 포로가 된 나폴레옹 3세를 버리고 새로운 공화국, 즉 제3공화국을 선포했다. 이들은 스스로를 국가방위정부라고 칭했다. 제3공화국 정부는 미친 듯이 프랑스 각 지방의 병력을 동원해 항전을 계속하려 했다. 그러나 국가방위정부가 급하게 동원한 프랑스군이 상대하기에 프로이센군은 버거운 상대였다. 연패

●●● 1870년 스당 전투(Battle of Sedan) 후 포로로 잡힌 나폴레옹 3세(왼쪽)가 비스마르크(오른쪽)와 이야기를 나누고 있는 모습

를 당하고 남은 프랑스군 최후의 잔존 병력은 심지어 스위스 영내로 떠밀려 스위스군에 의해 무장해제당했다.

그사이 9월 20일부터 파리는 프로이센군에 의해 완전히 포위되었다. 이 포위는 다음해인 1871년 1월까지 계속되었고 결국 굶주린 나머지 1월 28일 프랑스는 휴전을 제안했다. 사실상의 항복이었다.

프랑스와 프로이센 사이의 최종적인 조약은 5월 10일 프랑크푸르트에서 맺어졌다. 전쟁의 결과는 양쪽 모두에게 큰 의미가 있었다. 먼저 프로이센은 남부 독일까지 포함된 통일 독일 제국을 선포하면서 프로이센의 왕 빌헬름 1세가 최초의 황제가 되었다. 또한, 프랑스 영토였던 알자스의 대부분과 로렌Lorraine의 일부가 새로이 독일 영토로 편입되었다. 이곳에 사는 프랑스인들은 같은 해 10월 1일까지 고향을 떠나든지 아니면 새롭게 독일 국민이 되든지 택일할 것을 요구받

●●● 1871년 1월 18일 베르사유 궁전의 거울방에서 독일 제국의 수립이 선포되었고, 프로이센 국왕 빌헬름 1세가 초대 독일 제국의 황제로 추대되었다.

았다. 알퐁스 도데Alphonse Daudet의 소설 『마지막 수업』은 바로 이때를 묘사한 작품이다.

여기에 더해 전쟁배상금으로 50억 프랑을 5년 내에 프로이센에 지불할 의무가 부과되었고, 이 돈을 모두 갚을 때까지 독일군의 프랑스 내 주둔이 허용되었다. 50억 프랑의 돈은 당시 프랑스 1년 국민총생산의 25%에 달하는 막대한 돈으로 비스마르크는 5년 이상 걸릴 수도 있으리라고 생각했다. 하지만 프로이센에 패했다는 걸 국가적 수치로 여긴 프랑스인들은 단 1년 8개월 만에 모든 돈을 지불해 독일인들을 놀라게 했다. 한편, 전쟁 후 풀려난 나폴레옹 3세는 프랑스로 돌아가지 못하고 영국으로 망명해 그곳에서 생을 마쳤다.

사실, 프랑스-프로이센 전쟁에서 왜 프로이센이 승리하고 프랑스가 패했는가는 우리의 주된 관심사가 아니다. 그보다는 프랑스는 왜 예방적 전쟁을 일으키게 됐는가가 우리의 관심사다. 프랑스가 전쟁에서 질 거라고 생각했을 리는 없다. 만약 그랬다면, 자진해서 망신당하고 돈 뺏기려고 전쟁을 일으켰다는 의미가 된다. 어느 나라도 질 거라고 생각하면서 전쟁을 일으키지는 않는다.

하나의 단초는 나폴레옹 3세의 위태위태했던 정치적 입지가 아닐까 싶다. 사실, 그는 나폴레옹 보나파르트의 조카라는 혈연관계 외에는 특별히 내세울 게 없는 인물이었다. 나폴레옹 1세가 사라진 후에도 프랑스인들은 영광스러웠던 과거 시절에 대한 일종의 빗나간 향수를 느꼈고, 그 결과 루이-나폴레옹이 대통령으로 선출되었던 것이다. 하지만 결정적으로 그는 포병 황제 보나파르트가 아니었다.

그럼에도 불구하고 그로서는 삼촌의 흉내를 내는 것 외에 다른 출

●●● 나폴레옹 3세(맨 왼쪽)는 오스트리아-프로이센 전쟁 때 프로이센에게 약간의 영토를 요구했다가 일언지하에 거절당하는 망신을 당하자, 프랑스인들의 자신에 대한 불만을 잠재우고 관심을 밖으로 돌리기 위해 전쟁이 필요했다고 볼 측면이 충분하다. 빌 클린턴(가운데)은 모니카 르윈스키 스캔들이 한창이던 때 아프가니스탄과 수단을 갑자기 크루즈 미사일로 공격했다. 또한 9·11테러 이후 강력한 정치군사적 지도자의 이미지를 원했던 조지 W. 부시(맨 오른쪽)는 대량살상무기를 이유로 2003년 이라크를 침공했다. 그러나 어느 곳에서도 사담 후세인의 대량살상무기는 발견되지 않았다. 그래서 먼저 공격을 받기도 전에 전쟁이 불가피하다고 주장하는 사람들의 얘기는 잘 따져볼 필요가 있다.

구는 없었다. 특히, 나폴레옹 3세는 1866년 오스트리아-프로이센 전쟁 때 프로이센에게 약간의 영토를 요구했다가 일언지하에 거절당했다. 톡톡히 망신을 당한 셈인데, '이 나폴레옹은 예전의 그 나폴레옹은 아닌 것 같아…' 하는 프랑스인들의 시각 변화가 두고두고 부담이 되었다. 그런 불만을 잠재우고 관심을 밖으로 돌리기 위해 전쟁이 필요했다고 볼 측면이 충분하다.

나폴레옹 3세와 같은 정치지도자나 전쟁을 지지하는 사람들은 전쟁의 당위성을 납득시키기 위해 여러 가지 방법들을 동원한다. 가령, 신을 언급한다든지, 특정 이념을 수호하기 위한 성스러운 사역으로

미화한다든지 하는 게 그 예다. 그러나 그러한 군사적 모험에 따르는 경제적 파급 효과에 대해서는 입을 다물곤 한다.

먼저 공격을 받기도 전에 전쟁이 불가피하다고 주장하는 사람들의 얘기는 그래서 잘 따져보아야 한다. 예를 들어, 빌 클린턴Bill Clinton은 모니카 르윈스키Monica Lewinsky 스캔들이 한창이던 때에 아프가니스탄과 수단을 갑자기 크루즈 미사일로 공격했다. 하지만 이게 순수한 군사적 목적으로 이뤄진 것으로 믿는 사람은 거의 없다. 또한, 9·11테러 이후 강력한 정치군사적 지도자의 이미지를 원했던 아들 부시George W. Bush는 대량살상무기를 내버려둘 수 없다며 2003년 이라크를 침공했다. 그러나 어느 곳에서도 사담 후세인Saddam Hussein의 대량살상무기는 발견되지 않았다.

PART 3

불확실성 하에서 어떻게 전쟁할 것인가?

CHAPTER 7

양면 전쟁은 제1차 세계대전 때 독일에게 최악의 시나리오

● 20세기 초 영국의 기상연구가였던 루이스 리처드슨Lewis F. Richardson은 날씨를 예측하기 위한 수학적 방법을 제시한 사람으로 알려져 있다. 그는 퀘이커교도로서 일체의 폭력 행위를 거부했고, 제1차 세계대전 때 양심적 병역거부자가 된 탓에 이후 영국 기상청으로부터 해고되었다. 일설에 의하면, 자신의 기상연구 결과가 화학무기를 연구하는 과학자에 의해 사용되자 너무도 놀란 나머지 자신의 기상학 분야 미발표 연구결과를 모두 파괴하고는 더 이상 이 분야는 연구하지 않았다고 한다.

수학적 재능이 넘쳐났던 평화주의자 리처드슨이 이후 전쟁의 수학적 이론에 몰두하게 된 것은 어찌 보면 당연한 귀결이었다. 그는 양국의 군대 규모와 적국에 대한 적대감으로 구성된 미분방정식을 유도해냈고, 경제력, 언어, 종교 등이 실제의 전쟁에 대해 갖는 통계적 관계를 분석하기도 했다. 그러나 그의 작업 중 가장 주목할 만한 것은 아

●●● 수학적 재능이 넘쳐났던 평화주의자 루이스 리처드슨이 정립한 두 인접한 국가 사이의 전쟁 확률에 대한 이론에 의하면, 전쟁이 발생할 확률은 인접한 국경의 길이에 좌우된다. 즉, 인접한 국경의 길이가 길수록 전쟁이 더 일어나기 쉽고 짧을수록 일어나기 어렵다.

마도 두 인접한 국가 사이의 전쟁 확률에 대한 이론일 것이다. 리처드슨의 이론에 의하면, 전쟁이 발생할 확률은 인접한 국경의 길이에 좌우된다. 인접한 국경의 길이가 길수록 전쟁이 더 일어나기 쉽고 짧을수록 일어나기 어렵다.

이 이론을 직관적으로 이해하는 것은 결코 어렵지 않다. 한 나라의 국경이 길면 길수록 방어의 어려움은 배가된다. 경제에 장기적인 악영향을 주지 않으면서 동원할 수 있는 군대의 규모는 앞의 1장에서 얘기한 것처럼 인구의 1% 정도다. 5,000만 명의 인구라면 50만 명 정도가 군대의 적정 규모다.

좀 더 구체적인 숫자를 들어 설명해보자. 지켜야 하는 국경의 길이가 250킬로미터 정도라면 1킬로미터당 2만 명의 군인을 배치할 수 있다. 하지만 국경의 길이가 500킬로미터로 2배 늘어나면 국경 배치 군인 수는 1킬로미터당 1만 명으로, 국경 길이 250킬로미터일 때의 절반으로 줄어든다. 군대를 배치해야 하는 국경의 길이가 늘어나는 것에 정확히 반비례해 국경을 지키는 군인의 수는 감소한다.

한편, 공격하는 입장에서는 국경이 길수록 유리하다. 적국을 공격할 수 있는 지점이 늘어나는 것과 다름없기 때문이다. 즉, 상대방이 예측하지 못한 지점을 공격하는 기습의 효과가 커진다. 방어하는 쪽의 어려움이 높아지고 공격하는 쪽의 유리함이 증대되니 그만큼 전쟁의 발발 가능성이 높아지는 것이다.

리처드슨이 위의 연구 결과를 발표하기 한참 전인 1900년경 이제 갓 통일을 이룬 지 얼마 안 되는 독일은 이 사실을 본능적으로 깨닫고 있었다. 유럽 지도를 보면 당시 독일이 처한 지정학적 제약 조건을 한눈에 파악할 수 있다. 한마디로 강적들에게 포위된 답답한 형국이었다. 서쪽에는 프랑스, 동쪽에는 러시아가 웅크리고 있고, 남쪽으로는 오스트리아-헝가리와 국경을 마주했다. 거기에다 북쪽은 덴마크, 스웨덴 등의 발트 해 국가들에 더해 좁다란 발트 해와 북해로 둘러싸여 대양으로 진출하기도 쉽지 않았다.

이웃에 강력한 세력이 등장하는 것을 원하지 않았던 프랑스와 오스트리아는 오랫동안 독일이 조그마한 소국과 공국으로 쪼개져 있도록 외교력을 발휘했고, 필요하다면 군사력을 동원하는 것도 마다하지 않았다. 1618년부터 1648년까지 독일인들을 갈갈이 찢어놓았던 30년 전쟁이 그 대표적 예였다.

독일 동부의 한 공국에 불과했던 프로이센은 19세기 초 나폴레옹의 프랑스에 맞서는 대표적인 세력으로 성장하면서 입지를 다졌다. 그에 비해 프로이센, 오스트리아, 그리고 러시아 사이의 신성동맹은

1871년 프로이센이 독일을 통일할 즈음에 이미 내부적 모순의 심화로 존속이 쉽지 않았다. 헝가리를 병합한 이른바 오스트리아-헝가리 제국이 발칸 반도를 두고 러시아와 다투기 시작했던 것이다.

통일 독일 제국의 수상이었던 오토 폰 비스마르크는 양면 전쟁이 갖는 함의를 누구보다도 잘 알았다. 그건 한마디로 최악의 시나리오였다. 아무리 독일이 새롭게 떠오르는 신흥 강국이라고 할지라도 2개 이상의 전역에서 동시에 전쟁을 벌인다는 것은 결코 현명한 처사가 못 되었다.

비스마르크는 러시아와 오스트리아-헝가리를 절대로 적으로 돌리지 않는 것이 독일 번영의 전제조건이라고 인식했다. 그래야만 육지에서 프랑스 하나만 상대하는 상황을 만들 수 있었다. 그리고 1870년의 프랑스-프로이센 전쟁에서 입증해 보였듯이 일대일로 맞붙는 상황이라면 프랑스는 충분히 요리할 수 있는 상대라고 생각했다. 그러나 비스마르크의 남다른 능력으로도 서로 다른 꿈을 꾸기 시작한 러시아와 오스트리아-헝가리를 새로운 삼제동맹에 묶어놓기란 지난한 일이었다.

결국, 독일은 자신과 좀 더 이해관계가 일치하는 오스트리아-헝가리를 택할 수 밖에 없었다. 1879년 독일은 오스트리아-헝가리와 상호방위를 약속하는 이국동맹을 맺었다. 하지만 이 동맹은 비밀이었다. 비스마르크에게 러시아를 공공연한 적으로 돌리는 것은 결코 채택할 수 없는 정책이었다.

곡예사가 줄을 타는 듯한 비스마르크의 외교술은 임기응변적이기는 해도 분명히 작동했다. 1881년 러시아의 알렉산드르 2세Aleksandr II

가 암살을 당한 후 즉위한 알렉산드르 3세는 독일과의 관계 회복을 원했다. 같은 해 6월 독일과 러시아, 그리고 오스트리아-헝가리는 다시 삼제동맹을 체결했다. 이에 더해 외교적 고립에 조바심 내던 이탈리아가 이국동맹에 합류하고 싶다는 의사표시를 해왔다. 세 나라는 1882년 삼국동맹을 맺었다. 비스마르크는 1884년에 삼제동맹을 연장하는 데 성공했고, 1887년에는 러시아와 단독으로 3년 유효기간의 재보장조약을 맺었다.

그러나 생각하지 못했던 적이 나타나면서 비스마르크의 저글링 공은 땅으로 떨어지고 말았다. 바로 독일의 새로운 황제 빌헬름 2세의 등장이었다. 비스마르크를 신뢰하고 중용하던 빌헬름 1세가 92세 때인 1888년 3월 사망하자 그의 아들 프리드리히 3세 Friedrich III가 새로운 황제가 되었지만 그 또한 후두암으로 99일 만에 죽고 말았다. 프리드리히 3세는 프랑스-프로이센 전쟁 때 바이에른의 2개 군단을 포함한 프로이센 3군을 지휘했던 장본인이었다. 왕위는 다시 같은 해 6월 프리드리히 3세의 아들인 빌헬름 2세Wilhelm II가 물려받았다.

빌헬름 2세는 프랑스를 고립시키기 위한 비스마르크의 기존 정책들이 마음에 들지 않았다. 30세의 빌헬름 2세는 74세의 비스마르크를 할아버지대의 퇴물로 여겼다. 그는 보다 단순하고 직접적인 정책을 원했고, 그 결과 비스마르크는 2년 뒤인 1890년 수상에서 물러나야 했다. 이후 빌헬름 2세는 비스마르크의 유산을 하나씩 제거했다. 가령, 1890년 유효기간이 만료한 러시아와의 재보장조약을 갱신하기를 거부했다. 그는 비스마르크를 수상에서 해임한 뒤 밖으로 새어나갈 것을 알면서 자신의 개인 가정교사였던 사람에게 다음과 같은 전신을 보냈다.

"내 마음은 마치 내 친할아버지를 잃은 것처럼 무겁습니다! 그렇지만 이건 신에 의해 운명 지어졌기에, 나는 받아들여야만 합니다, 비록 이게 나를 파괴할지라도요. (독일)국가라는 배의 당직항해사 직위는 이제 내게 주어졌어요. 우리는 기존의 항로를 계속 항행해야만 합니다. 기관 출력 최대로voll dampf voraus!"

위에서 빌헬름 2세가 모든 것을 배에 비유했음에 주목해야 한다. 그러나 빌헬름 2세가 생각한 기존 항로와 일반적인 독일인들이 느끼는 기존 경로는 결코 같지 않았다. 독일 제국의 황제면서 동시에 프로이센의 왕이었던 그는 성요한기사단의 프로텍터 지위를 유산으로 물려받은 사람이기도 했다.

그는 공공교육과 사회보장, 그리고 예술을 육성하고자 했고, 특히 국력 증강에 도움이 되는 엔지니어링의 진작에 큰 관심을 가졌다. 일례로, 1900년 엔지니어링 분야의 새로운 학위과정을 개발하고 관련 장학생을 선발하도록 큰돈을 개인적으로 독일 과학아카데미에 희사했다. 그런데 과학아카데미가 엔지니어링은 과학이 아니라는 이유로 엉뚱한 일을 벌이자 그 권한을 뺏어버린 일도 있었다.

빌헬름 2세는 나름 원대한 꿈을 가지고 있었다. 비록 그게 현실적으로 무리한 비전으로 이후에 판명되었지만 말이다. 그는 독일이 영국과 맞설 수 있는 위대한 제국이 되기를 원했고, 자신이 크게 영감을 얻은 알프레드 머핸Alfred T. Mahan의 『해양전력이 역사에 미친 영향The Influence of Sea Power upon History』을 휘하 군인들에게 읽도록 했다. 머핸은 당대의 미 해군 제독으로, "대양을 지배한 나라가 세계를 지배한다"는

Wilhelm II

●●● 빌헬름 2세는 원대한 꿈을 가지고 있었다. 그것은 바로 독일이 영국과 맞설 수 있는 위대한 제국이 되는 것이었다. 특히 그가 강조한 것은 대양해군의 건설이었다. 아무리 유럽 대륙 내에서 헤게모니를 쥔다 해도 바다를 지배하고 있는 영국 해군을 꺾지 못한다면 말짱 헛일이었다. 그는 자신이 해군장관으로 임명한 알프레드 폰 티르피츠를 통해 순양함이 아닌 전함 중심의 대양해군 건설을 추진했다. 이러한 정책은 결국 영국과의 전쟁을 불가피하게 만들었다.

그의 주장은 지금껏 미 해군의 기본적인 독트린으로 남아 있다.

당대 최강국인 영국의 제국주의적 헤게모니에 도전하기 위해서는 해외 식민지, 국내 중공업, 그리고 영국과 대결할 만한 대양해군이 필수적이었다. 그러려면 주변의 오래된 이웃국가들과 뻔한 몸싸움을 벌이는 수준에 발목 잡혀서는 곤란했다. 그는 이른바 3B 정책, 즉 알파벳 B로 시작하는 세 도시, 베를린Berlin, 비잔티움Byzantium, 바그다드Baghdad를 연결하는 철도 건설을 추진했는데, 중동과 인도 방면으로 육로로 진출하기 위함이었다. 그러나 이 지역에서 기존 이해관계를 갖고 있던 영국과 프랑스, 그리고 러시아는 모두 거세게 반발했다.

특히, 빌헬름 2세가 강조했던 것은 대양해군의 건설이었다. 아무리 유럽대륙 내에서 헤게모니를 쥔다 해도 바다를 지배하고 있는 영국 해군을 꺾지 못한다면 말짱 도루묵이었다. 독일 통일 전의 프로이센을 어린애 팔 비틀 듯 간단히 제압해버린 나폴레옹 1세의 신세가 바로 그랬다. 그는 자신이 해군장관으로 임명한 알프레트 폰 티르피츠Alfred von Tirpitz를 통해 순양함이 아닌 전함 중심의 대양해군 건설을 추진했다. 이러한 정책은 결국 영국과의 전쟁을 불가피하게 만들었다. 아이러니하게도 히틀러의 독일 제3제국은 나중에 비스마르크의 이름을 딴 대형 전함을 건조하면서 그 2번함을 티르피츠로 명명했다. 대양해군의 건설에 끝까지 유보적 입장이었던 비스마르크가 살아서 이를 알았더라면 기분이 꽤나 좋지 않았을 것 같다.

한편, 비우호적 태도를 노골적으로 드러내는 독일과의 관계에 러시아가 목을 맬 이유는 없었다. 러시아에게는 동맹에 목말라 있는 프랑스가 있기 때문이었다. 프랑스와 러시아는 1892년 그들 간의 양국동맹을 맺었다. 유럽 국가 전체에 대해 적당히 먼, 하지만 너무 멀지 않은 거리를 유지하려던 영국은 프랑스와 러시아와 손잡는 것이 자신에게 도전장을 내민 독일을 견제하는 적절한 방법이라고 여겼다. 1904년 영국은 프랑스와 평화협정을 체결했고, 러일전쟁이 끝나고 난 후인 1907년 영국-러시아 조약을 맺었다. 이제 독일은 프랑스와 러시아, 그리고 영국, 이 세 나라를 전쟁 시 동시에 적으로 돌려야 하는 현실적 가능성을 무시할 수 없게 되었다.

삼촌 몰트케의 손에 의해 직접 육성된 독일 육군 참모부가 이러한 가능성에 그냥 손 놓고 있을 조직은 아니었다. 1891년부터 1905년 말까지 육군참모총장으로 일했던 알프레트 폰 슐리펜Alfred von Schlieffen은 1891년부터 "프랑스 하나만"을 상대로 했을 때 어떻게 전쟁할 것인지에 대한 작전을 구상하도록 지시했다. 이는 나중에 '슐리펜 계획Schlieffen Plan'이라고 알려지게 되었다.

슐리펜 작전 계획은 동시에 프랑스와 러시아를 상대하는 건 불가능하다는 인식에서 시작되었다. 독일 육군 참모부가 수행한 워게임war game에서도 독일군의 병력을 둘로 나눠서 양 전선에서 싸우면 필패라는 결론을 얻었다. 슐리펜은 먼저 프랑스를 상대로 독일군의 거의 대부분을 투입해서 결정적인 승리를 거둔 후, 독일의 전가의 보도인 효율적인 철도망을 이용해 병력을 동쪽으로 보내 러시아와 승부를 낸다는 가능성을 생각해냈다.

이러한 생각을 하게 된 이유 중의 하나는 근대화의 정도가 떨어지는 러시아 쪽이 전군을 동원하는 데 아무래도 시간이 더 걸릴 거라는 점이었다. 러시아의 경우 전군 동원에 최소 6주에서 8주는 걸릴 것으로 예상했기에, 프랑스-프로이센 전쟁 때처럼 6주 안에 프랑스군을 격멸하고 2주 안에 모든 병력을 다시 동부전선으로 전개하면 될 것 같았다. 게다가 1905년 러일전쟁에서 러시아가 패배하는 것을 보고, 러시아군은 별로 두려워할 필요 없는 약체라는 인식도 이와 같은 계획의 수립에 한몫했다.

슐리펜의 원래 계획에 의하면, 프랑스는 전쟁이 벌어지면 스당Sedan과 베르됭의 요새를 근거로 주력을 집중시킬 것으로 예상되었다. 소수의 병력이 프랑스군의 주력을 붙들어놓는 동안, 독일군의 주력은 중립국인 네덜란드와 벨기에를 거쳐서 그 배후로 돌아 크게 포위 섬멸한다는 개념이 계획의 핵심이었다. 이러한 개념은 한니발의 칸나이 전투Battle of Cannae에서 영감을 얻은 것으로서, 실제로 그는 나중에 퇴역 후 칸나이 전투를 다룬 책을 쓰기도 했다. 슐리펜 계획에 의하면 이러한 우회기동 공격에 총 96개 사단이 필요한 것으로 추산되었다.

그러나 슐리펜은 다른 작전 계획에서 프랑스-러시아 동맹을 상대해야 할 경우 최선의 방안은 수비적 전략을 구사하는 것임을 밝혔다. 여기서 수비적 전략이란, 단순한 국경선 방어가 아니라 적을 독일 국내로 끌어들인 후 내선의 이점을 최대한 활용해서 역습을 가하는 것이었다. 실제로 1901년의 워게임에서는 프랑스군을 이런 식으로 괴멸시키기도 했다. 1905년 동행인의 말에 걷어 차여 부상을 당한 73세의 슐리펜은 은퇴를 결심하고 이듬해 1월 1일자로 퇴역했다. 새로운 육군참모총장으로 임명된 사람은 바로 프랑스-프로이센 전쟁 때 참모총장이었던 몰트케의 조카인 이른바 조카 몰트케Helmuth Johann Ludwig von Moltke였다.

Alfred von Schlieffen

●●● 1891년부터 1905년 말까지 육군 참모총장으로 일했던 알프레트 폰 슐리펜은 1891년부터 "프랑스 하나만"을 상대로 했을 때 어떻게 전쟁할 것인지에 대한 작전을 구상하도록 지시했다. 이는 나중에 '슐리펜 계획'이라고 알려지게 된다. 슐리펜의 원래 계획에 의하면, 소수의 병력이 프랑스군의 주력을 붙들어놓는 동안, 독일군의 주력은 중립국인 네덜란드와 벨기에를 거쳐서 그 배후로 돌아 크게 포위 섬멸한다는 개념이 계획의 핵심이었다.

조카 몰트케는 독일 버전의 나폴레옹 3세라고 볼 구석이 없지 않았다. 평범한 능력에도 불구하고 삼촌의 후광과 그 성이 갖는 이름값에 힘입어 감당하지 못할 역할을 맡은 인물이라고 말이다. 아니나 다를까, 그가 육군참모총장이 되었을 때 잘못된 인선이라는 비판이 매우 거셌다. 실제로 그는 빌헬름 2세와의 개인적인 친분 덕으로 그보다 더 능력 있고 쟁쟁한 인물 셋을 물리치고 선택되었다.

조카 몰트케는 육군참모총장이 된 후 슐리펜 계획을 일부 수정했다. 원래의 슐리펜 계획대로 서부전선에 96개 사단을 투입한다는 것은 애초부터 불가능한 일이었다. 이유는 독일에게 그만큼의 병력이 없기 때문이었다. 1914년 제1차 세계대전 개전 시에 독일군이 보유한 사단 수는 79개에 불과했다. 조카 몰트케는 네덜란드와 벨기에로 크게 우회한다는 당초의 계획을 변경해, 더 먼 거리로 우회해야 하는 네덜란드는 포기하고 벨기에로만 작게 우회한다는 계획을 세웠다. 그러나 이는 네덜란드의 마스트리히트Maastricht로 연결되는 잘 발달된 철도망을 활용할 수 없게 만드는 결과를 초래해 이후 군의 이동과 병참에 크나큰 제약으로 작용할 터였다.

살아 생전에 슐리펜은 현역 육군참모총장인 조카 몰트케를 만난 자리에서 우회기동을 통해 프랑스를 공략한다는 자신의 계획은 '오직' 프랑스와 전쟁할 때만 성립될 수 있다는 점을 주지시키려 애썼다. 게다가 1905년의 러시아 1차 혁명 후, 러시아군은 개혁과 재조직을 통해 이전보다 더 강해졌다. 전략적 예비대를 창설하고, 전쟁 시 군대를 빨리 동원할 수 있도록 프랑스로부터 돈을 빌려 철도도 부설했다.

이러한 사실을 독일군 참모부가 모르지는 않았다. 그런데 역설적이

Helmuth Johann Ludwig von Moltke

●●● 슐리펜에 이어 육군참모총장에 오른 몰트케는 슐리펜 계획을 일부 수정했다. 원래의 슐리펜 계획대로 서부전선에 96개 사단을 투입한다는 것은 애초부터 불가능한 일이었다. 이유는 독일에게 그만큼의 병력이 없기 때문이었다. 몰트케는 네덜란드와 벨기에로 크게 우회한다는 당초의 계획을 변경해, 더 먼 거리로 우회해야 하는 네덜란드는 포기하고 벨기에로만 작게 우회한다는 계획을 세웠다. 그러나 이는 네덜란드의 마스트리히트로 연결되는 잘 발달된 철도망을 활용할 수 없게 만드는 결과를 초래해 이후 군의 이동과 병참에 크나큰 제약으로 작용할 터였다. 게다가 그는 러시아군이 이전보다 강해졌으므로 양면 전쟁은 더욱 위험해졌다고 결론을 내리지 않고, 그렇기 때문에 프랑스를 먼저 해치우는 게 더 중요하다는 기이한 결론을 내렸다.

게도 엉뚱한 결론을 내렸다. 러시아군이 이전보다 강해졌으므로 양면 전쟁은 더욱 위험해졌다고 결론을 내리지 않고, 그렇기 때문에 프랑스를 먼저 해치우는 게 더 중요하다는 기이한 결론을 조카 몰트케가 내렸던 것이다. 세상 모든 것이 그렇듯이 독일군 참모부도 언제나 완벽하기만 한 조직은 아니었다. 가령, 이들은 1894년 청일전쟁 때 일본이 이길 가능성은 극히 희박하다는 결론을 내렸다. 이 전쟁의 승자는 우리가 잘 알다시피 일본이었다. 슐리펜은 자신이 애초에 수립했던 계획의 성공 여부를 보지 못하고 1913년 1월 사망했다.

그사이 독일과 프랑스-러시아 동맹 사이의 전운이 유럽 대륙을 감싸기 시작했다. 도화선이 된 사건은 처음에는 별 게 아니었다. 1914년 6월 28일, 오스트리아-헝가리의 황태자 부부가 사라예보Sarajevo에서 암살되었다. 처음에 이는 오스트리아-헝가리의 국내 문제일 뿐이었다. 그러나 저격의 배후에 세르비아가 있다고 본 오스트리아-헝가리는 7월 23일 세르비아가 받아들이기 거의 어려운 10개 조건을 내걸었다.

24일, 러시아는 세르비아 근방의 자국군 동원을 개시했다. 25일, 세르비아는 10개 조건 중 9개까지는 수용할 수 있다고 천명하면서 동시에 방어적 전군 동원에 들어갔다. 26일, 오스트리아-헝가리는 세르비아와의 외교관계를 단절하면서 부분 동원에 돌입했다. 28일, 급기야 오스트리아-헝가리는 세르비아에 선전포고했다.

이후 독일, 러시아, 프랑스, 영국은 그들이 맺은 온갖 조약과 동맹들로 인해 도미노처럼 전쟁에 끌려들어왔다. 7월 29일, 러시아는 오스트리아-헝가리를 상대로 부분 동원을 시작했고, 30일에는 독일을 상

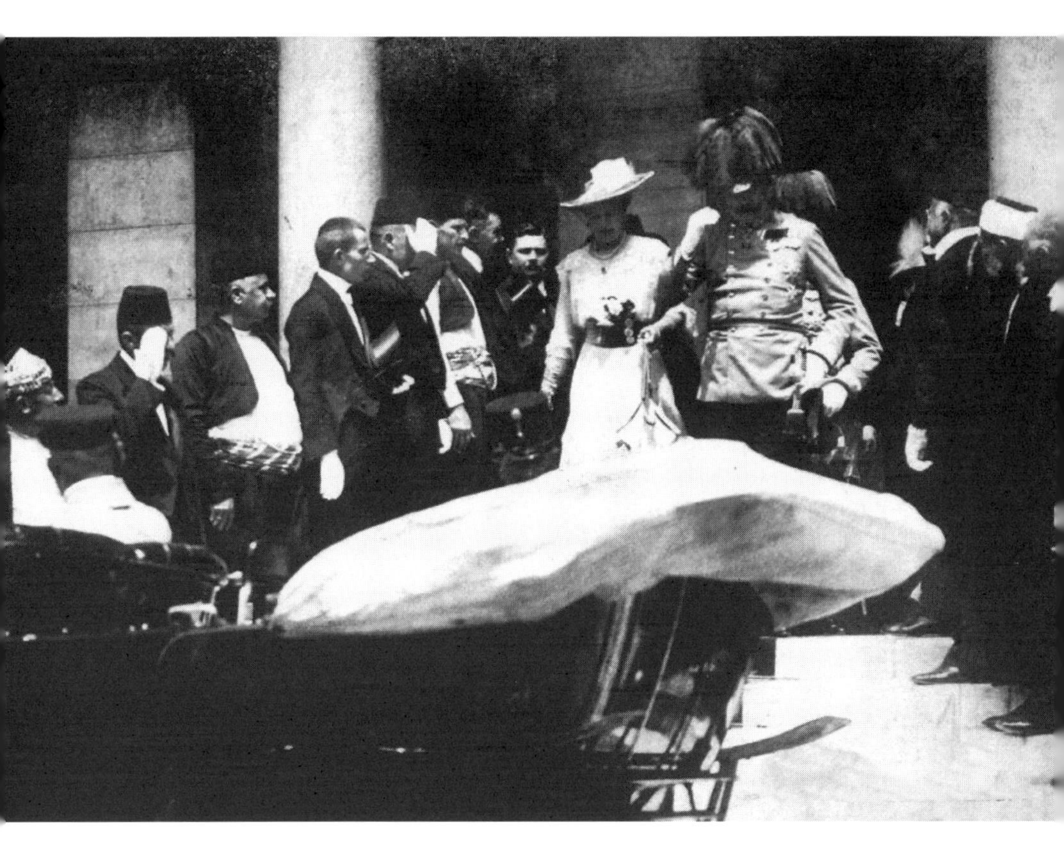

●●● 1914년 6월 28일, 오스트리아-헝가리 황태자 부부가 사라예보에서 암살되는 사건이 벌어졌다. 이 사건은 제1차 세계대전의 도화선이 되었다. <사진 출처: CC BY-SA 3.0 / Karl Tröstl>

대로 전면 동원을 개시했다. 8월 1일, 독일은 러시아를 상대로 전면 동원과 선전포고를 알렸다. 제1차 세계대전이 공식적으로 시작된 셈이었다.

독일은 프랑스에게 병력을 동원하지 말고 중립으로 남아 있어 줄 것을 공식적으로 요구했다. 프랑스는 외교적으로 반응을 보이지 않은 채, 국경 수비 병력을 10킬로미터 후방으로 뺌과 동시에 예비군을 동원하기 시작했다. 조카 몰트케는 지체 없이 자신이 수정한 새로운 버전의 슐리펜 계획대로 행동에 들어갔다. 8월 2일, 룩셈부르크를 침공했고, 8월 3일에는 프랑스에 대해 선전포고했다. 8월 4일, 영세중립국 벨기에가 자국 영토를 통과하게 해달라는 독일의 요구를 공식적으로 거부하자, 즉시 벨기에에 대해 선전포고하고 작전 계획대로 국경을 넘었다. 마침내 같은 날 영국은 독일에 대해 선전포고했다.

이제, 비스마르크와 슐리펜이 살아 생전에 그토록 원치 않았던 프랑스와 러시아의 양면 전쟁이 개시되었다. 프랑스에 대한 선전포고 직전에 독일의 빌헬름 2세는 프랑스는 공격하지 말 것을 명령했다. 그렇게 되면 영국과의 전쟁을 피할 수 없기 때문이었다. 한평생 영국과 대등한 나라를 만들기 위해 애써왔던 그지만 그마저도 동부와 서부의 양면 전쟁은 독일에게 재앙이라고 봤다.

사실 알고 보면, 빌헬름 2세는 영국 빅토리아 여왕Queen Victoria의 외손자로서 당시 영국 조지 5세George V의 외사촌이고, 러시아 니콜라이 2세Nikolai II와 외가 쪽의 매부, 처남 사이였다. 그러나 조카 몰트케는 이미 실행에 옮겨지고 있는 참모부의 작전 계획을 뒤집게 되면 대혼란이 야기된다며 버텼다. 결국, 빌헬름 2세는 프랑스와의 전쟁을 지시하지 않을 수 없었다.

전쟁 전의 독일 육군에는 총 8개 검사관구가 있었다. 각각의 검사관구는 8월 2일 전면 동원과 함께 군으로 전환되었다. 독일의 1개 군은 3개 혹은 4개 군단으로 구성되며, 1개 군단은 2개 혹은 3개 사단으로 구성되었다. 이제 조카 몰트케는 이 8개 군, 79개 사단을 프랑스와 러시아를 상대로 어떻게 나눠서 배치할까를 정해야 했다. 그는 7개 군, 68개 사단을 서부전선에 투입하고 남은 1개 군만을 동부전선에 배치했다. 68개 사단은 애초의 슐리펜 계획 96개 사단의 71%에 불과했다.

〈표 7.1〉 1914년 개전 당시 독일 육군 8개 군의 사령부 위치와 해당 검사관구

군	사령부 소재 도시	사령부 소재 주	해당 검사관구
1군	자르브뤼켄	자르	8검사관구
2군	하노버	작센	3검사관구
3군	베를린	브란덴부르크	2검사관구
4군	슈투트가르트	뷔르템부르크	6검사관구
5군	베를린	브란덴부르크	7검사관구
6군	뮌헨	바이에른	4검사관구
7군	칼스루헤	바덴	5검사관구
8군	단치히	동프로이센	1검사관구

나 홀로 러시아 전선을 맡기로 한 독일군 부대는 8군이었다. 숫자상으로는 제일 나중에 생긴 것처럼 보이지만 사실 이 부대는 1검사관구가 전환된 부대였다. 이들의 사령부가 프로이센의 역사적 본거지인 쾨니히스베르크Königsberg에서 가까운 단치히Danzig라는 건 많은 의미가 내포되어 있었다. 다시 말해, 이들은 정예 중의 정예였다. 개전 시 8군은 1군단, 17군단, 20군단의 3개 정규 군단과 새롭게 동원된 1예비군단, 지역방어군단, 3예비사단, 1기병사단을 포함해 17만 3,000명의 병력으로 구성되었다.

그런데 러시아군의 동원이 의외로 신속했다. 애초 전쟁 전에 러시

아는 개전하자마자 오스트리아-헝가리와는 교전을 개시하고 개전 15일째에는 동프로이센을 공격하겠다고 프랑스에게 약속했다. 이 계획에 의하면, 러시아군의 총 95개 사단 중 개전 15일째에 27개 사단, 개전 23일째에 52개 사단, 개전 60일째까지 90개 사단이 투입될 예정이었다. 이러한 일정은 조카 몰트케의 예상을 훨씬 뛰어넘는 빠른 것이었다. 실제로 러시아 1군의 전초부대는 8월 17일 동프로이센의 국경을 넘었다.

독일을 동쪽에서 공격할 러시아군의 전초는 1군과 2군의 2개 군으로 개전 30일째가 넘어가면 새로이 동원된 10군도 가세할 예정이었다. 뿐만 아니라, 러시아의 1개 군은 24만 명 정도로 평균 15만 명 정도인 독일의 1개 군보다 병력이 더 많았다. 그러니까 독일 8군은 자신의 3배가 넘는 병력을 상대해야 했다. 심리적으로 위축될 수밖에 없었던 8군 사령관 막시밀리안 폰 프리트비츠Maximilian von Prittwitz는 몇 번의 교전 후 8군을 비스와Wisła 강 서안으로 후퇴시키겠다고 조카 몰트케에게 알렸다. 이렇게 되면 동프로이센은 전부 포기하는 셈이었다. 정치적으로 이를 수용할 수 없었던 조카 몰트케는 22일 사령관 교체를 결정하고, 1911년에 퇴역했던 파울 폰 힌덴부르크Paul von Hindenburg를 8군 사령관으로, 2군의 참모장보 에리히 루덴도르프Erich Ludendorff를 8군 참모장으로 임명했다.

8월 23일, 힌덴부르크와 루덴도르프는 단치히로부터 5시 방향으로 50킬로미터 정도 떨어진 마리엔부르크Marienburg에 위치한 8군 사령부에 모습을 드러냈다. 이제 그들은 쾨니히스베르크에 고착된 병력을 제외한 15만 명으로 당장 눈앞의 48만 명의 러시아 1군과 2군을 어떻게 상대할지를 결정해야 했다. 비스와 강 동쪽에서 그들이 지켜야 하는 지역은 크게 두 갈래로 볼 수 있었다. 맨 북쪽 발트 해 연안의 쾨니히스베르크에서 시작해서 아일라우를 거쳐 하일스베르크Heilsberg까지 이어지는 북쪽 루트와 알렌슈타인Allenstein부터 요하니스부르크Johannisburg까지의 남쪽 루트였다. 15만 명을 어떻게 배치해야 48만 명을 막아낼 묘안이 될지 경험 많은 군인인 그들도 캄캄하기만 했다.

CHAPTER 8

만취한 대령들이 내리는 최선의 공격 및 방어 전략

● 이번 장에서는 불확실성 하에서 어떻게 전쟁할 것인가에 대한 이론을 알아보도록 하자. 좀 더 구체적으로 얘기하자면 아군의 한정된 병력을 어떻게 배치할 것인가에 대한 게임이론을 다루려고 한다. 앞의 2장에서 소개한 우성대안이나 최악의 최선화로 해결이 가능한 경우라면 물론 그것을 쓰면 될 일이다. 그러나 그 두 가지로도 해결이 되지 않는 상황이 전쟁에는 많이 존재한다. 그러한 경우를 위한 내용이라고 보면 될 듯싶다.

혹시 이 책이 속한 군사경제학 시리즈의 전작인 『전투의 경제학』에도 불확실성을 다룬 내용이 있었던 것을 기억하는 예리한 기억력의 소유자가 있을지도 모르겠다. 그 책의 16장은 운에 의해 좌우되는 전투에 대한 수학적 이론을 설명했다. 운은 틀림없이 불확실성의 한 형태로, 따라서 거기서도 전투의 불확실성을 다뤘던 것은 맞다. 그렇다면 그 내용과 이번 장의 내용 사이에는 무슨 차이가 있는 것일까?

한마디로 정의하자면, 『전투의 경제학』에서의 불확실성은 물리적 자연계의 불확실성이었다. 단적인 예를 들자면, 조준을 정확하게 똑같이 해서 포를 쏴도 어느 때는 명중이 되고 어느 때는 명중이 되지 않는다. 이러한 자연계의 불확실성은 빈도적 확률로 묘사가 가능하다. 반면, 이번 장의 불확실성은 자연계가 아닌 이성이 있는 적군으로 인해 생기는 불확실성이다. 내가 군대를 어떻게 나눠 배치할지 상대방이 알 수 없는 것처럼, 나도 적이 군대를 어떻게 나눠 배치할지 미리 알 수 없다.

『전투의 경제학』에서 언급했듯이 각각의 전투에서 적보다 더 많은 병력을 동원하는 것은 승리의 가장 확실한 방정식이다. 그런데 전투가 동시에 여러 곳에서 벌어진다면 어떻게 부대를 배치하는 게 최선인지 알기가 쉽지 않다. 나폴레옹은 보로디노 전투를 치르기 전날 밤이를 두고 다음과 같이 말했다.

"전쟁에서는 결정적인 지점에 더 많은 병력을 보내는 자가 승리한다. 그런데 그 지점을 아는 것은 천재성에 기인하거나 혹은 완전히 우연의 소관이다."

이러한 상황을 다룰 수 있는 일반적인 이론을 제시하기에 앞서 여러분의 관심을 끌 만한 가상적 상황 하나를 제시하려고 한다. 여러분이 다음에 나오는 상황의 주인공과 똑같은 상황에 처해 있다고 가정하고 읽으면 더 실감이 나지 않을까 싶다. 혹은 힌덴부르크나 루덴도르프가 처한 상황과 다를 바 없다고 생각해도 좋다.

여러분은 백군의 대령인 연대장으로 임무는 알파와 브라보라는 두 곳의 군사 요충지를 지키는 것이다. 백군의 총병력은 3개 대대다. 연대장으로서 여러분은 이 3개 대대를 마음대로 배치할 수 있다. 즉, 알파에 2개 대대, 브라보에 1개 대대를 배치할 수도 있고, 또는 알파는 비워두고 3개 대대 모두 브라보에만 배치할 수도 있다. 단, 대대를 나누지는 못한다. 다시 말해, 알파에 1.5개 대대, 브라보에 1.5개 대대, 이렇게 배치할 수는 없다.

한편, 안타깝게도 여러분이 상대해야 하는 흑군의 병력은 4개 대대로 백군보다 많다. 흑군 연대장은 이전 전투에서 뛰어난 능력을 입증해 보인 실력자다. 그는 자신의 휘하 병력 4개 대대를 여러분과 마찬가지로 나눌 수 있다. 예를 들면, 1개 대대로 알파를 공격하고 3개 대대로 브라보를 공격하거나 혹은 브라보는 포기하고 4개 대대 모두 알파만 공격하는 것이다.

가정하기를, 백군과 흑군의 전투력은 기본적으로 동등하다. 이 말의 의미는 동일한 수의 대대가 맞붙었을 경우 백군은 요충지를 반쯤 지킨 상태가 된다는 뜻이다. 여기에는 백군과 흑군 모두 전혀 부대를 투입하지 않는 경우도 포함된다. 한편, 백군의 병력이 흑군보다 많으면 그 요충지를 온전히 지킨다. 대신, 수적 열세에 놓이면 백군은 요충지를 지키지 못하고 뺏긴다.

이제 여러분의 목표는 최대한 많은 수의 요충지를 지켜내는 것이다. 병력이 많은 경우 지킨 요충지의 숫자는 +1이고, 병력이 비긴 경우는 0, 마지막으로 병력이 모자란 경우 지킨 요충지의 수는 -1이라고 볼 수 있다. 이를 표로 나타낸 결과가 〈표 8.1〉이다.

〈표 8.1〉 백군이 지켜낸 요충지의 수

(알파, 브라보)		흑				
		(4, 0)	(3, 1)	(2, 2)	(1, 3)	(0, 4)
백	(3, 0)	−1	−1	0	0	0
	(2, 1)	0	−1	−1	0	0
	(1, 2)	0	0	−1	−1	0
	(0, 3)	0	0	0	−1	−1

〈표 8.1〉의 수를 확인해보자. 가령, 백군이 알파에만 3개 대대, 흑군이 알파에만 4개 대대를 투입한 경우, 백군은 알파를 빼앗겨 -1, 그리고 브라보에서는 비겨서 0, 합쳐서 -1이 나온다. 한편, 백군이 알파를 1개 대대로, 브라보를 2개 대대로 방어하고, 흑군이 알파를 3개 대대로, 브라보를 1개 대대로 공격할 경우, 백군은 알파를 뺏겨서 -1, 그러나 브라보는 지켜내 +1, 합쳐서 0이 된다.

〈표 8.1〉을 잘 살펴보면 알 수 있지만, 이와 같은 상황에서 백군이나 흑군 모두에게 우성대안이나 최악의 최선화를 사용할 여지는 없다. 우성대안은 아예 존재하지 않을뿐더러, 모든 대안들이 최악의 최선화 관점에서 서로 동등하기 때문이다.

하지만 좀 더 고급 게임이론에 의하면, 이와 같은 경우에도 성립하는 최선의 방안이 존재한다. 이때 백군의 최선의 방안은 알파에 3개 대대를 몰아주거나 혹은 브라보에 3개 대대를 몰아주는 것이다. 그런데 그냥 알파나 브라보 중에 임의로 하나를 택하는 게 아니라, 둘을 각각 50%의 확률로 섞어서 선택해야 한다. 이러한 선택을 반복적으로 할 수 있다면, 그중에 반은 알파에 병력을 몰아주고 나머지 반은 브라보에 병력을 몰아줘야 한다는 것이다.

이와 같은 성격의 최선의 방안, 즉 어느 한 대안만을 선택하는 것이 아니라, 여러 대안들을 번갈아가면서 선택하되 그 각각의 선택 확률이 특정한 값이 되도록 하는 경우를 혼합전략이라고 부른다. 반대로 앞의 2장에서 나왔던 우성대안이나 최악의 최선화처럼 한 가지 방안만이 선택되는 경우는 순수전략이라고 부른다. 이는 군사학 용어기보다는 게임이론의 용어다.

다시 말해, 백군이 알파를 3개 대대로 지키는 경우를 50%로, 또한 브라보를 3개 대대로 지키는 경우도 50%로 하는 경우가 백군 입장에서는 최선의 혼합전략인 것이다. 이때의 백군이 지켜낼 요충지 수의 기대값은 -0.5다. 흑군의 병력 배치에 따라 어떤 때는 한 곳만 뺏기고, 또 다른 때는 한 곳은 뺏기지만 다른 곳은 지키게 되는데, 평균적으로 보면 그 둘이 합쳐진 -0.5만큼의 요충지를 지킨다는 뜻이다.

흑군의 최선의 방안 또한 게임이론을 통해 알 수 있다. 좀 더 구체적으로는, 알파에 3개 대대, 브라보에 1개 대대를 투입하는 경우의 확률을 50%로, 또한 알파에 1개 대대, 브라보에 3개 대대를 투입하는 경우의 확률을 50%로 할 때가 최선이다. 이때 흑군이 뺏을 수 있는 요충지 수의 기대값은 +0.5다.

만약, 백군이 위에 나온 최선의 방안을 택하지 않으면 어떻게 될까? 가령, 알파와 브라보 사이를 50%의 확률로 왔다 갔다 하지 않고, 일방적으로 알파만 막는 경우를 생각해보자. 백군이 이런 행동을 보일 경우, 흑군은 (알파, 브라보)로 (3, 1)이나 (4, 0)을 배치하면 언제나 +1의 요충지를 확보할 수 있다. 이를 백군 입장으로 바꾸면 아까의

-0.5에서 -1로 더 나빠진 결과다. 다시 말해, 백군이 앞의 방안을 따르지 않는다면 오직 손해를 볼 따름이다.

이와 같은 최선의 혼합전략을 구하는 방법은 아쉽지만 설명하지 않으려고 한다. 그렇게 하려고 들다가는 과도한 수식으로 책을 도배해야 하기 때문이다. 하지만 그런 방안이 있다는 사실 정도는 충분히 알아둘 만하다.

이제 상황을 좀 더 현실적으로 만들어보자. 아까는 단지 뺏고 뺏기는 요충지의 수만을 고려했지만 그게 전부는 아니다. 백군의 3개 대대가 흑군의 1개 대대를 상대했는지 혹은 2개 대대를 상대했는지에 따라 의미가 다르다. 왜냐하면, 후자의 경우가 흑군의 병력상의 손실이 더 크기 때문이다.

그 효과를 다음과 같이 정의해보자. 백군 입장에서 요충지를 지킨 경우, 다시 말해 흑군에게 승리한 경우 물리친 흑군의 대대 수만큼 추가적인 점수를 얻는다. 반대로 요충지를 뺏긴 경우, 백군이 투입한 대대 수만큼 마이너스 점수를 얻는다.

예를 들어보자. 백군이 알파에 3개 대대를, 흑군이 알파에 4개 대대를 보낸 경우, 〈표 8.1〉에 의하면 백의 점수는 -1이었다. 이 경우 백군이 3개 대대를 투입하고도 졌으므로 -3을 더해 -4가 최종적인 결과다. 또 다른 경우를 보자. 백군은 전과 동일하게 알파에 3개 대대를, 반면 흑군은 알파에 3개 대대, 브라보에 1개 대대를 투입한 경우, 요충지 점수는 방금 전과 동일하게 -1이다. 그러나 백군이 뺏긴 브라보에서 백군은 아예 병력상의 손실이 없으므로 0을 더한 -1이 최종 결과다. 즉, 배치 상황에 따라 완전히 다른 결과가 나올 수 있다. 이를 정리하면 〈표 8.2〉를 얻을 수 있다.

〈표 8.2〉 졌을 때의 손실 대대 수를 감안한 백군 입장의 이해득실 결과

(알파, 브라보)		흑				
		(4, 0)	(3, 1)	(2, 2)	(1, 3)	(0, 4)
백	(3, 0)	−4	−1	2	1	0
	(2, 1)	−2	−3	−2	0	−1
	(1, 2)	−1	0	−2	−3	−2
	(0, 3)	0	1	2	−1	−4

〈표 8.2〉를 보면 백군의 이해득실이 양의 값을 갖는 경우도 있다는 점이 눈에 띈다. 가령, 백군이 알파를 3개 대대로 지키고 흑군이 2개 대대씩 나눠 공격하면, 요충지상으로는 비기고 흑군의 대대 2개가 손실을 입어 +2가 나온다. 한편, 이번에도 아까와 마찬가지로 백군과 흑군 모두에게 우성대안과 최악의 최선화 방안은 없다는 사실도 확인할 수 있다. 하지만 이번 경우에도 최선의 혼합전략은 존재한다. 구해보면 아까보다 복잡한 결과가 나오지만, 각 대안별로 일정한 확률로 선택하는 것이 최선이라는 기본 정신은 변함이 없다.

백군의 최선의 방안은 알파를 3개 대대로 지키거나 브라보를 3개 대대로 지키는 경우의 확률을 각각 18분의 1로 하고, 알파와 브라보를 (2, 1)로 지키거나 (1, 2)로 지키는 경우의 확률을 각각 9분의 4로 하는 것이다. 이때 백군 결과의 기대값은 -9분의 14다. 이 결과를 설명해보자면, -0.5의 요충지 결과에 더해 대략 1개 대대를 약간 넘는 정도의 병력상의 손실이 평균적으로 예상된다는 뜻이다.

반면, 흑군의 최선의 방안은 알파를 4개 대대로 공격하거나 브라보를 4개 대대로 공격하는 경우의 확률을 각각 9분의 4로 하고, 알파와 브라보에 2개 대대씩 보내는 경우의 확률이 9분의 1인 경우다. 흑군의 경우 알파와 브라보에 (3, 1) 혹은 (1, 3)을 보내는 대안은 아예 선택하지 않는 쪽이 낫다.

숫자가 이미 너무 지저분하다고 느낄지도 모르겠다. 하지만 기본적인 아이디어는 이렇다. 백군의 입장에서 한쪽에 모든 대대를 몰아서 지키는 것보다는 적당히 2개 대대와 1개 대대로 나누는 쪽이 안전하다는 것이다. 왜냐하면, 한쪽에 3개 대대를 모두 보냈다가 혹시라도 패하면 모든 병력을 잃게 되기 때문이다. 그에 비해 1개 대대와 2개 대대로 나누면 최악의 경우 손실이 2개 대대로 그친다. 그래서 아홉 번 전투를 하게 되면, 여덟 번은 1개 대대와 2개 대대로 나누고 한 번만 3개 대대를 몰아주라는 것이다.

3개 대대를 몰아서 지키는 게 위험하다면 아예 이를 택하지 않는 게 더 낫지 않을까 하는 생각이 들 수도 있다. 그러나 그렇지는 않다. 백군이 아예 이를 택하지 않는다고 가정해보자. 흑군이 이를 눈치채면 흑군도 4개 대대를 몰아서 공격할 유인이 없어진다. 이 경우 흑군은 항상 2개 대대씩 나눠서 공격하는 쪽이 최선이다. 왜냐하면, 그 경우 자신의 이해득실을 아까의 9분의 14에서 2로 올릴 수 있기 때문이다. 즉, 요충지 한 곳은 언제나 뺏고 또 백군의 1개 대대를 언제나 없앨 수 있으므로 +2다. 결과적으로 백은 손해를 보게 된다.

지금까지 대대 간의 전투를 가정했지만 위 내용은 얼마든지 변환과 확장이 가능하다. 일례로, 전투기들 간의 전투나 혹은 전차들 간의 전투로 바꿀 수도 있다. 또한, 지대지미사일과 요격미사일의 관계로 이해해볼 수도 있다. 즉, 흑군이 4기의 탄도미사일을 갖고 있을 때, 백군이 3기의 요격미사일을 갖고 두 곳의 도시를 지키는 상황으로 받아들여도 전혀 무리가 없다. 여기에 더해 백군에게도 요격미사일과 별개인 수 기의 탄도미사일을 갖고 있어 이를 알파와 브라보에 임의로 배치하는 상황도 생각해볼 수 있다. 그러나 그러한 모든 조합들을 다 얘기하기에는 지면의 제약이 적지 않으므로 이쯤에서 그치도록 하자.

어쨌거나 이와 같은 최선의 혼합전략이 항상 존재하며 이를 직접 구할 수 있다는 사실은 게임이론의 커다란 성과다. 물론 위에서 다룬 상황은 어찌 보면 장난 같은 수준이었다. 실제의 전쟁은 수십 개 혹은 수백 개 이상의 변수들을 다뤄야 한다. 경우의 수가 많아질수록 현실적인 계산상의 어려움은 급속도로 커진다. 하지만 요즘 컴퓨터의 계산 능력을 감안하건대 풀려고만 하면 못 풀 것은 없다.

이번 장에서 다룬 문제들을 부르는 이름이 게임이론에는 따로 있다. 이름하여 '술 취한 대령의 문제'다. 영어 the Colonel Blotto problem을 번역한 것인데, 원래 blotto는 '만취한' 혹은 '술에 취한'이라는 뜻을 가진 단어다. 그걸 고유명사로 바꿔 대령의 이름으로 한 데에는 다 이유가 있다. 술에 취한 것처럼 어떤 때는 이렇게 하고 또 다른 때는 저렇게 한다는 혼합전략의 개념을 상징적으로 전달하기 위해서 그렇게 붙인 것이다.

만취한 대령의 문제는 게임이론 연구자들 사이에서 굉장히 인기 있던 주제였다. 왜냐하면 게임이론이 한창 개발되던 1950년대와 1960년대에 핵미사일을 공중에서 요격해 무력화시키는 탄도미사일 요격 미사일ABM, Anti Ballistic Missile 시스템에 그대로 차용할 수 있었기 때문이다. 핵전쟁에 관련된 본격적인 내용은 뒤의 6부에서 다루겠지만, 이번 장의 내용도 전혀 관련이 없지는 않다는 사실은 기억해두자.

혼합전략에 대한 군인들의 반응은 대개 부정적이다. "나더러 그럼 이 고지를 지킬지 저 고지를 지킬지 주사위를 던져서 정하란 말이오?" 하면서 버럭 화를 내는 경우가 드물지 않다. 독트린, 즉 교리를 중시하는 일반적인 군사교육을 감안하건대 그러한 반응은 별로 놀랍지 않다. 좀 더 지성적인 반응으로 "실제의 전쟁 상황은 다 유일무이하다"는 논리를 펴는 경우도 있다. 이런 반응에는 좀 더 호감이 생긴다. 이 말은 사실 아주 틀린 말은 아니기 때문이다.

그래서인지 실전에서 지휘관들은 혼합전략을 무시하고 순수전략을 구사하는 경향이 있다. "이러이러한 조건이 만족될 때는 A를 한다"는 단순한 기계적 교리를 선호하는 것이다. 혼합전략의 존재 자체를 모른 채로 자신의 경험상 순수전략이 최선이라고 믿기도 한다. 그러나 소수의 혁신적인 지휘관들은 간혹 적의 예측을 벗어난 전략과 전술을 일부러 구사한다. 상대의 허를 찔러 승리를 거머쥐기 위해서다. 이는 어쩌면 본능적으로 혼합전략을 구사하는 것일지도 모른다.

결국, 혼합전략의 핵심은 적이 내 행동을 완전히 예측할 수 없도록 만드는 데 있다. 내 행동이 지나치게 단순하고 기계적이 되면 앞의 예제들에서 봤듯이 적이 이를 이용하는 게 불가능하지 않다. 따라서 이를 피하기 위해서라도 일종의 적절한 무작위성을 나의 결정에 넣어줄 필요가 있다. 상대팀이 도루를 예상하고 있는데 무조건 도루를 감행시키는 감독이나 좌타자 나왔다고 무조건 좌완투수 올리는 감독보다 더 게으르고 무책임한 존재가 없는 것처럼 말이다.

특히, 혼합전략은 소규모 부대 간의 전투일수록 적용 가능성이 크다. 소규모 부대는 전적으로는 똑같지 않더라도 어느 정도 유사한 상황을 계속 반복적으로 겪을 가능성이 높다. 그렇기에 혼합전략의 확률적 배분이 실제로도 아주 무의미하지 않을 가능성이 충분히 있다.

이는 또한 실제로 경험을 통해 배우는 과정과도 비슷하다. 경험이 많지 않을수록 아는 게 그것뿐이라 대개 교본대로만 따라 하려 든다. 하지만 백전노장의 경우 최악의 상황을 가정하면서도 동시에 가끔 의외의 변화를 주기도 한다. 경험상 그렇게 하는 게 더 낫다는 것을 몸으로 체득했기 때문이다. 경험을 통해 배운다는 관점은 몬테카를로적 접근[우연현상偶然現象의 경과를 난수를 써서 수치적·모형적으로 실현시켜 그것을 관찰함으로써 문제의 근사해를 얻는 방법을 몬테카를로 방법Monte Carlo method이라 한다]이라고 할 만하다. 그런 점에서 가상의 워게임 수행은 분명히 군인들에게 도움이 된다.

반면, 대규모 전략적 상황에 대한 혼합전략의 적용은 쉽지 않아 보인다. 각각의 결정이 갖는 함의가 너무 큰 경우 확률적 기대값에 기반을 둔 혼합전략은 설 자리가 거의 없다. 또한, 우싱대안이나 최익의 최선화 방안이 존재함에도 불구하고 어설픈 혼합전략을 시도하는 것은 무책임하기 그지없다. 특히 그로 인한 군사적 손실이 막대할 수 있는 상황이라면 그런 식의 도박은 정당화되기 어렵다.

사실 앞에서 이론적이나마 최선의 혼합전략이 반드시 존재한다고 얘기했지만, 그건 하나의 조건이 만족될 때만 그렇다. 바로 '나의 기쁨이 너의 슬픔이 되는' 경우만이다. 다시 말해, 내가 이익을 보는 만큼 적은 손해를 보고 또한 내가 손해를 보는 만큼 적이 이익을 보는 경우다. 이런 상황을 가리켜 게임이론은 제로섬zero-sum 혹은 영합零合이라고 부른다. 즉, 나의 손익과 적의 손익을 합치면 언제나 0이 되는 경우다. 앞의 2장의 예제들이나 이번 장의 예제들은 모두 영합 게임이었다.

그러나 전쟁에 관련된 상황 중 영합이 아닌 것도 분명히 존재한다. 일례로 앞의 5장에 나온 사례도 알고 보면 영합이 아니었다. 전쟁의 비효율성을 증명하면서 백군의 손익과 흑군의 손익을 별개로 정의했던 것이다. 전쟁을 하는 양 당사자마다 고유의 기준이 있다는 것은 그 상황이 영합이 아닌, 말하자면 넌제로섬non-zero-sum 혹은 비영합非零合인 상황이라는 얘기다.

수학자들이 밝힌 바에 의하면, 비영합인 게임에는 최선의 혼합전략이 존재한다는 보장이 없다. 없는 경우가 더 흔하다는 뜻이다. 비영합 게임은 생각하기 어려운 묘한 양상들이 다양하게 나타나는 걸로도 유명하다. 아마도 그중 제일 유명한 경우가 '죄수의 딜레마prisoner's dilemma'(자신의 이익만을 고려한 선택이 결국에는 자신뿐만 아니라 상대방에게도 불리한 결과를 유발하는 상황)가 아닐까 싶다. 게임이론을 조금이라도 다루는 책 치고 죄수의 딜레마를 설명하지 않는 책은 찾아보기 어렵다. 그러므로 이에 대한 자세한 설명은 진부할 수 있으니 생략하되 이를 군비경쟁의 관점에서 핵심만 짚어보자.

백과 흑은 각각 두 가지 대안을 갖고 있다. 현재보다 군비를 늘리지 않고 평화를 추구하던가 혹은 현재보다 군비를 대폭 늘리면서 전쟁도 불사하는 것이다. 전자의 옵션을 비둘기, 후자의 옵션을 매라고 부르

자. 두 나라가 나눠 가질 수 있는 정상적인 이익의 크기는 10이라고 하자.

〈표 8.3〉 군비경쟁에 관한 백과 흑의 이해득실 결과

		흑	
		비둘기	매
백	비둘기	(5, 5)	(1, 7)
	매	(7, 1)	(3, 3)

만약 백과 흑이 모두 비둘기를 택하면 각각 5씩 나눠 갖는다. 그러나 한쪽이 비둘기를 택하는 동안에 다른 한쪽이 매를 택하면 비둘기를 택한 쪽은 1밖에 갖지 못하고 매를 택한 쪽은 7를 갖는다. 비둘기를 택한 쪽은 군사력에서 앞서는 상대방이 무리한 요구를 해도 별다른 대항수단이 없고, 반면 매를 택한 쪽은 군비 증대에 2의 돈을 소모했기 때문이다. 마지막으로 둘 다 모두 매를 택하면 각각 2씩 소모해 결국 3씩 갖는 데 그친다. 이러한 이해득실을 정리하면 〈표 8.3〉과 같다.

백의 입장을 먼저 보면, 매가 비둘기보다 언제나 낫다. 즉, 매는 백에게 우성대안이다. 마찬가지로 흑의 입장에서도 매는 우성대안이다. 따라서 백과 흑 모두 매를 택하지 않을 수가 없다. 결과적으로, 백과 흑 모두 각각 3을 갖는, 별로 만족스럽지 못한 상태로 귀결된다. 백과 흑 모두에게 공통적으로 더 유리한 각각 5씩 갖는 상태가 있음에도 불구하고, 자국 관점의 재무적 손익 극대화를 추구한 결과 둘 다 손해

를 보게 되니 딜레마인 것이다. 한마디로 답답한 노릇이다.

이런 유의 딜레마에 대한 해결책이 전혀 없을까? 게임이론가들에 의하면, 방법이 아예 없지는 않다. 크게 두 가지 방법이 존재하는데, 하나는 좋지 못한 선택을 한 사람을 제재하거나 벌칙을 가하는 방법이고, 다른 하나는 아예 게임의 규칙을 바꿔 좋지 못한 선택을 하지 못하도록 하는 것이다. 가령, 좋지 못한 선택을 하는 경우, 3의 벌금을 물게 된다고 생각해보자. 그 경우, 〈표 8.4〉에서 볼 수 있듯이 이제 매가 아닌 비둘기가 우성대안이다. 그렇다면, 백과 흑 모두 비둘기를 택하지 않을 이유가 없다.

〈표 8.4〉 매에 대해 3의 벌금을 물리는 경우의 이해득실 결과

		흑	
		비둘기	매
백	비둘기	(5, 5)	(1, 4)
	매	(4, 1)	(0, 0)

이론적으로는 위의 해결책이 만족스러울지 몰라도, 실제로는 그렇지 않다. 왜냐하면 군비경쟁은 국가 내부의 문제가 아니라 국가 간의 문제기 때문이다. 국가 내부의 문제라면 법을 통해 제재나 벌칙을 부과할 수 있고, 매의 선택 자체를 법으로 금지하는 것도 가능할 테지만, 개별 국가의 행동을 강압적으로 규제할 초국가적 기구는 존재하지 않는다. 물론 국제연합UN, United Nations이 있기는 하지만 국제연합이 무서워 전쟁을 일으키지 않겠다는 건 현실과 맞지 않다.

저명한 게임이론가 아나톨 래퍼포트Anatol Rapoport는 죄수의 딜레마에 대해 윤리적 해결책을 제시한 적이 있다. 나만의 합리적 결정을 우상화하지 말고, 다시 말해 사리사욕만을 챙기려 하지 말고, 공동의 이익, 즉 존 롤스John Rawls가 주장한 황금률적 정의를 추구해야 한다고 말이다. 황금률적 정의란 남에게 대접받고자 하는 대로 남을 대접하라는 것이다. 이는 틀림없이 옳은 말이지만, 내가 래퍼포트의 제안대로 따른다고 해서 내 상대방도 똑같이 따른다는 보장이 없다는 것이 여전히 문제다. 그리고 상대방이 자신의 사리사욕을 추구하면 나만 바보 되고 만다.

CHPATER 9

탄넨베르크에서 러시아 1군을 방치하고 2군에 올인하다

● 동프로이센은 전체적인 관점에서 보면 독일 측에서 러시아 쪽으로 툭 튀어나온 돌출부였다. 북쪽으로는 발트 해와, 남쪽으로는 폴란드 영토와 접하고, 비스와 강을 기점으로 동쪽으로 190킬로미터 정도 뻗어 리투아니아를 마주하며 남북 방향의 폭은 대략 130킬로미터였다. 쾨니히스베르크는 동프로이센에서도 리투아니아 쪽에 가까운 북동쪽 해안가에 위치한 도시로서, 비스와 강 서쪽에 위치한 단치히와 대조적이었다. 즉, 독일이 1검사관구를 동프로이센의 주도인 쾨니히스베르크에 놓지 않고 그보다 훨씬 서쪽의 단치히에 놓은 이유도 쾨니히스베르크가 너무 동쪽이라 방어가 쉽지 않은 탓이었다.

힌덴부르크Paul von Hindenburg와 루덴도르프Erich Ludendorff는 자신들이 상대해야 하는 러시아군의 병력이 최소 2배 이상이라는 것을 잘 알고 있었다. 궁극적인 문제는 8군 휘하의 15만 명 병력을 어떻게 운용하느냐였다. 이는 마치 조카 몰트케가 고민하던 문제인 독일의 부족한

●●● 제1차 세계대전 초 동프로이센 남부 탄넨베르크 동쪽에서 독일 8군 사령관 힌덴부르크(왼쪽)와 참모장 루덴도르프(오른쪽)는 독일군 병력의 2배가 넘는 러시아 1군과 2군을 상대해야 했다. 궁극적인 문제는 8군 휘하의 15만 명 병력을 어떻게 운용하느냐였다. 이들은 교묘한 작전으로 러시아군을 포위하여 1914년 8월 26일 공격을 개시했고, 30일에 러시아군을 완전 섬멸했다.

병력으로 어떻게 프랑스-러시아-영국의 연합군을 상대하느냐와 마찬가지였다. 그들은 러시아 1군과 2군이라는 2개 군을 상대해야 했다.

러시아 1군의 지휘관은 파벨 렌넨캄프Pavel Karlovich Rennenkampf였다. 그는 1904년 러일전쟁 때 서바이칼 코사크 사단장으로 여러 전투를 거쳤고, 특히 1905년 2월에서 3월에 걸쳐 벌어진 일본명 봉천회전奉天會戰, 즉 묵덴Mukden(선양瀋陽의 영어 이름) 전투에서 붕괴되던 러시아군 전열을 추스르는 전공을 세운 인물이었다. 러일전쟁 종전 후에는 7시

●●● 탄넨베르크 전투 당시 러시아 1군 지휘관 파벨 렌넨캄프(왼쪽)와 2군 지휘관 알렉산드르 삼소노프(오른쪽). 삼소노프는 러일전쟁 당시 묵덴 전투에서 렌넨캄프가 위기에 처한 자신의 부대를 돕지 않았다는 이유로 렌넨캄프와 난투극을 벌였고, 이후 둘은 철천지원수처럼 지냈다. 두 지휘관의 불화는 탄넨베르크 전투에서 러시아군이 패배한 이유 중 하나다.

베리아군단을 지휘하여 그 지역 반란을 진압했고, 1912년에는 지금의 라트비아에 해당하는 빌노Wilno 군관구의 참모장으로 복무했다.

한편, 러시아 2군의 지휘관은 알렉산드르 삼소노프Aleksandr Samsonov였다. 기병 장교로 교육받은 그는 렌넨캄프와 마찬가지로 러일전쟁에 종군해 랴오양遼陽 전투 등에서 공을 세웠다. 그러나 묵덴 전투에서 자신의 부대가 위기에 처했을 때 렌넨캄프가 돕지 않았다는 이유로 주먹다짐 수준의 싸움을 벌였다. 이후 둘 사이의 감정의 골은 돌이킬 수 없을 정도로 깊어져 서로 철천지원수처럼 지냈다. 삼소노프는 러일전쟁이 끝난 뒤인 1906년 바르샤바Warszawa 군관구의 참모장으로, 1909년에는 지금의 우즈베키스탄에 준하는 투르케스탄Turkestan 군관구 사령관으로 임명되었다.

한편, 러시아 1군과 2군은 러시아 북서방면군에 속해 방면군 사령관 야코프 질린스키Yakov Zhilinskiy의 지휘를 받았다. 그는 러일전쟁 때 러시아의 극동총독 예브게니 알렉세예프Yevgeni Ivanovich Alekseyev의 참모장으로 복무했고, 1911년부터 1914년 3월까지 러시아 육군의 참모총장이기도 했다. 즉, 지휘관들의 면면을 놓고 보면 독일 8군이 상대해야 하는 러시아군은 숫자만 많은 오합지졸은 결코 아니었다. 다만, 질린스키는 자신의 사령부를 쾨니히스베르크 동쪽으로 410킬로미터 떨어진 볼코비스크Volkovysk에 위치시켰는데, 예하 군과의 통신이 쉽지 않았다.

동프로이센은 방어하는 쪽이 유리한 지형이었다. 다수의 호수와 습지, 그리고 빽빽한 삼림으로 보병과 기병의 기동이 쉽지 않았다. 자국 영토를 방어하는 입장의 독일군은 철도를 활용할 수 있었지만, 공격하는 입장의 러시아군은 제약이 컸다. 무엇보다도 러시아와 독일의 철로 규격이 달랐다. 이 말은 동프로이센으로 진공하는 순간부터는 더 이상 러시아의 기차를 이용하지 못하고 노획한 소수의 독일 기차만을 이용할 수 있다는 뜻이었다.

러시아군의 또 다른 보급상의 어려움은 말을 타는 기병과 코사크병이 적지 않았다는 점이었다. 기병은 당연히 보병보다 기동력이 좋지만 대신 말을 먹이기 위한 엄청난 양의 물과 사료가 골칫거리였다. 대

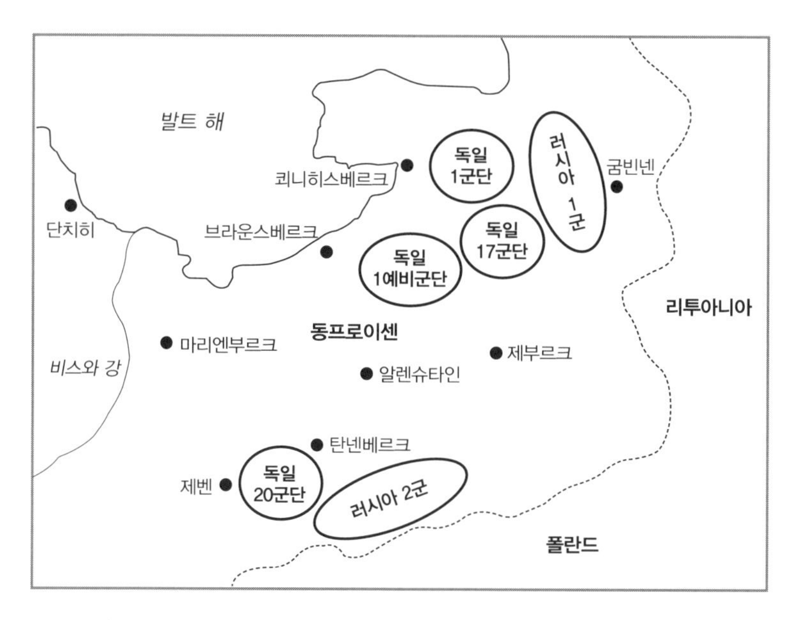

〈그림 9.1〉 1914년 8월 23일 동프로이센의 러시아군과 독일군의 배치 상황

략적인 계산으로도 기병 1명은 보병 1명의 10배에 달하는 보급물자를 필요로 했다.

러시아군의 배치와 공격이 동프로이센으로 연결되는 2개의 철도를 따라 이뤄진 것은 어찌 보면 당연한 일이었다. 하나는 리투아니아에서 출발해서 쾨니히스베르크 남동쪽 136킬로미터 지점에서 국경을 넘는 철로였고, 다른 하나는 바르샤바에서 출발해서 쾨니히스베르크 남서쪽 165킬로미터 지점에서 국경을 넘는 철로였다. 러시아 1군은 전자를, 그리고 러시아 2군은 후자의 철도를 이용하도록 질린스키는 명령했다.

바로 위의 내용을 주의 깊게 본 독자라면 눈치챘겠지만, 2군이 이용하는 철도 쪽이 1군이 이용하는 철도보다 더 서쪽에서 동프로이센으로 진입하게 되어 있었다. 즉, 조정을 잘 해주지 않으면 2군이 1군보다 훨씬 서쪽으로 튀어나오게 될 가능성이 크다는 뜻이었다. 사실, 국경을 먼저 넘은 것은 1군이었다. 하지만 러시아 1군은 20일 굼빈넨Gumbinnen에서 독일 8군 휘하의 1군단, 17군단, 1예비군단과 전투를 벌인 후, 조심스럽게 행동했다. 렌넨캄프는 재보급과 혹시라도 있을지 모를 독일군의 추가 공격에 대비하기 위해 현 위치에서 방어적 자세를 취했다.

반면, 독일군은 21일 5개 군단과 1개 기병사단으로 구성된 러시아 2군을 식별하고는 마음이 급해졌다. 바르샤바에서 출발한 철로를 따라온 그들의 위치는 당연히 러시아 1군보다 100킬로미터 가량 더 서쪽에 있었다. 그리고 그러한 러시아 2군 앞을 막아서고 있는 유일한 부대는 프리드리히 폰 숄츠Friedrich von Scholtz가 지휘하는 독일 20군단 하나뿐이었다. 1개 군단만으로 5개 군단을 상대로 싸운다는 것은 있을 수 없는 일이었다. 그랬다가는 그대로 포위되어 괴멸될 게 뻔했다.

질린스키는 비스와 강까지 직선거리로 80킬로미터 남짓에 불과한 러시아 2군의 현재 진격 상황이 흡족했다. 첩보상으로도 동프로이센을 지키는 독일군은 1개 군에 불과한 반면, 자신의 휘하에는 2개 군이 공격 중이니 어떻게 싸워도 이미 결판난 상황이라고 여겼다. 삼소노프도 자신이 마주한 미약한 독일군 세력을 보고는 빨리 전과를 확대하고 싶어 안달이 났다. 우물쭈물하다가는 공을 철천지원수 렌넨캄프에게 뺏길지도 모를 일이었다.

그는 원래 계획대로 러시아 1군과 손을 마주 잡기 위해 부대를 북동쪽으로 이동하는 대신 북서쪽으로 진격하겠다는 계획을 보고했고,

질린스키는 그대로 승인했다. 다만, 삼소노프는 자신의 가장 우익 부대인 6군단만큼은 원래 계획대로 북쪽으로 올려 제부르크Seeburg를 점령하도록 했다.

22일, 러시아 2군은 독일 20군단과 교전에 돌입해 여러 곳에서 20군단을 후퇴시켰다. 질린스키는 더 강하게 밀어붙이라고 명령을 내렸다. 사실, 러시아군의 열악한 보급 상황을 감안하면 하루 정도 멈춰서 정비할 필요도 없지 않았다. 이미 지난 6일간 매일 24킬로미터씩 행군한 뒤였기 때문이다. 게다가 이때는 8월의 땡볕이 작열하는 한여름이었다. 그러나 독일군 세력이 대수롭지 않다고 느낀 삼소노프는 계속 전투를 벌였다.

23일, 숄츠의 독일 20군단은 러시아 2군의 압박을 견디지 못하고 프랑케나우Frankenau-오를라우Orlau 선까지 밀렸다. 독일 8군의 입장에서 전황은 결코 좋지 않았다. 이날 오후 독일 8군의 지휘를 개시한 힌덴부르크와 루덴도르프는 현지의 참모장교들을 처음으로 만났다. 힌덴부르크는 이들 중 아는 사람이 아무도 없었다. 반면, 루덴도르프는 그중에 낯익은 얼굴을 하나 발견할 수 있었다. 8군의 작전참모인 대령 막시밀리안 호프만Carl Adolf Maximilian Hoffmann이었다. 이 둘은 여러 차례 같이 근무했을 뿐만 아니라 베를린의 집도 서로 가까운 이웃이기도 했다.

호프만은 자신이 입안한, 그러나 프리트비츠Maximilian von Prittwitz한테 승인받지 못한 작전 계획을 베를린에서 급파된 듀오에게 보고했다. 8군의 병력을 둘로 나눠 러시아 1군과 2군을 동시에 상대하려 하지 말고, 1군과 맞서고 있는 3개 군단을 모조리 빼내 러시아 2군 쪽으로 돌

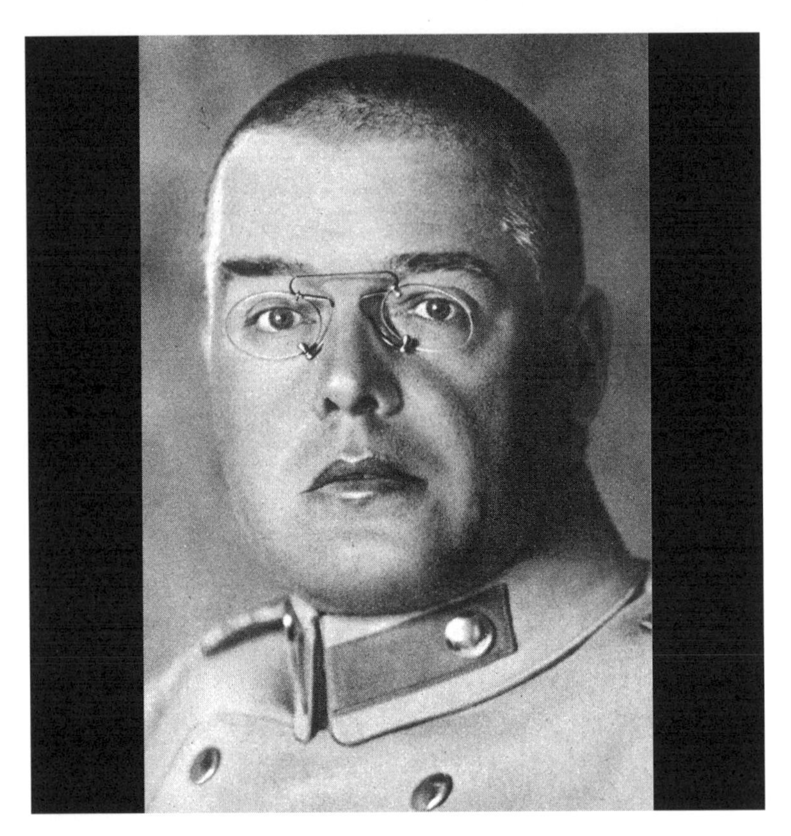

●●● 8군의 작전참모인 대령 막시밀리안 호프만은 자신이 입안했다가 프리트비츠한테 승인받지 못한 작전 계획을 베를린에서 급파된 힌덴부르크와 루덴도르프에게 보고했다. 8군의 병력을 둘로 나눠 러시아 1군과 2군을 동시에 상대하려 하지 말고, 1군과 맞서고 있는 3개 군단을 모조리 빼내 러시아 2군 쪽으로 돌려 이를 우선 포위섬멸하자는 것이었다. 전술적인 관점에서 대담하기 그지없는, 모 아니면 도 식의 도박에 가까운 작전이었다. 호프만은 렌넨캄프와 삼소노프의 개인적인 원한 관계 때문에 러시아 1군과 2군이 협공할 가능성은 무시해도 좋다고 장담했다.

려 이를 우선 포위섬멸하자는 것이었다. 병력을 분산시키지 않는 집중의 원리를 극한까지 밀어붙이는 작전이었다. 전술적인 관점에서 대담하기 그지없는, 그러나 그만큼 위험한 작전이기도 했다.

좀 더 구체적으로, 쾨니히스베르크 전면을 지키고 있던 독일 1군단은 철도를 이용해 브라운스베르크Braunsberg, 마리엔부르크Marienburg를 거쳐 제벤Zeven까지 이동해야 했다. 철로로 250킬로미터가 넘는 거리였다. 그렇게 이동한 1군단은 20군단의 우익에서 러시아 2군을 포위하는 임무를 맡았다. 또한, 1군단보다 남쪽에 위치한 17군단과 1예비군단은 도보로 행군해 20군단의 왼쪽에서 러시아 2군의 우익을 포위하도록 했다. 이미 러시아 2군과 교전 중인 독일 20군단에게는 현 위치에서 조금씩 물러나면서 러시아 2군을 포위망 속에 빠뜨리는 중위 부대의 역할이 부여되었다. 계획대로 된다면, 이는 삼촌 몰트케와 슐리펜이 그토록 강조하던 우회기동과 집게발 포위의 한 전형적인 모습이 될 것이었다.

그러나 이 작전에는 한 가지 결정적인 약점이 있었다. 3개 군단을 이동시켜 러시아 2군을 포위하려고 드는 동안, 북동쪽에 위치한 러시아 1군이 남서 방향으로 전진해 공격해올 경우, 오히려 독일 8군은 자신의 배후를 고스란히 노출시키게 된다는 점이었다. 이렇게 되면 포위는 고사하고 오히려 자신들이 러시아 1군과 2군의 협공에 완벽히 갇히는 샌드위치 신세를 면할 수 없었다. 그것은 곧 전멸이었다. 루덴도르프는 그러한 가능성에 몸을 떨었다. 다시 말해, 이 작전은 모 아니면 도 식의 도박에 가까웠다.

루덴도르프의 정당한 질책에도 불구하고 호프만은 자신의 의견을 굽히지 않았다. 그럴 가능성은 무시해도 좋다고 장담했다. 이유는 렌넨캄프와 삼소노프의 개인적인 원한 관계 때문이었다. 사실, 이는 지나치게 주관적인 판단이었다. 둘 사이가 나쁘다고 하더라도 그 때문에 전투를 그르친다는 것은 생각하기 어려웠다. 게다가 그 둘 위에 있는 질린스키가 그런 일을 내버려둔다는 것도 있을 수 없는 일이었다.

어찌 보면, 둘 사이의 개인적인 원한 관계 때문이라기보다는 이런 도박 없이는 러시아군을 막을 특별한 방법이 없었다는 게 더 큰 이유가 아니었을까 싶다. 기동력이 떨어지는 러시아군이 단 며칠만이라도 굼뜬 동작을 보이는 틈을 타서 각개격파할 가능성이 아예 없지는 않았다. 별다른 대안이 없었던 힌덴부르크와 루덴도르프는 결국 호프만의 작전을 그대로 수행하기로 결정했다. 3개 군단이 남쪽으로 이동하는 동안 러시아 1군의 전면에는 독일 1기병사단과 약간의 나이 많은 요새방어 병력만이 남았다. 러시아 1군이 마음 먹고 서쪽으로 진격하면 순식간에 사라질 병력이었다.

24일, 러시아 2군은 계속 독일 20군단을 두들겼다. 힌덴부르크와 루덴도르프, 그리고 호프만은 그날 숄츠의 20군단을 직접 방문해 상황을 점검했다. 그날 밤, 참모본부는 러시아 1군이 서쪽으로 이동을 시작했지만 속도가 그렇게 빠르지는 않아 보인다는 정보를 보내왔다. 문제는 속도였다. 루덴도르프는 1군단장 헤르만 폰 프랑수아Hermann von François에게 다음날 곧바로 우스다우Usdau의 러시아 2군을 공격하라고 명령했다.

그런데 프랑수아는 그럴 수 없다고 맞섰다. 자신의 군단 포병이 아직 이동 중이라 아무리 일러도 26일 전에는 공격할 수 없다고 말이다. 고성이 오간 뒤, 프랑수아는 25일 공격에 동의했다. 그러나 본심은 공격하는 시늉만 내는 것이었다. 독일군은 이른바 '아우프트락슈탁틱Auftragstaktik', 즉 임무형 전술이라 하여 군인 개개인의 자주적 행동을 요구하고 격려했다. 물론, 시키는 대로만 하라는 경직된 명령형 전술을 원하는 군인도 독일군에 없지는 않았다. 하지만 프랑수아는 자신의 부하들이 헛되이 소모되지 않도록 최선을 다했다.

25일, 조카 몰트케는 서부전선에서 3개 군단과 1개 기병사단을 빼서 동프로이센에 보내주겠다고 8군에 통보했다. 수적 열세는 여전하지만 그래야만 어느 정도 러시아군의 전진을 저지할 수 있으리라고 생각했던 것이다. 한편, 그 경우 슐리펜 계획이 약화되리라는 것을 모르지 않은 루덴도르프는 증원은 불필요하다는 의견을 표했다. 지금 보내봐야 당장의 전투에 참가하기에는 이미 너무 늦은 상태였다. 하지만 어쨌거나 올 수 있다면 환영이라고 보고했다. 결국, 근위예비군단과 11군단의 2개 군단과 8기병사단이 오는 것으로 결정되었다. 이들이 본격적으로 전투에 투입되려면 빨라야 1주일 후가 될 터였다.

한편, 이날 삼소노프의 2군에서 가장 오른쪽에 위치한 6군단과 렌넨캄프의 1군에서 가장 왼쪽에 위치한 2군단은 약 60킬로미터 정도 떨어져 있었다. 다시 말해, 렌넨캄프가 러시아 2군과 손을 잡겠다고 마음 먹으면 불가능하지 않은 거리였다. 이 와중에 렌넨캄프는 독일군 2개 군단이 쾨니히스베르크 요새를 방어하고 있다고 보고했다.

26일, 프랑수아는 루덴도르프에게 약속한 대로 휘하 사단으로 하여금 러시아 2군의 좌익을 공격하게 했다. 러시아 2군의 왼쪽에 강력한 새로운 독일군 세력이 등장했다는 소식은 질린스키와 러시아군 총사령관인 대공 니콜라이Nikolai Nikolaevich에게도 전해졌다. 삼소노프를 지원하라는 니콜라이의 지시를 받은 질린스키는 쾨니히스베르크를 점령하고 삼소노프를 구원하라는 명령을 렌넨캄프에게 내렸다. 렌넨캄프는 명령받은 대로 우익의 2개 군단은 쾨니히스베르크 공략에 투입하고, 좌익의 나머지 2개 군단은 삼소노프와의 접촉을 위해 동쪽으로 전진하라고 명령을 내렸다.

이날 밤, 루덴도르프는 작전이 실패로 돌아갈지도 모른다는 공포에 휩싸였다. 1군단의 공격은 별다른 성과를 얻지 못했고, 렌넨캄프가 명령한 대로 2개 군단이 8군의 배후를 덮치면 덫에 걸리는 건 자신들이었다. 넋이 나간 모습의 루덴도르프에 비해, 힌덴부르크는 좀 더 침착한 모습이었다. 어차피 이럴 때 사령관이 할 수 있는 일은 아무것도 없다는 것을 그는 알고 있는 듯했다.

그러나 27일 렌넨캄프의 명령은 즉각적으로 이행되지 않았다. 좌익의 2개 군단은 보급을 위해 제자리에서 하루를 그대로 허비했다. 반면, 이제 휘하 모든 부대의 준비를 끝낸 프랑수아의 독일 1군단은 본격적인 공격을 개시했다. 반면, 수적으로 우위에 있는 러시아 2군의 중위는 독일 20군단을 북서 방향으로 계속 몰아붙였다. 이는 쥐가 독 안으로 스스로 걸어 들어가는 꼴이었다. 한편, 삼소노프는 이날 오후 늦게 전황이 심상치 않음을 겨우 깨달았다. 통신과 보급의 열악함은 러시아군을 끊임없이 괴롭혔다. 그는 가장 가까이에서 작전 중인 13군단과 15군단 외의 나머지 부대에 대한 통제 수단이 없었다.

27일 밤, 전쟁의 안개는 여전히 모두에게 불투명했다. 독일 8군은 이날 하루 동안도 별로 얻은 게 없었다. 20군단은 용케도 하루를 더 버텨냈지만 이제 전력은 거의 소진된 상태였다. 동쪽에서 도보로 남하 중인 아우구스트 폰 막켄젠August von Mackensen의 17군단과 오토 폰 벨로브Otto von Below의 1예비군단이 언제쯤 공격을 개시할지도 불투명했다.

28일 아침, 독일 8군 참모부는 러시아 1군이 자신들의 배후로 이동

중이라는 항공정찰 결과를 보고받고는 공황상태에 빠졌다. 참모장 루덴도르프는 러시아 2군에 대한 포위는 즉시 중지하고 부대들을 다시 북쪽으로 돌려 러시아 1군을 막아야 한다고 선언했다. 이러한 명령은 예하 군단에게 곧바로 하달되었다. 17군단과 1예비군단이 멈칫한 반면, 1군단장 프랑수아는 또다시 자주적 판단에 의해 루덴도르프의 명령을 무시하고 부대를 계속 동쪽으로 밀어붙였다. 힌덴부르크는 프랑수아의 이니셔티브를 내버려두었다. 결국 이날 저녁까지 오른쪽의 집게발은 완전히 러시아 2군을 둘러싸는 데 성공했다. 이날 밤, 삼소노프는 남쪽으로의 전면적 후퇴를 명령했다.

이후의 경과는 일사천리였다. 29일, 러시아 2군의 중위였던 15군단과 23군단은 남쪽으로 후퇴하려다가 독일 1군단에게 가로막혔고, 준비된 포병 화력에 일방적으로 당했다. 퇴로가 끊긴 것을 안 러시아군은 집단으로 항복해 포로가 되었다. 러시아 2군의 오른쪽에 있던 13군단은 탈출을 시도했지만 이마저도 북쪽에서 공격해온 독일 1예비군단에 막혀 실패했다. 독일 8군의 포위망을 빠져나온 부대는 허리가 잘린 좌익의 1군단과 가장 오른쪽에 위치했던 6군단의 일부에 불과했다. 예하 부대가 거의 전멸에 가까운 손실을 입은 것을 안 삼소노프는 30일, 근처 숲으로 사라져 권총으로 자살했다.

31일, 힌덴부르크는 러시아 2군의 13·15·23군단을 제거했다고 빌헬름 2세에게 공식적으로 보고했다. 적지 않은 피해를 입은 러시아 1군단과 6군단은 폴란드로 물러났다. 공식적인 집계로 독일군의 사상자는 고작 1만 3,000명에 불과한 반면, 러시아군은 7만 8,000명의 사상자와 9만 2,000명의 포로를 합쳐 17만 명을 한 번의 전투로 잃

●●● 탄넨베르크 전투는 독일 8군의 압도적인 승리로 끝났다. 탄넨베르크 전투에서 독일군에게 잡힌 러시아군 포로와 노획한 포. 공식적인 집계로 독일군의 사상자는 고작 1만 3,000명에 불과한 반면, 러시아군은 7만 8,000명의 사상자와 9만 2,000명의 포로를 합쳐 17만 명을 한 번의 전투로 잃었다. 질린스키가 휘하의 1군과 2군이 함께 싸우도록 지휘했다면 분명히 전혀 다른 결과가 나왔을 것이다.

었다. 대신 질린스키는 렌넨캄프에게 현 위치에서 방어태세를 갖추고 편성 중인 10군의 합류를 기다리는 명령을 내렸다. 나중에 러시아 내부적으로는 궁극적인 책임을 질린스키의 무능 탓으로 돌린 반면, 렌넨캄프는 문제가 없었다고 결론을 내렸다.

힌덴부르크는 이 전투를 탄넨베르크 전투Battle of Tannenberg로 명명해 달라고 요청했다. 하지만 사실 전투가 벌어진 곳은 탄넨베르크보다는 알렌슈타인Allenstein에 가까웠다. 힌덴부르크가 이를 요청한 이유는 1410년 프로이센의 튜튼기사단이 폴란드와 리투아니아의 연합군에게 탄넨베르크에서 완패를 당한 역사적 기억을 지우고 싶어서였다. 튜튼기사단이 패배했던 사실이 사라지지는 않겠지만 이제 탄넨베르크 전투 그러면 자신의 승리가 먼저 생각날 터였다. 그의 바람은 실제로 이뤄졌다.

탄넨베르크 전투는 독일 8군의 압도적인 승리로 끝났다. 원거리 사격전과 포격전의 성격을 적절히 조합한 식으로 분석을 해보면, 독일 8군의 전투력은 러시아 2군 전투력의 약 6.9배에 달했다. 하지만 질린스키가 휘하의 1군과 2군이 함께 싸우도록 지휘했다면 전혀 다른 결과가 나왔을 것은 분명했다. 48만 명이 같이 싸우고, 이 경우 러시아군의 전투력이 단독으로 싸울 때보다 2배 강해진다고 보면, 러시아군이 최종 승자라는 계산이 가능하다.

탄넨베르크 전투는 전쟁의 역사에서도 손꼽을 만한 결과라 이후 두고두고 분석되었다. 그중에는 2003년 미 해병 장교가 게임이론으로 분석한 것도 있다. 이에 의하면, 독일 8군에게는 1) 러시아 1군을 공격, 2) 러시아 2군을 공격, 3) 현 위치에서 방어, 4) 그리고 비스와 강 서쪽으로 후퇴해서 방어하는 네 가지 대안이, 한편 러시아군에게는 1) 1군의 단독 공격, 2) 2군의 단독 공격, 3) 1군과 2군의 합동 공격, 4) 1군은 공격, 2군은 방어, 5) 1군은 방어, 2군이 공격, 그리고 6) 둘 다 방어하면서 역습을 노리는 여섯 가지 대안이 있었다.

그는 각 조합에 대해 전문가들의 의견을 종합해 점수를 매기고는 이를 바탕으로 결론을 내렸는데, 흥미롭게도 독일 8군의 최선은 비스와 강 서안으로 후퇴하는 것인 반면, 러시아군의 최선은 1군이 공격하고 2군은 방어하는 것이었다. 최악의 최선화 관점에서 보면 러시아 2군을 공격한다는 대안은 직업군인들이 보기에 가장 피해야 하는 수였다. 1군과 2군이 따로 논다는 러시아군의 선택이 워낙 좋지 않은 것이어서 독일 8군은 뭘 해도 되는 상황이었다고 볼 수도 있다.

탄넨베르크의 승전에도 불구하고 동부전선의 전황은 여전히 독일에게 불투명했다. 9월 7일부터 14일까지 2개 군단이 보강된 21만 5,000명의 8군은 1차 마수리아호 전투Battle of the Masurian Lakes에서 49만 명의 러시아 1군과 10군을 또다시 격파했다. 그러나 같은 시기에 치러진 바로 남쪽의 갈리치아 전투Battle of Galicia에서 95만 명의 오스트리아-헝가리군이 120만 명의 러시아군에게 패배당한 게 더 컸다. 오스트리아군의 사상자는 32만 명이 넘은 반면, 러시아군의 사상자는 18만 명에 그쳤다.

게다가 역시 같은 시기에 치러진 서부전선의 마른 전투Battle of Marne에서 독일군의 공세는 무위로 끝나고 말았다. 조카 몰트케는 이에 충격을 받고는 9월 12일 육군참모총장 자리에서 물러나 시름시름 앓다가 1916년 사망했다. 후임 육군참모총장 팔켄하인Erich von Falkenhayn도 조카 몰트케와 크게 다르지는 않았다. 그도 서부전선의 승리가 중요하다고 생각하면서도 또다시 추가적으로 4개 군단을 동부전선에 보냈다. 1915년 2월, 러시아군이 또다시 완패를 당한 2차 마수리아호 전투 당시 동부전선의 독일군 병력은 전체 독일 육군의 36%에 이르렀다. 다시 말해, 독일은 사실상 전면적인 양면 전쟁을 치르는 셈이었다.

탄넨베르크 전투 후 힌덴부르크는 독일의 전국민적 영웅으로 거듭났다. 1914년 11월 힌덴부르크는 8군, 9군, 10군의 3개 군으로 구성된 독일 동부방면군 총사령관이 되었다. 1916년에는 베르됭 전투

Battle of Verdun 실패 후 해임된 팔켄하인의 후임 육군참모총장이 되었다. 독일군과 국민들은 그를 거의 군신軍神 수준으로 숭배했다. 한편, 빌헬름 2세는 잊혀졌다. 1918년 제1차 세계대전 종전 직전 자신이 그토록 애지중지하던 자국 군대에 의해 폐위된 그는 네덜란드로 망명해 1941년 6월 그곳에서 죽었다.

황제나 왕은 이제 인기 없는 존재가 되었다. 그러나 뭔가 숭배할 대상을 찾는 인간의 본성은 쉽게 사라지지 않았다. 독일인들은 1925년 신격화된 힌덴부르크를 일종의 "유통기간이 정해진 왕"인 대통령으로 뽑았다. 7년의 임기를 마친 1932년에 그는 이미 86세의 고령이었다. 그럼에도 불구하고 다시 대통령 선거에 나서야 한다는 주변의 종용에 떠밀린 힌덴부르크는 무소속으로 나섰고, 독일의 번영과 영광을 되찾자는 차점자의 36.8% 득표율을 여유 있게 앞서는 53% 득표율을 얻어 다시 대통령이 되었다.

한편, 차점자가 이끄는 정당은 같은 해의 의원선거에서 의회 내 제1당으로 올라섰다. 사실, 힌덴부르크를 대통령으로 뽑은 사람들이나 차점자의 정당을 제1당으로 만들어준 사람들은 결국 다 같은 독일 국민들이었다. 건강 상태가 이미 한계를 넘어선 힌덴부르크는 1933년에 자신이 수상으로 임명한 제1당 대표를 남기고 1934년 8월 사망했다. 독일 의회 제1당 대표면서 동시에 수상이었던 자는 대통령의 지위도 승계하여 이제 독일의 유일한 영도자가 되었다. 그의 이름은 아돌프 히틀러Adolf Hitler였다.

4년 넘게 치러진 제1차 세계대전은 인명 손실의 측면에서 전례가 없는 전쟁이었다. 탄넨베르크 전투 정도의 손실은 나중에 아무렇지도

●●● 1933년 3월 21일, 포츠담에서 열린 새 의회(Reichstag) 개원식에 참석한 대통령 힌덴부르크가 수상 아돌프 히틀러를 맞이하고 있다. 〈사진 출처: CC BY-SA 3.0 de / Bundesarchiv, Bild 183-S38324〉

않게 느껴질 정도였다. 심지어 온갖 전투로 단련된 군인 귀족들도 이 정도 규모의 학살에는 큰 충격을 받았다. 수단의 옴두르만 전투Battle of Omdurman와 보어 전쟁Boer War을 승리를 이끌었고 당시에는 영국의 전시국무장관이었던 호레이쇼 허버트 키치너Horatio Herbert Kitchener 같은 이조차 "도대체 속수무책이군. 이건 전쟁이 아니야" 하고 한탄할 정도였다. 그러나 총 3,900만 명에 달하는 이 전쟁의 인명 손실은 약 20여 년 후에 치를 전쟁에 비하면 그래도 약과였다.

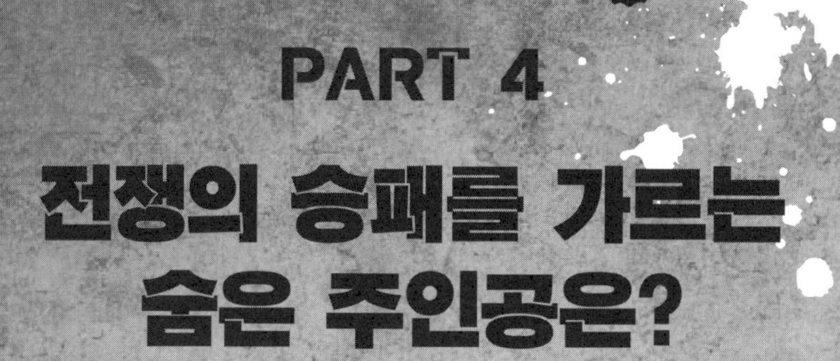

PART 4

전쟁의 승패를 가르는 숨은 주인공은?

CHAPTER 10

신출귀몰하는 "유령사단"의 지휘관, 북아프리카에 가다

● 히틀러는 결코 진공 속에서 태어난 괴물이 아니었다. 어떤 의미에서 그는 당대 독일인들의 '자이트가이스트Zeitgeist', 즉 시대정신을 대표하는 인물이었다. 독일인들은 영광을 되찾길 원했다. 프랑스-프로이센 전쟁의 승리 후 유럽의 넘버원 강대국으로 올라선 할아버지 대의 기억은 여전히 생생했다. 그러나 제1차 세계대전의 패배는 그 모든 것을 앗아갔다.

종전 후 체결된 베르사유 조약Treaty of Versailles에 의해 독일은 해외의 모든 식민지를 잃었다. 프랑스-프로이센 전쟁을 통해 뺏은 알자스-로렌Alsace-Lorraine도 다시 프랑스 차지가 되었다. 석탄의 산지 자르Saar는 국제연맹League of Nations의 관리 아래 놓였고, 덴마크와 벨기에가 영토를 늘렸으며, 체코슬로바키아와 폴란드는 독립했고, 역사적인 단치히 근방 지역은 별개의 도시국가가 되었다. 전쟁 전과 비교해 면적상으로 13%, 인구상으로 10%를 잃은 셈이었다. 상실한 영토는 대략 충청도,

경상도, 전라도를 합한 면적에 준했다.

좀 더 수치스러운 것은 독일에 부과된 제약들이었다. 막대한 전쟁 배상금은 별개로 치더라도, 이제 독일 육군은 7개 보병사단과 3개 기병사단의 10만 명을 넘을 수 없었다. 문제의 근원으로 여겨졌던 참모본부와 징병제도 폐지되었고, 장갑차, 전차, 군용 항공기의 생산과 보유도 금지되었다. 독일 해군에 가해진 제약도 비슷했다. 드레드노트Dreadnought급에 미달하는 6척의 전함, 배수량이 각각 6,000톤을 넘지 않는 6척의 경순양함, 800톤을 넘지 않는 12척의 구축함, 200톤을 넘지 않는 12척의 어뢰정만을 가질 수 있었고, 잠수함의 보유는 금지되었다. 배수량 기준으로 총 10만 톤이 한계였다.

이런 모든 조건들이 독일에게 과도하게 가혹하다는 문제 제기가 당시에도 없지 않았다. 특히, 베르사유 조약 231조는 "독일과 그 동맹국들의 침략으로 인해 야기된 전쟁의 결과로 연합국이 입은 모든 손실과 피해에 대해 독일은 독일과 그 동맹국들의 책임을 받아들인다"고 적시했다. 독일인들은 이를 전쟁이 일어난 모든 책임을 자신들에게만 지우는 부당한 문구라고 받아들였다. 파리 강화회의Paris Peace Conference에서 영국 재부부를 대표했던 존 메이나드 케인스John Maynard Keynes는 "이런 조건으로 조약을 맺으려는 것은 정치적 어리석음의 가장 심각한 행위"로 나중에 극단적인 불안정이 야기될 거라고 크게 우려했다.

비록 동맹국 중 가장 강한 상대가 독일이기는 했지만 전쟁을 독일이 일으켰다는 얘기는 사실 너무 멀리 나간 주장이었다. 오스트리아-헝가리가 세르비아와 전쟁을 개시했고 자신들은 조약의 의무 때문에 전쟁에 끌려 들어갔을 뿐이라고 독일인들은 생각했다. 그러나 프랑스를 위시한 서유럽 국가들 입장에서 보면 독일이 자신들을 먼저 공격한 것도 사실이었다. 결국, 패전국 독일에게는 아무런 발언권이 없었고 연합국의 뜻대로 모든 것이 정해졌다. 결과적으로 지나친 모욕을 당했다고 느낀 다수의 독일인들은 언젠가는 모든 것을 되찾아오리라는 앙심을 품었다.

히틀러는 사실 독일인이 아니라 오스트리아인이었다. 오스트리아 북부의 관광도시 린츠Linz 근방에서 1889년에 태어난 히틀러는 원래 장래 희망이 화가였다. 하지만 빈Wien 미술아카데미에 지원했다가 2년 연속 떨어질 정도로 미술적 재능은 고만고만했다. 당시 오스트리아-헝가리 제국의 독일인들은 독일 제국의 독일인보다 더 '독일적 가치'에 집착했고, 무직의 젊은 히틀러도 그중의 별로 눈에 띄지 않는 한 명이었다. 그는 찰스 다윈Charles Darwin의 적자생존, 프리드리히 니체Friedrich Nietzsche의 초인, 귀스타브 르 봉Gustave Le Bon의 대중심리 등의 개념을 이 시기에 섭렵했다.

1914년 2월 26세의 히틀러는 오스트리아-헝가리군에 징집되기 위한 신체검사를 받았다. 그러나 복무 부적합 판정을 받고 군 복무가 면제되었다. 수개월 후 제1차 세계대전이 발발하자 그는 기쁜 마음으로 독일군에, 좀 더 정확하게는 바이에른군에 자원했다. 바이에른은 독일 제국의 일부기는 했지만 일정한 독자적 자유를 누릴 권리를 가졌다. 전면 동원이 개시된 후라 그런지 히틀러가 병약한 몸인데도 불구하고 바이에른군은 그를 받아들였다. 전쟁 기간 중 히틀러가 복무한 바이에른군은 독일 6군이라고도 불렸다.

바이에른 16예비보병연대에 배치된 히틀러는 프랑스와 벨기에 전선에 복무했다. 임무는 연대본부와 전선 사이에 소식을 전하는 연락병이었다. 그는 1차 이프르 전투Battle of Ypres와 아라스 전투Battle of Arras 등에 참가했고, 전차가 최초로 등장한 1916년의 솜 전투Battle of the Somme에서 왼쪽 허벅지에 포탄 파편을 맞는 부상을 입기도 했다. 그는 1914년 2급 철십자 훈장을, 1918년 8월에는 1급 철십자 훈장을 받았다. 특히, 1급 철십자 훈장을 일병이 받는 것은 매우 드문 일이었다. 그는 이 시기를 늘 자랑스럽게 회고하곤 했다. 전선에서 자신이 느꼈던 전우애는 그가 꿈꾸는 영웅적 독일인의 모습과 일치했다. 하지만 프로이센의 전통 군인 귀족들에게 히틀러는 그가 총통이 된 후에도 내심 "오스트리아인 하사"에 불과했다.

1918년 10월 독가스탄 공격을 받고 일시적으로 실명한 히틀러는 병원에 있던 중 전쟁이 끝났다는 소식을 듣고는 큰 충격을 받았다. 11월 11일 독일은 콩피에뉴Compiègne에서 프랑스와 영국이 제시한 조건을 협상 없이 수용함으로써 휴전에 동의했다. 사실상 무조건 항복이었다. 동맹국들은 이미 9월부터 패배를 인정하고 휴전협정을 맺으며 전열에서 이탈해왔다. 가령, 불가리아는 9월 29일에, 오스만 제국Osman Empire은 10월 30일에, 그리고 오스트리아-헝가리는 11월 3일 휴전에 들어갔다. 9월 이후 동맹국들이 차례로 항복을 하는 것을 보면서 '독일 혼자서는 이제 더 이상 버틸 수 없겠구나' 하는 생각이 독일인들 사이에 퍼졌다. 4년 넘게 진행된 무의미한 학살에 염증을 내지 않으면 그게 이상한 일이었다.

그러나 히틀러와 그를 나중에 지지하게 되는 독일인들의 생각은 달랐다. 자신들이 독일의 영광을 위해 죽을 힘을 다해 싸우고 있던 와중에 갑자기 '등 뒤에서 칼을 맞았다'고 느꼈다. 사실, 전선의 독일 병사들이 그렇게 느끼는 것도 무리는 아니었다. 그 불가능하다던 양면 전쟁을 독일은 실제로 치렀고, 심지어 1917년에는 러시아를 무릎 꿇리면서 전열에서 이탈시키기까지 했다. 1917년 11월 블라디미르 울리야노프Vladimir Ulyanov, 일명 '레닌Lenin'이 일으킨 혁명으로 러시아는 휴전을 제의했고, 1918년 3월 상당한 영토를 독일에 내주면서 브레스트-리토프스크 조약Treaty of Brest-Litovsk을 맺었다.

동부전선에서 승리했으니 이제 독일은 서부전선에만 집중하면 될 일이었다. 연합국의 100일 공세에 밀렸다고는 하나, 전장은 여전히 프랑스와 벨기에였다. 즉, 전투는 독일 영토 바깥에서 벌어지고 있었다. 그런데 갑작스럽게 10월 말 킬Kiel 군항의 독일 해군이 반란을 일으키더니 며칠 안 가 항복선언이 나왔다. 이건 일종의 내부의 적에 의한 배신이었다. 적어도 히틀러는 그렇게 느꼈다.

그러나 인적·물적 자원에서 적지 않게 소진된 독일이 남은 서부전선에서 이길 가능성은 사실 희박했다. 결정적으로 독일과 영국을 합쳐놓은 것보다도 더 큰 공업생산력을 가진 거인이 연합군 편에 섰기 때문이었다. 바로 국제정치무대의 초인超人, 미국이었다. 독일인인 니체Friedrich Wilhelm Nietzsche의 초인을 미국인들의 언어로 바꿔보면 '슈퍼맨superman'이다. 미국의 참전은 글자 그대로 슈퍼맨의 등장과 다를 바 없었다.

보통, 영국의 여객선 루시타니아Lusitania에 탄 많은 미국인들이 독일의 잠수함 공격으로 죽으면서 미국이 제1차 세계대전에 참전하게 되었다고 많이 얘기한다. 그러나 이게 직접적인 원인이라고 보기는 어렵다. 결정적으로, 루시타니아는 1915년 5월에 격침되었고, 미국 의회가 독일에 대해 선전포고한 것은 1917년 4월이었다. 즉, 루시타니아의 침몰이 독일에 대한 미국 내 여론을 악화시켰을지는 몰라도 이것 때문에 갑자기 미국이 전쟁을 결정한 것은 아니라는 얘기다.

결정적인 계기는 1917년 초 독일의 외무장관 아르투르 짐머만Arthur Zimmerman이 멕시코에 보낸 암호문을 영국이 해독해 미국에 알려준 사건이었다. 이 암호문에서 독일은 멕시코에 동맹과 금융 지원을 제안하면서 미국과의 전쟁 시 텍사스, 뉴멕시코, 애리조나를 멕시코가 차지할 수 있도록 하겠다고 약속했다. 자국에 대한 직접적인 침공을 부추기는 독일의 의도에 대해 미국인들은 크게 분노했고, 결국 참전에 반대하는 사람들은 더 이상 목소리를 낼 수 없었다.

정권을 잡은 후 히틀러는 독일의 생존권역 개념을 실현하기 위한 방안들을 차례차례 밟아나갔다. 우선 베르사유 조약에 의해 주어졌던 모든 군비제한을 일소하고 본격적인 재무장에 나섰다. 1935년에는 독일 해군의 배수량을 영국 해군의 35%까지 늘릴 수 있는 협정을 영국과 직접 맺었다. 히틀러는 이 결과에 극히 흡족해했다. 15년의 국제연맹 관리 기간이 지난 자르 지역은 주민투표 끝에 90%가 넘는 찬성률로 다시 독일의 영토가 되었다. 1936년에는 비무장지대화되었던 라인란트Rhineland를 재점령했다. 이 4년의 기간 동안 독일의 실업자 수는 600만 명에서 100만 명으로 수직 낙하했다. 억제되어 있던 군비에 대한 지출은 고용과 국내총생산 증가를 가져왔다.

지금 돌이켜 생각해보면, 히틀러의 머릿속에는 오직 유럽만 존재했던 것처럼 보인다. 나중에 그는 '세계 지배를 꿈꾼 미치광이 독재자'

로 그려지지만, 그가 진정으로 꿈꿨던 것이 세계 지배였을 것 같지는 않다. 그는 무솔리니Benito Mussolini의 이탈리아와 동맹을 맺었지만, 그것은 지중해나 그 밑의 아프리카에 별다른 관심이 없다는 증거일 뿐 이탈리아가 꼭 필요해서는 아니었다. 독일에 적대적이지만 않다면 누가 이탈리아를 지배하든 관여하지 않았을 것이다.

히틀러는 아메리카나 아시아도 알 바 아니었다. 그는 1938년 일본의 만주국을 인정하면서 이전까지 동맹관계를 유지해오던 장제스蔣介石의 중국을 깨끗이 버렸는데, 이는 보기에 따라서는 누가 아시아를 갖던 상관없다는 그의 속마음이 드러난 결과였다. 또한, 히틀러의 전략에 미국은 아예 존재하지 않았다. 미국의 참전이 제1차 세계대전의 독일 패배에 종지부를 찍은 사건이었음에도 불구하고 그것을 막기 위해 어떻게 하겠다는 생각은 없었다. 히틀러가 유럽 외의 곳을 방문했다는 기록을 접한 적이 없는 것으로 미루어보건대, 어떤 측면에서 그는 너무나 전형적인 유럽 사람이었다. 자기가 살고 있는 그 좁은 땅이 세상의 전부인 것처럼 여기는, 지금도 별로 달라지지 않은 유럽인 말이다.

다시 말해, 히틀러의 레벤스라움Lebensraum은 오직 유럽, 그것도 좀 더 정확히는 동쪽의 소련을 지향하는 것이었다. 자신의 전우들이 힘들게 확보했지만 국내의 배신자들 때문에 도로 빼기고 만 땅과 그곳의 독일 혈통 인구가 목표였다. 1936년 일본과 반코민테른 협정을 맺은 것도, 1937년 무력을 사용해서라도 독일인을 위한 레벤스라움을 획득할 것을 천명하고 동쪽의 전쟁을 준비할 것을 명령한 것도 그 때문이었다. 다른 목적들은 다 부차적이거나 혹은 아예 중요하지 않았다.

유럽의 지배라고 했지만, 히틀러의 머릿속에 있는 유럽에 영국은 포함되지 않았다. 이는 대부분의 요즘 유럽인들 생각과도 다르지 않다. 영국은 일종의 외계外界로서, 히틀러는 한 번도 진지하게 영국을 정복해서 독일인의 땅으로 만들겠다는 생각을 하지 않았다. 독일이 유럽 대륙을 지배하는 것을 방해하지만 않는다면, 영국이 유럽을 제외한 전 세계 나머지를 지배하는 것에 대해 아무런 불만이 없었다. 그는 전쟁이 한창인 중에도 영국과 일종의 동맹 관계를 맺을 수 있다는 희망을 버리지 않았다. 원래, 영국 같은 섬은 일종의 계륵 같은 존재기 쉽다. 잊을 만하면 나타나서 귀찮게 하기는 하는데, 막상 정복하려고 들면 힘이 많이 들고 또 땅도 비옥하지 않아 뺏어도 도움이 안 된다.

히틀러가 제1차 세계대전을 통해 배운 교훈은 어쨌거나 양면 전쟁은 좋지 않다는 것이었다. 그는 이번에는 좀 더 확실한 방법을 강구하고자 했다. 바로, 소련과 불가침조약을 맺는 것이었다. 1939년 8월 23일, 독일의 외무장관 요아힘 폰 립벤트로프Joachim von Ribbentrop와 소련의 외무장관 비아체슬라프 몰로토프Vyacheslav Molotov는 모스크바에서 서로 공격하지 않는다는 내용의 조약을 체결했다.

이는 특히 영국과 프랑스를 놀라게 했다. 왜냐하면, 히틀러의 궁극적 지향점이 소련인 게 분명해 보였기에, 일련의 재무장과 영토 요구에도 불구하고 내 문제는 아니라는 생각을 없지 않아 해왔기 때문이다. 1938년 3월 독일의 오스트리아 합병에 이어, 체코슬로바키아의 독일계 거주지역인 주데텐란트Sudetenland도 갖겠다는 요구를 승인한 9월의 뮌헨 협정 체결은 그러한 프랑스와 영국의 시각이 반영된 결과였다. 영국의 잡지 《타임즈The Times》는 뮌헨 협정의 결과가 어찌나 마음에 들었던지 히틀러를 "올해의 인물"로 추켜세웠다.

그러나 히틀러는 1939년 3월 체코슬로바키아의 나머지 지역도 흡수해버렸다. 뮌헨 협정의 유효기간이 채 6개월도 되지 못했던 것이다. 영국의 수상 네빌 체임벌린Neville Chamberlain이 뮌헨에서 돌아와 서명된 협정서를 흔들며 "우리 시대의 평화"를 얻었다고 자랑했던 모습은 이후 두고두고 조롱거리가 되었다. '뮌헨의 오판'은 정치외교학계의 공식 용어로 자리잡았다. 체임벌린은 1940년 5월 영국군이 노르웨이를 지키지 못하고 쫓겨나면서 수상에서 물러났다. 후임은 제1차 세계대전 때 해군장관으로서 무모한 갈리폴리 전투Battle of Gallipoli를 벌인 끝에 패배한 책임을 지고 해임된 윈스턴 처칠Winston Churchill 이었다.

히틀러의 다음 한 수는 폴란드를 점령하는 것이었다. 독일군이 서쪽에서 폴란드를 침공한 1939년 9월 1일은 제2차 세계대전이 시작된 날로 기록되었다. 그는 이오시프 스탈린Iosif Stalin과 사전에 약속한 대로 폴란드를 나눠 가졌다. 소련군은 9월 17일에 침공을 개시했는데, 왜냐하면 당시 소련은 일본과 할하강 전투를 치르던 중으로 15일에야 휴전협정이 체결되었기 때문이었다. 폴란드군은 용감하게 저항했지만, 잘 준비된 독일군의 상대가 될 수는 없었다. 폴란드의 기병부대가 독일의 전차부대를 상대로 돌격하는 당시의 사진은 이후 폴란드의 운명을 상징적으로 보여주는 역사적 증거가 되었다.

그렇지만 어느 누구도 그렇게 빨리 독일군이 폴란드를 점령할 줄은 예상하지 못했다. 폴란드 혼자 힘으로 독일과 소련을 동시에 상대할 수 있다고 생각하는 사람은 아무도 없었다. 9월 3일, 프랑스와 영국은 독일에 대해 선전포고했지만 막상 폴란드가 고대하던 군사적 지원은 아무것도 보내지 않았다. 그렇더라도 폴란드가 몇 달은 버틸 수 있으리라고 여겼다. 하지만 폴란드의 항전은 10월 6일로 종료되었다. 전차와 항공기가 결합된 독일군의 새로운 전술 '블리츠크리크Blitzkrieg', 이른바 전격전은 그렇게 세상에 탄생을 알렸다.

선전포고에도 불구하고 막상 독일을 직접 공격할 엄두가 나지 않았던 영국과 프랑스는 독일의 추가적인 진출을 방해하는 쪽으로 방향을 잡았다. 그 첫 번째 대상 지역은 노르웨이를 포함한 북유럽이었다. 히틀러 또한 소련을 독일의 일부로 만든다는 궁극적인 목표에 걸림돌이 될 만한 것들을 제거하는 차원에서 북유럽을 주시했다. 1940년 4월 9일 독일은 이 지역에 대한 군사적 행동에 나섰다. 덴마크는 단 6시간 만에 항복했고, 노르웨이는 두 달 정도 버티다 6월 10일에 항복했다. 영국군과 프랑스군은 노르웨이에서 독일군과 맞섰지만 결국 버티지 못하고 철수하고 말았다. 독일의 또 다른 승리였다.

노르웨이에서 영국과 프랑스가 철수한 데에는 사실 더 큰 이유가 있었다. 5월 9일, 룩셈부르크를 시작으로 독일군은 프랑스와 네덜란드 그리고 벨기에에 대한 공격에 나섰다. 이번에야말로 독일은 슐리펜 계획에서 상정했던 대로 동부전선에 대한 걱정 없이 오직 서부전선에만 집중할 수 있는 상황이었다. 프랑스를 무릎 꿇리는 것은 소련 공격을 개시하기 위한 최종적인 전제조건이었다.

프랑스도 독일과의 이번 전쟁은 프랑스-프로이센 전쟁과 같은 일대일의 대결 상황이 되리라는 것을 잘 알고 있었다. 무엇보다도 프랑스는 제1차 세계대전 때 자신의 영토에서 전쟁을 치르면서 어마어마한 피해를 입었기에 그러한 불행한 과거를 반복하지 않겠다는 결의가 남달랐다. 그 결과, 독일과의 국경에 요새화된 진지로 막강한 방어선을 구축했다. 그렇게 구축된 이른바 '마지노선Maginot Line'은 어떠한 포격이나 돌격에도 쉽게 뚫리지 않을 난공불락이라고 믿어졌고, 또 실제로도 그랬다.

프랑스의 방어 계획은 독일이 제1차 세계대전 때의 슐리펜 계획과 비슷한 것을 시도한다는 가정 하에 세워졌다. 마지노선이 버티고 있는 독일-프랑스 국경은 뚫기가 쉽지 않으므로 독일군은 네덜란드를 거쳐 크게 우회하는 쪽을 주공으로 택할 것이라고 예상했다. 이러한 예상은 독일군 참모부가 1940년 말에 히틀러에게 보고했던 작전 계획과 사실 다르지 않았다. 그러므로 독일이 네덜란드와 벨기에를 공격하면 프랑스는 주력 부대를 그 나라들에 파견해 같이 방어한다는 계획을 세웠다.

그러나 적이 예상할 수 있는 방식으로 공격해서는 안 된다고 반발하는 인물이 독일군에 있었다. 서부전선에서 작전할 3개 군집단 중 가운데에 위치하는 A군집단 사령관 게르트 폰 룬트슈테트Gerd von Rundstedt와 그의 참모장 에리히 폰 만슈타인Erich von Manstein이었다. 우회해서 일거에 적의 전투력을 격멸한다는 19세기 이래 프로이센의 전쟁 원칙에 반한다는 게 이유였다. 특히, 만슈타인은 독일 전차군의 대부인 19군단장 하인츠 구데리안Heinz Guderian과 협의한 끝에 A군집단에 독일의 전차사단을 집중시켜 프랑스군의 허리를 끊는다는 작전 계획을 수립했다. 애초 이 계획은 독일 육군 참모부에 의해 지속적으로 기각되었으나 결국 히틀러의 눈길을 끌면서 불완전한 형태로나마 최종 승인되었다. 그러나 육군참모총장 프란츠 할더Franz Halder의 눈 밖에 나 A군집단 참모장에서 해임된 만슈타인은 38군단장으로서 실제 프랑스전에서 보조적인 역할을 수행하는 데 그쳤다.

대부분의 독일군 지휘관들은 만슈타인이 제안한 작전 계획에 부정적이었다. 그들의 논거는 크게 두 가지였다. 하나는 A군집단이 전차부대를 집중시키겠다는 아르덴Ardennes 숲과 스당Sedan 지역은 기계화부대의 돌파가 불가능한 지형이라는 것이었고, 다른 하나는 설혹 돌파한다고 하더라도 철도와 도로가 신통치 않아 보급이 불가능할 것이라는 점이었다. 반면, 소수의 지휘관들은 어떻게든 헤쳐나갈 방법이 있을 거라고 믿었다.

실제의 전투 결과는 모두를 놀라게 했다. 제일 북쪽의 독일군 B군집단의 공격을 막기 위해 프랑스와 영국이 주력부대를 네덜란드에 몰아넣고 있는 사이, A군집단의 선봉은 아르덴 숲을 돌파해 이미 12일 뫼즈Meuse 강변에 도착했다. 바로 구데리안의 19군단이었다. 다음날인 13일, 전차사단들의 시도는 실패로 돌아갔지만 강습공병대의 도하가 성공하면서 프랑스군은 와해되기 시작했다. 이후 독일군 전차부대의 진격은 한마디로 너무 빨라서 그 속도에 놀란 독일군 최고부의 히틀러가 15일, 21일, 그리고 24일의 세 번에 걸쳐 24시간 동안의 정지명령을 내릴 정도였다. 이 명령들은 이후 두고두고 논란거리가 되었다.

두 조각이 난 연합군은 이후 변변한 저항 한 번 못 해보고 무너졌다. 5월 말 20만 명의 영국군은 14만 명의 프랑스군 패잔병과 함께 겨우 영국으로 도망갈 수 있었고, 홀로 남은 프랑스는 6월 22일 독일에게 항복하고 말았다. 이제 히틀러는 마음 놓고 소련과의 일전을 준

●●● 독일군 전차사단의 진격 속도는 눈부셨다. 그중에서도 가장 눈에 띄는 군인은 7전차사단을 지휘한 에르빈 롬멜이었다. 진격을 멈추라는 명령을 무시한 그의 사단은 15일 하루 동안 무려 48킬로미터를 전진했다. 그 속도가 너무나 빨라 예상외의 곳에 툭툭 출현하는 바람에 독일군과 연합군 모두로부터 '유령사단'이라는 호칭을 얻을 정도였다. 사진은 1940년 6월 프랑스 전투 당시의 롬멜과 그의 참모들 모습.

비할 수 있게 되었다.

독일군의 신속한 프랑스 점령, 특히 전차사단의 진격 속도는 눈부셨다. 그중에서도 가장 눈에 띄는 군인은 7전차사단을 지휘한 에르빈 롬멜Erwin Rommel이었다. 진격을 멈추라는 명령을 무시한 그의 사단은 15일 하루 동안 무려 48킬로미터를 전진했다. 그 속도가 너무나 빨라 예상외의 곳에 툭툭 출현하는 바람에 독일군과 연합군 모두로부터 '유령사단'이라는 호칭을 얻을 정도였다.

그 와중에 독일의 동맹국 이탈리아는 독일군의 성공에 편승하지 못해 안달이 날 지경이었고, 결국 6월 10일 프랑스와 영국에 대해 선전포고를 하며 전쟁에 뛰어들었다. 이탈리아의 주된 관심사는 프랑스 영토와 그리스, 그리고 지중해 연안의 북아프리카였다. 6월 14일 이집트에 주둔 중인 영국군은 당시 이탈리아 영토인 리비아의 카푸초Capuzzo 항을 공격해 점령하는 것으로 응답했다. 9월 13일, 이탈리아군은 이집트를 침공해 들어가 국경으로부터 100킬로미터 정도 떨어진 시디 바라니Sidi Barrani를 점령했다.

그러나 영국과 인도의 연합군은 12월 9일 공격을 개시해 10일 시디 바라니를 재탈환하고 1941년 1월 5일에는 리비아 쪽의 도시 바르디아Bardia를 점령했다. 특히 바르디아에서 4만 5,000명의 이탈리아군은 1만 6,000명에 불과한 호주군의 공격에 힘없이 무너져 5,000명 넘게 잃고 3만 6,000명이 포로로 잡히는 한심한 꼴을 보였다. 이어 1월 22일에는 토브룩Tobruk을, 2월 6일에는 벵가지Benghazi를 잃었다. 리비아에 있던 이탈리아 10군은 2월 7일 항복하고 말았다. 이대로 가다가는 리비아 전체의 망실은 정해진 수순이나 다름 없었다.

히틀러는 사실 북아프리카 전체를 잃어도 군사적으로 독일에게 큰 문제는 아니라고 생각했다. 앞에서도 얘기했듯이 히틀러의 궁극적 관심사는 소련을 정복해 독일인의 대제국을 건설하는 것이었다. 그러나 이대로 내버려두게 되면 무솔리니의 정치적 입지가 급격히 흔들릴 가능성이 있었다. 그 경우, 이탈리아에 친영국적인 정권이 수립될 가능성이 농후했고 그건 또 다른 형태의 양면 전쟁이 될 것이기에 그대로 내버려 둘 수는 없었다. 뭔가 개입을 하기는 해야만 했다.

반면, 대규모 병력을 북아프리카로 보낼 생각은 조금도 없었다. 1941년 1월은 이미 소련을 공격하기 위한 작전 바르바로사Operation Barbarossa의 계획과 준비가 한창이던 때였다. 독일이 모든 병력을 동부 전선에만 집중할 수 있다고 해도 소련의 드넓은 영토와 막대한 병력은 과거 나폴레옹도 어쩌지 못할 정도로 골칫거리였다. 북아프리카로 보내는 부대 수만큼 곧바로 소련을 공격할 부대 수가 줄어드는 것은 당연한 이치였다.

결국, 히틀러는 전선을 안정시키는 데 필요한 최소한의 병력만을 보내기로 결정했다. 그것은 채 2개 사단이 안 되는 병력이었다. 그러나 명목상이나마 군단의 지위를 부여해 파견군 지휘관의 긍지를 고취시키려고 했다. 새롭게 편성된 이른바 '독일 아프리카군단Deutsches Afrikakorps'의 지휘관은 원래 한스 폰 풍크Hans von Funck로 내정되어 있었으나, 히틀러가 반대해 새로운 인물로 최종 결정되었다. 바로 히틀러가 총애하는 유령사단장 롬멜이었다. 즉, 많은 병력은 못 보내지만 적어도 지휘관만큼은 자신이 가장 신뢰하는 능력 있는 군인이 되도록 했던 것이다.

롬멜 개인적으로도 북아프리카 전선은 자신이 고전했던 상대인 영국군과 재회할 기회기도 했다. 프랑스 전선에서 몇 번 없었던 전차전 중의 하나를 롬멜 휘하의 7전차사단은 5월 21일에 치렀다. 파리에서 북쪽으로 180킬로미터쯤 떨어진 아라스Arras에서 74대의 전차를 가진 영국 1전차여단이 예상외의 역습을 펼쳐 이 지역에 있던 7전차사단과 무장친위대 3전차사단 토텐코프Totenkopf에게 기습을 가했다. 특히, 토텐코프는 사단 사령부가 유린될 지경에 이를 정도로 큰 혼란에 빠졌다.

전차 수에서는 독일군이 앞섰지만 문제는 영국군의 전차를 파괴할 방법이 없다는 점이었다. 기관총만을 장비한 58대의 마틸다Matilda I과 2파운드 포를 갖춘 16대의 마틸다 II는 장갑이 워낙 두꺼워 독일군의 모든 전차 포탄을 튕겨냈고 대전차포도 아무런 소용이 없었다. 공황 상태에 빠지려는 휘하 부대를 붙들어놓은 것은 롬멜의 기지였다. 그는 통상 '88'이라는 이름으로 불리는 구경 88밀리미터의 대공포로 대전차 사격을 하게 했고 그제서야 마틸다를 파괴할 수 있었던 것이다.

그렇지만 롬멜이 과연 낯선 사막에서 어떤 전투를 벌이게 될지 어느 누구도 확신할 수 없었다.

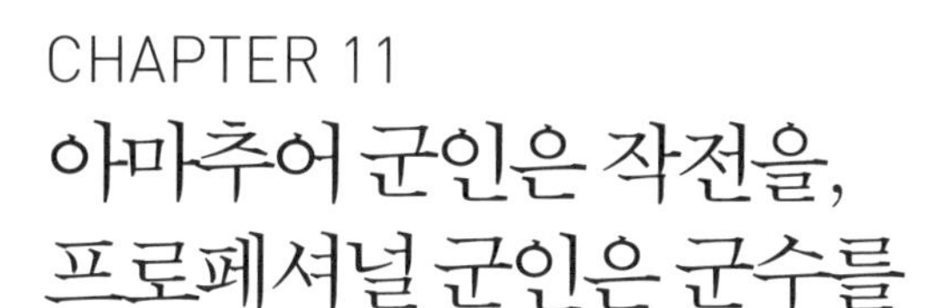

CHAPTER 11

아마추어 군인은 작전을, 프로페셔널 군인은 군수를

● 1922년 미국의 루이지애나에서 태어난 로버트 배로우Robert H. Barrow는 제2차 세계대전이 벌어지자 자원해 해병대에 입대했다. 제2차 세계대전 중에는 일본 점령지에서 활동하는 중국의 게릴라부대를 훈련시키는 임무를 수행했고, 한국전쟁에서는 미 1해병사단 1연대 1대대 A중대의 중대장으로 인천상륙작전에 참가했다. 특히, 1950년 12월 9일과 10일, 장진호 부근 고토리 전투에서 휘하 중대를 이끌고 1081고지를 점령해 나머지 미군의 안전한 철수를 가능케 한 공으로 해군십자훈장을 받았다. 그는 야전군인으로 승승장구해 1979년부터 1983년까지 4년간 미 해병대 사령관으로 복무했다.

그러나 배로우를 정말로 유명하게 만든 것은 1980년에 그가 한 다음의 말이다.

"아마추어들은 전술에 대해 생각합니다. 그러나 프로페셔널들은 군수에 대해 생각하지요."

보통 군사에 관심이 있는 사람들은 전략과 전술에 대해 얘기하기를 즐긴다. 기발한 작전이니, 천재적인 계획이니 하며 과거 전쟁영웅들의 행적을 칭송하거나, 혹은 "그때 여기를 공격했더라면!" 하면서 열변을 토하는 이들을 만나는 것은 그다지 어렵지 않다. 반면, 군수에 대해 논하는 사람을 만나기란 정말 어렵다. 그건 아마추어 애호가든 혹은 직업군인이든 마찬가지다.

사실, '배로우란 사람이 무슨 말을 했든 그게 무슨 상관이냐?'고 생각할 사람도 있을 것 같다. 전前 미 해병대 사령관이라고 해도 일반인들이 알 만한 명성이 그에게 있지는 않다. 그러니 "어쩌다 그런 말을 한 모양이지. 그 사람, 혹시 원래 군수 병과 출신이었던 것 아니야?" 하는 말을 당연하다는 듯이 하게 된다. 뭔가의 출신을 따져 세상을 이해하려고 드는 것은 군사 분야도 완전히 결백하지는 않은 좋지 못한 관습이다.

그러나 전략과 전술보다 군수가 더 중요하다는 주장은 비단 배로우

●●● 전략과 전술보다 군수가 더 중요함을 역설한 군인과 그들의 말.

❶ **"아마추어들은 전술에 대해 생각합니다. 그러나 프로페셔널들은 군수에 대해 생각하지요."**
- 로버트 배로우

❷ **"지난 전쟁에서 우리 문제의 80%는 군수와 관련된 사항들이었다."** - 버나드 몽고메리

❸ **"패배한 군대의 열 중 아홉은 보급선이 끊긴 게 원인이었음을 전쟁의 역사는 증명해준다."**
- 더글러스 맥아더

❹ **"제군들, 병참과 보급을 모르는 장교는 전술을 모르는 장교만큼 총체적으로 쓸모없는 자다."**
- 조지 패튼

❺ **"내 군수인들은 늘 심각해. 만약 내 전쟁이 (그들 때문에) 실패로 돌아가면 내가 그들을 첫 번째로 처형할 것을 알고 있거든."** - 알렉산드로스 대왕

만 했던 것이 아니다. 수많은 군인들이 그런 말을 했다. 솔직히 말해, 군사의 역사에 이름을 남긴 사람치고 비슷한 뉘앙스의 말을 하지 않은 사람을 찾아보기 어려울 정도다. 배로우가 유명해진 것은 위의 말이 특이해서가 아니라 그 말이 너무나 가슴에 와닿게 잘 만들어졌기 때문이다.

배로우가 외로운 늑대가 아니라는 것을 증명하는 차원에서 몇 사람의 말을 나열해보자. 먼저, 제2차 세계대전 때 영국의 전쟁영웅 버나드 몽고메리Bernard Law Montgomery는 "지난 전쟁에서 우리 문제의 80%는 군수와 관련된 사항들이었다"고 했다. 한국전쟁 때 더글라스 맥아더Douglas MacArthur는 "패배한 군대의 열 중 아홉은 보급선이 끊긴 게 원인이었음을 전쟁의 역사는 증명해준다"고 하면서 인천상륙작전을 감행했다. 휘하 기갑부대를 저돌적으로 진격시키는 걸로 유명한 미군의 조지 패튼George Smith Patton Jr.은 "제군들, 병참과 보급을 모르는 장교는 전술을 모르는 장교만큼 총체적으로 쓸모없는 자다"라고 했다.

군수의 중요성을 모든 것에 앞세운 사람들을 찾아 거슬러 올라가면 기원전 4세기 마케도니아의 알렉산드로스 대왕Alexandros the Great이 나온다. 그는 "내 군수인들은 늘 심각해. 만약 내 전쟁이 (그들 때문에) 실패로 돌아가면 내가 그들을 첫 번째로 처형할 것을 알고 있거든"이라는 말을 남겼다. 그가 구사했던 전략과 전술은 모두 보급 가능 여부에 기반을 둔 것이었다. 알렉산드로스의 대제국 건설은 그가 군수 문제를 제일로 여기고 신경 쓴 덕분에 가능했다.

이렇게 얘기를 해도 '군수란 그냥 필요한 보급품을 제때 가져다주면 되는 거 아니야?' 하는 생각을 하는 사람이 있을 것 같다. 그 말은 맞다. 필요한 군수물자를 제때 보급해주면 군수는 성공한 거다. 그러나 그게 쉽지 않다는 게 문제다. 누구나 할 수 있는 간단한 일처럼 보이지만 막상 해보면 절대로 마음먹은 대로 되지 않는다.

군수의 어려움을 이해하기 위한 예제로서 다음의 가상적 상황을 검토해보자. 당신은 전방의 부대에게 기름을 보급해줘야 한다. 물론, 보급해줘야 하는 물품에는 식량, 물, 탄약 등도 있지만 우선 기름에만 집중하도록 하자. 당신이 갖고 있는 수송 수단은 1톤 트럭이다. 이런 트럭의 통상적인 연료탱크 용량은 80리터고 연비는 리터당 3킬로미터 정도다. 즉, 최대주행거리는 240킬로미터다.

기름은 물보다 약간 가볍지만 거의 같다고 봐도 무방하다. 따라서 1톤 트럭은 1,000리터의 기름 운반이 가능하다. 만약, 전방 부대가 120킬로미터 떨어져 있다면 1,000리터를 온전히 수송하고 보급기지로 돌아올 수 있다. 이런 트럭이 1만 대 있다면, 이 수송 과정에서 80리터 곱하기 1만 대의 기름을 소모했으므로 800리터의 기름을 썼다.

그리고 수송한 기름은 1만 톤이다. 여기까지는 어떻게 해볼 만하다.

그런데 전방의 부대가 계속 적진으로 진격하는 상황이라고 해보자. 가령, 보급기지로부터 1,200킬로미터 떨어진 곳에 보급해야 한다고 가정해보자. 이 거리도 보급이 아예 불가능하지는 않다. 트럭의 연료 탱크가 빌 때마다 싣고 가던 기름을 빼서 주유하면서 계속 간다면 말이다. 이런 식으로 1,200킬로미터를 가려면 리터당 3킬로미터의 연비를 감안컨대 360리터의 기름을 추가적으로 써야 한다.

그러면 남은 640리터를 보급할 수 있냐 하면 그렇지 않다. 트럭이 온 길을 되돌아 가야 하기 때문이다. 따라서 귀환 과정에서 마찬가지로 원래 연료탱크에 있던 40리터와 추가 기름 360리터를 쓰게 된다. 즉, 실제로 수송 가능한 기름은 1,000리터가 아니라 720리터를 뺀 280리터에 불과하다. 이제 1만 대의 트럭으로 수송 가능한 기름은 2,800톤에 불과한 반면, 그 2,800톤을 수송하느라 써 없앤 기름은 8,000톤에 달한다. 이를 테면, 수송 과정에서 귀중한 기름의 대부분이 저절로 없어져버리는 것이다.

거리가 1,500킬로미터로 멀어지면, 고작 800톤의 기름을 보급하는 데 쓴 기름이 1만 톤에 달한다. 1,620킬로미터 떨어진 부대에는 위와 같은 방법으로 단 한 방울의 기름도 전달할 수 없다. 그리고 설혹 있다고 하더라도 그 과정에서 소모되는 기름이 너무나 많아진다. 이런 원리를 무시한 채로 무턱대고 "왜 보급해주지 않는가?" 하고 소리 지르는 것은 하나 마나 한 일이다.

또, 군수에는 위에서 언급한 것과 다른 성격의 어려움이 존재한다. 그건 바로 전투 행위에 기인하는 불확실성이다. 실제의 전투에 필요한 군수물자의 양을 정확히 예측하는 것은 너무나 어렵다. 경험적으로 보면 오직 식량만이 예측 범위 내에서 꾸준하게 소모될 뿐이고 그 외의 나머지 군수품들은 거의 운에 맡겨야 한다. 특히, 탄약 같은 경우 적의 저항에 달린 문제라서 예측한다는 것이 아예 불가능하다.

그리고 설혹 수요 예측에 어느 정도 성공했다고 하더라도 조달 및 생산 과정에서 소요되는 시간 지연이 문제를 더욱 어렵게 만든다. 가령, 탄약이 필요해 지금 주문하면 다음날 탄약이 공급될 수 있는 것으로 착각하기 쉽지만 결코 그렇지 않다. 군수업체들은 언제 팔릴지도 모르는 재고를 결코 쌓아두지 않으며 확실한 주문을 받고 나서야 재료를 구해 만들기 마련이다. 이 과정은 보통 수 개월에서 1년 이상 걸리기도 한다.

그렇다고 만일의 경우를 대비해서 무조건 잔뜩 쌓아두기만 할 수도 없는 노릇이다. 미 국방부는 군수의 목표를 효과성, 경제성, 효율성으로 정의하고 있는데, 사실 효과적이면서 동시에 효율적이라는 말은 성립될 수 없는 말이다. 이는 "최소의 비용으로 최대의 효과를 거둔다"는 말이 잘못된 경제 원칙의 대표격인 것과 마찬가지다. 가장 효과적인 수단은 절대로 가장 효율적일 수 없고, 반대로 가장 효율적인 수단은 결코 가장 효과적일 수 없다. 미 국방부도 이러한 사실을 모르지는 않아서 이를 가리켜 '군수의 역설'이라고 부른다. 즉, 효과와 효율은 서로 상충된다는 뜻이다.

여기서 잠깐 용어를 정리하고 가도록 하자. 군수라는 용어 대신에 보급이나 병참이라는 용어도 많이 사용된다. 이 세 가지는 크게 다르지 않지만 약간의 어감상 차이는 있다. 먼저 보급은 영어의 supply에 해당되며 전투부대에 군수품을 배급해주는 것을 나타낸다. 병참은 영어의 quartermaster에 해당되는데, 여기서 quarter는 군대의 막사를 나타낸다. 즉, 쿼터마스터는 군대의 주둔과 이동에 관련된 제반 사항 전체를 책임지는 사람을 의미한다. 한편, 군수는 영어의 logistics를 번역한 것으로 군대가 필요로 하는 모든 것을 제공해주는 것을 뜻한다. 따라서 의미의 포괄도로 보자면 군수가 가장 큰 개념이고, 병참은 군수에 포함되며, 보급은 가장 협소한 의미라고 볼 수 있다. 대체로 제2차 세계대전 전까지는 보급과 병참이라는 단어를 많이 썼다면, 그 이후로는 군수라는 용어로 정리, 통일되었다고 할 만하다.

미군의 군수 개념을 보면 군수는 대략 세 단계로 구성되어 있다. 첫째가 새로운 군수품의 연구와 개발이고, 둘째가 이의 양산이며, 셋째가 그렇게 양산된 군수품의 배치와 보급이다. 당연한 얘기지만 이 세 단계는 서로 긴밀하게 연결되어 있기에 이를 인위적으로 분리하려는 시도는 설득력이 떨어진다.

군수는 시대별로 변화해왔다. 즉, 무엇이 군대의 유지에 필수적인가에 따라 그 대상도 변했다. 고대의 군대가 필요로 하는 물자의 거의 대부분은 식량과 사료, 그리고 약간의 땔감이었다. 물은 언제나 가장 중요한 고려 사항이었고, 그래서 내륙으로의 침공은 거의 예외 없이 강을 따라 이뤄졌다. 강이 없는 경우 보급은 매우 힘들어지는데, 가령, 2003년 이라크 공격 때 미 육군 보급품의 65%는 물이었다.

한편, 현대로 올수록 식량의 중요성이 점차 줄어들고 기름과 탄약의 비중이 커졌다. 가령, 1991년의 걸프전에서 미군은 탄약보다 기름을 더 많이 썼다. 그렇다고 식량이 중요하지 않은 것은 결코 아니다.

양질의 식량은 특히 전투력과 사기의 유지에 필수적이다.

하지만 예나 지금이나 크게 변하지 않은 것 중의 하나는 군수부대에 대한 부정적인 이미지다. 로마군은 1개 레기온legion(고대 로마에 있었던 군대 조직. 시기에 따라 다르지만 3,000~6,000명의 보병과 기병으로 구성했다)당 노새 1,400마리로 구성된 이른바 치중대를 붙였는데, 이를 지칭하는 라틴어 임페디멘타impedimenta는 거추장스러운 것이라는 뜻을 갖는다. 로마군이 이들을 길을 가로막는 꼴 보기 싫은 대상으로 여겼음을 짐작할 수 있다. 이런 면에서 최고로 꼽을 만한 군대는 일본 제국 육군이다. 당시의 격언 중에 "병참부대의 병사가 군인이라면, 나비와 잠자리도 새의 일종이다"라는 게 있을 정도였다. 이게 딱 일본군의 병참에 대한 시각이었다. 심지어 이들은 병참부대원들에게 아깝다고 총도 지급하지 않고 단검 하나씩만 줬다. 작전에 실패하고 나면 보급부대를 비난하는 것도 예나 지금이나 별로 달라지지 않았다.

군수를 무시하고 작전을 펼쳤다가 완전히 망한 사례로는 1944년 일본군의 임팔 전투Battle of Imphal가 독보적이다. 당시 버마를 점령하고 있던 일본 15군의 지휘관 무타구치 렌야牟田口廉也는 휘하의 15사단, 31사단, 33사단으로 버마와 인도의 국경을 넘어 임팔Imphal과 코히마Kohima로 공격해 들어간다는 작전을 수립했다. 그러려면 버마의 밀림과 인도 접경의 산맥을 넘어야 하고, 마주하는 영국과 인도군 병력도 4개 보병사단과 1개 기갑사단 이상이라 쉽지 않은 작전이었다.

하지만 제일 기가 막혔던 부분은 군수에 대한 무타구치의 생각이었다. 지형이 거칠어서 보급이 불가능하다고 참모가 반대하자, "보급은 원래 적에게 뺏어서 하는 것이다", "포탄은 자동차 대신 소나 말에 신

●●● 1944년 태평양전쟁 당시 버마를 점령하고 있던 일본 15군의 지휘관 무타구치 렌야(오른쪽 사진)는 인도를 점령하기 위해 군수를 무시하고 임팔을 공격했다가 영국군에게 참혹한 패배를 당했다. 당시 전사자보다 병에 걸리거나 굶어 죽은 수가 더 많았다. 임팔 전투는 군수의 중요성을 잘 보여주는 대표적인 사례다.

고 가다가 포탄을 다 쓰고 난 후 소와 말을 잡어 먹으면 된다", "식량이 사방에 널려 있는데 뭐가 걱정이냐? 풀을 뜯어먹으면서 전진하면 된다" 등과 같은 주옥 같은 어록을 남기면서 자신의 생각을 아래위로 밀어붙였다. 15군 참모장인 오바타 노부요시小畑信良가 수송차량도 모자라고 그나마 있는 도로는 아무 때나 침수되고 다리도 없는 강을 건너야 하고 산맥이 가로막고 있어서 안 된다고 끝까지 반대하자, 그를 해임할 정도였다.

3월 8일 무타구치가 구상한 대로 임팔 전투는 개시되었다. 애초부터 보급이 불가능했기에 병사들이 휴대할 수 있는 최대치인 40킬로그램에 맞춰 20일 안에 작전을 끝낸다는 허무맹랑한 작전이었다. 시작부터 계획과 어긋나기 시작하자 무타구치는 이에 대한 책임을 물어 15사단장과 33사단장을 중도에 경질했다.

근 3개월간 휘하 부대원들의 목숨이 너무나 헛되이 사라지자 31사단장 사토 고토쿠佐藤幸德는 급기야 5월 31일 무타쿠치의 명령에 불복하고 잔여병력 약 2,000명을 후퇴시켰다. 이로 인해 그는 6월 20일 사단장에서 해임되고 11월에는 정신병 판정을 받았다. 군사재판에서 무타구치가 저지른 일을 낱낱이 밝히지 못하도록 버마 방면군 사령관 가와베 마사카즈河邊正三가 손을 쓴 탓이었다.

전투의 최종 결과는 이루 말로 다 할 수 없을 정도로 참혹한 패배였다. 7월 3일 공식적으로 버마 방면군이 소속된 일본 남방총군이 철수를 결정할 때까지 약 4개월간의 전투에서 영국군의 손실은 1만 2,000명 정도에 그친 반면, 일본군의 손실은 5만 5,000명에 이르렀다. 또 다른 기록에는 일본군의 사망자만 7만 2,000명이 넘는 것으로 되어 있는데, 놀라운 것은 이 중 4만 명이 전사한 게 아니라 아사했다는 점이다. 즉, 전사자보다 병에 걸리거나 굶어 죽은 수가 더 많았다. 이런 걸 작전이라고 해놓고도 1945년 일본 육군의 군사학교 교장이 된 무타구치는 1966년 죽을 때 "내가 못한 게 아니야. 부하들이 잘못한 거야"라는 유언을 남겼다.

임팔 전투를 보면 알 수 있듯이, 군수는 부대의 전투력에 더하기가 아니라 곱하기로 작용한다. 이게 무슨 뜻인지 예를 들어 설명해보자. 가령, 군대의 수, 군대의 질, 그리고 군수의 세 요소가 전투의 승리에 기여하는 요소라고 가정하자. 이때, 세 요소에 나눌 수 있는 자원의 총합이 9라고 하자. 즉, 군대의 수와 질에 4를 투입하고 군수에 1을 투입한 경우나, 군대의 수와 질 그리고 군수에 모두 공통적으로 3을 투입한 경우는 더하기의 관점으로는 서로 같다. 다시 말해, 군대의 최종 전투력이 이들의 합이라면 (4, 4, 1)로 하나 (3, 3, 3)으로 하나 마찬가지다.

임팔 전투를 보면 알 수 있듯이, 군수는 부대의 전투력에 더하기가 아니라 곱하기로 작용한다. 제아무리 병력과 무기에 돈을 쏟아부어도 임팔 전투 때의 일본군처럼 군수를 0으로 만들어버리면 부대의 최종 전투력은 그냥 0이다. 이러한 군수의 측면을 가리켜 전투력 승수라고 부르기도 한다. 전투력 승수로서 군수는 실로 중요하다.

그러나 군대의 최종 전투력이 이들의 곱으로 이뤄져 있다면 다른 얘기가 된다. 즉, 전자는 16에 불과한 반면, 후자는 27에 이른다. 군수가 0인 상황을 생각해보면 더하기가 아니라 곱하기가 옳다는 결론을 피할 수 없다. 제아무리 병력과 무기에 돈을 쏟아부어도 임팔 전투 때의 일본군처럼 군수를 0으로 만들어버리면 부대의 최종 전투력은 그냥 0이다. 이러한 군수의 측면을 가리켜 전투력 승수라고 부르기도 한다.

전투력 승수로서 군수는 실로 중요하다. 역사적 전쟁들을 살펴보면 일련의 승리를 거둔 후 갑자기 전면적으로 후퇴하는 경우가 드물지 않다. 이를 지휘관의 용기 부족으로 설명하기도 하지만 보다 근본적인 이유는 보급이 부족해서다. 또한, 전쟁에서 죽게 되는 가장 큰 원인은 적의 무기가 아니고 거의 예외 없이 보급 부족에 기인하는 질병이나 영양 부족이었다. 기습이나 집중, 기동 등과 같은 전술 원칙들을 모르는 군인은 없음에도 불구하고 때때로 배운 적 없는 것처럼 행동하는 경우도 바로 이러한 원칙들을 적용할 수 없는 열악한 군수 상황에 기인하곤 한다.

나폴레옹의 흥망성쇠도 군수의 관점에서 온전히 설명할 수 있다.

나폴레옹군의 초기 성공은 특유의 기동성에 있었는데, 그게 가능했던 이유는 나폴레옹이 군수를 남다른 방식으로 혁신했기 때문이었다. 우선 부대의 자체 휴대량을 제한해 보다 빠른 속도로 행군할 수 있도록 했다. 또한, 핵심적인 지점마다 보급창고를 운영해 그 인근에서는 장기적인 전투도 문제 없이 치러냈다.

하지만 더욱 중요한 요소는 영어로 forage, 즉 징발을 체계적으로 수행해 나머지 부족한 물품을 현지에서 조달하도록 한 점이었다. 징발은 필요한 식량과 물품을 강압적으로 확보하되 대신 그 값을 돈으로 지불하는 방식으로, 영어로 pillage, 즉 돈도 안 주고 그냥 뺏는 약탈과 구별된다. 그는 징발과 병참만을 전문적으로 수행하는 병참장교와 경리장교를 임명해 이를 수행하게 했다.

나폴레옹군의 특징이기도 한 1만 5,000~3만 명에 이르는 군단의 규모도 일반적인 유럽의 마을이 견뎌낼 수 있는 징발의 규모를 감안해 정해진 것이었다. 그렇기 때문에 다른 유럽 나라들의 군대가 서로의 보급선을 중심으로 굼뜬 동작을 보이고 있을 때, 나폴레옹의 군단들은 각기 적진을 휘저으며 전투를 벌일 수 있었다. 나폴레옹군은 심지어 적의 영토에서 적군보다 더 오래 버틸 수 있다는 명성을 얻기까지 했다. 한마디로 나폴레옹군은 후방에서 보급을 지원받은 게 아니라 적 지역의 물자로 먹고 산 군대였다. 군대의 규모가 어느 선 이하였을 때 이 방법에는 틀림없이 장점이 있었다.

하지만 나중에 모든 유럽을 상대로 전쟁하게 되자 그랑 아르메Grande Armée의 규모는 그 한계를 넘어섰다. 러시아 원정 시 애초에 프랑스군 개별 병사들은 4일치의 식량을 휴대했고, 후속 보급대가 추가 20일분을 책임졌다. 그러나 스몰렌스크Smolensk에서 러시아군 주력을 놓치면서 점점 오도 가도 못 하는 신세가 되고 말았다. 또한, 러시아의 마을들은 서유럽이나 중부 유럽보다 기본적으로 가난한 데다가, 러시아군이 적극적으로 청야 전술 혹은 초토화 전술을 구사했기에 현지 징발을 통해 고작 10일분밖에 확보하지 못했다. 즉, 프랑스군 가용 보급품이 총 34일분에 그쳤던 것이다.

30일을 넘기면 보급 상황이 어려워진다는 것을 나폴레옹은 모르지 않았다. 그래서 계속 러시아군을 추격할 것인지 아니면 도로 프랑스로 회군할 것인지를 놓고 고민했다. 하지만 작전 개시 후 20일이 지난 시점부터는 회군을 할래야 할 수 없는 상황에 빠지고 말았다. 왜냐하면, 돌아오는 길에 이미 적지 않은 병력이 굶어 죽을 상황이었기 때문이다. 결국, 외통수에 빠진 나폴레옹군은 살아남기 위해 계속 진격할 수 밖에 없었고, 결국 모스크바 함락 후 기아 상태에 빠져 완전히 허물어지고 말았다.

마지막으로 군수부대와 전투부대의 관계를 언급하면서 이 장을 마치도록 하자. 통상 이들의 관계를 일컬어 '꼬리'와 '이빨'의 관계라고도 한다. 말할 것도 없이 꼬리가 군수부대고, 이빨이 전투부대다. 전투부대가 군수부대를 은근히 무시하고 얕잡아보는 것은 군수의 중요성을 그토록 높이 사는 미군조차도 완전히 없애지는 못했다.

일례로, 1991년 걸프전 때 미군의 군수사령관을 지낸 윌리엄 파고니스William G. Pagonis는 "전투가 잘 될 때는 전략가와 전술가를 최고로 치다가, 전차의 연료가 떨어질 때쯤 군수전문가를 찾는다"며 자조적으로 말한 적이 있다. 그래도 이때 파고니스 휘하의 군수부대가 이룬 경우에 따라서는 오히려 전투부대를 조금 줄여서라도 군수부대를 늘리는 게 군 전체의 전투력을 증가시키는 확실한 방법이 되기도 한다. 왜냐하면, 군대의 전투 지속능력은 군수부대의 능력과 정확히 비례하고 또한 전투부대의 규모와 정확히 반비례하기 때문이다.

남다른 업적 때문에 승리할 수 있었다고 미군 총사령관 노먼 슈워츠코프Norman Schwarzkopf Jr.가 기회가 될 때마다 얘기한 덕에 그들의 노고가 알려지고 인정받았다.

다른 예로 이런 것도 있다. 제2차 세계대전 때 미 육군의 군수를 총책임졌고 1959년부터 2년간 미 8군 사령관을 지낸 카터 매그러더Carter B. Magruder가 전해주는 다음과 같은 일화도 있다. 1943년 초 북아프리카 작전 때 한 지휘관은 일대일 원칙을 천명했다. 즉, 전투부대가 1을 가지면 공평하게 그 다음에는 군수부대가 1을 가진다는 것이었다. 그런데 알고 보니 전투부대의 1은 1개 전투사단인 반면, 군수부대의 1은 1개 중장비중대였다.

그 최적의 비율을 구체적인 숫자로 제시하는 것은 결코 쉬운 일이 아니다. 그렇더라도 전투부대를 일방적으로 우선시하는 게 결코 현명한 처사는 아니다. 경우에 따라서는 오히려 전투부대를 조금 줄여서라도 군수부대를 늘리는 게 군 전체의 전투력을 증가시키는 확실한 방법이 되기도 한다. 왜냐하면, 군대의 전투 지속능력은 군수부대의 능력과 정확히 비례하고 또한 전투부대의 규모와 정확히 반비례하기 때문이다.

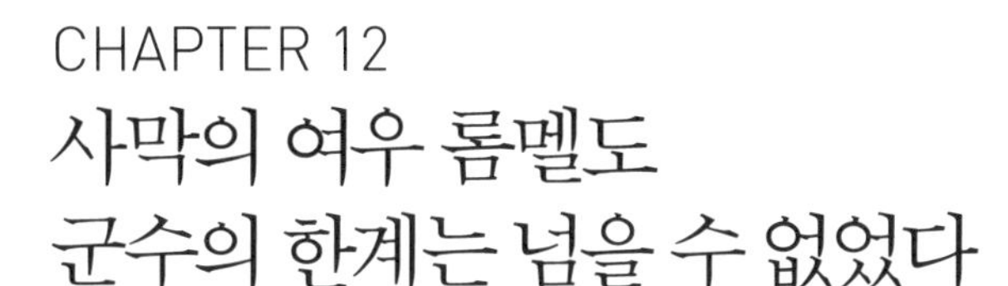

CHAPTER 12

사막의 여우 롬멜도 군수의 한계는 넘을 수 없었다

● 독일 남부인 뷔르템베르크Württemberg에서 1891년에 태어난 에르빈 롬멜은 제1차 세계대전 개전 초 소위로 프랑스 전역에 참전했다. 롬멜이 지휘한 소대는 특히 화력지원을 바탕으로 적의 전선에 침투해 포위공격을 펼치거나 배후에서 습격하는 걸로 유명했고, 롬멜은 히틀러처럼 1915년 2급 철십자 훈장을 받았다. 1917년 10월에는 이탈리아의 마타주르Matajur 산에서 중대를 이끌고 9,000명을 포로로 잡는 비현실적인 전과를 올렸는데, 이때 롬멜이 지휘한 중대의 손실은 사망 6명, 부상 30명에 불과했다. 같은 해 11월에 또다시 자신의 중대만으로 이탈리아 1보병사단 전체의 항복을 받아내 프로이센 왕이 수여하는 최고공로훈장을 받았다. 다시 말해, 롬멜은 예외적으로 뛰어난 지휘관이었지만 제2차 세계대전 전까지 전차부대와는 무관한 경력의 소유자였다.

그러다가 히틀러에 눈에 띈 그는 1938년 히틀러의 경호대장으로 발탁되었고, 1939년 독일군의 폴란드 침공 시 히틀러를 수행하면서 전차부대의 위력에 관심을 갖게 되었다. 자신이 그토록 강조하던 기습과 기동을 펼치는 데 전차부대보다 더 이상적인 부대는 있을 수 없었다. 롬멜은 히틀러에게 개인적으로 열심히 로비를 편 끝에 단 10개뿐인 전차사단 중의 하나를 맡을 수 있게 되었고, 그게 바로 프랑스 전선의 7전차사단이었다.

롬멜의 지휘 스타일은 한마디로 솔선해서 선두에 서는 스타일이었다. 후방에서 지휘하는 것을 당연시하는 당시의 일반적인 장군들과는 확실히 달랐다. 지휘관이 몸을 사리지 않고 앞장서 나가니 부하들이 뒤따르지 않을 재간이 없었다. 한 일화로, 7전차사단의 선두에서 전진하던 중 사격을 받자 부관들이 모두 몸을 낮췄지만, 롬멜은 그 와중에도 혼자 움츠리지 않았다. 쌍안경으로 사격하는 적의 위치를 파악한 후 대응 사격을 명령하기 위해서였다. 이내 프랑스군의 저항을 제압하고 전진을 계속하여 7전차사단이 남다른 전공을 세운 데에는 롬멜의 이런 지휘가 결정적이었다.

독일이 북아프리카 전역에서의 사막전을 최초로 검토한 것은 사실 1940년 10월 초였다. 다음해 말 모스크바 전투에서 20전차사단을 지휘하게 될 빌헬름 리터 폰 토마Wilhelm Ritter von Thoma를 당시 이집트를 공격 중인 이탈리아군에 파견해 타당성을 검토하게 했던 것이다. 10월 23일 토마는 일반적인 보병사단은 아무런 소용이 없고 전차부대나 자동차화부대만을 파견해야 한다고 보고했다. 또한, 의미 있는 전과를 거두기 위해서는 최소 4개 사단 이상이 필요하지만, 한편으로 보급의 한계를 감안할 때 그 이상의 규모를 보낼 수는 없다고도 결론

지었다. 그러나 당시 이탈리아군이 독일군의 파병을 꺼려해서 흐지부지되었다. 흥미롭게도 토마는 1942년 9월 독일의 아프리카군단에 배치되어 군단장으로서 전투 중 잡혀 포로가 되었다.

1941년 1월 11일에 새로 편성된 아프리카군단의 최초 편제는 미약하기 그지없었다. 1941년 4월 중순까지는 1개 전차연대와 잡다한 부대로 구성된 5경사단이 전부였다. 5월 말이 되어서야 15전차사단이 합류했고, 6월 말에는 새롭게 편성된 1개 보병사단이 추가되었다. 전차연대를 끝까지 가진 적이 없는 이 사단은 나중에 90경사단으로 이름을 바꿨다. 8월 초 5경사단을 21전차사단으로 재편함으로써, 결국 2개 전차사단과 1개 보병사단이 최종적인 아프리카군단의 편제였다.

아프리카군단의 이와 같은 규모는 독일군의 정상적인 다른 전차군단들보다 확실히 작았다. 예를 들어, 같은 시기인 1941년 소련을 침공한 바르바로사 작전Operation Barbarossa에 참가한 3전차군단의 경우, 3개 전차사단과 1개 자동차화사단, 그리고 1개 보병사단을 가졌고, 그보다 소규모인 47전차군단만 해도 2개 전차사단과 1개 자동차화사단, 그리고 1개 보병사단으로 편성되었다. 즉, 롬멜이 지휘한 부대는 결코 수적으로 완편된 전차군단은 아니었다.

2월 6일 군단장으로 임명된 롬멜은 2월 11일 로마로 가 이탈리아군 참모부에 신고했다. 즉, 처음에 롬멜이 지휘하는 독일 아프리카군단은 북아프리카에 파견된 이탈리아군의 지휘를 받아야 했다. 2월 12일, 리비아의 트리폴리Tripoli에 도착한 롬멜은 북아프리카 이탈리아군 사령관으로 새로 임명된 이탈로 가리볼디Italo Garibaldi를 만났다.

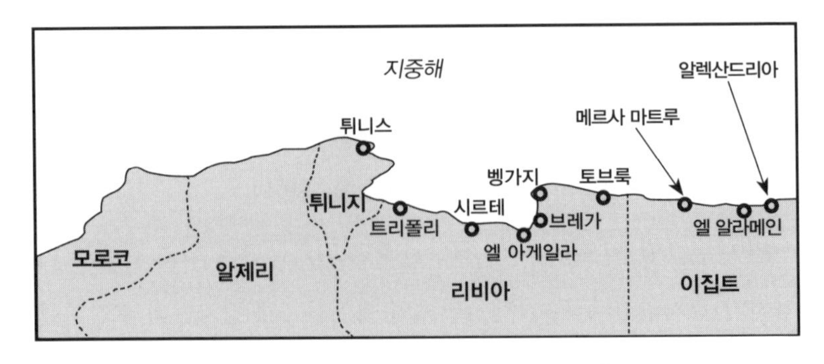

〈그림 12.1〉 북아프리카 전선의 주요 항구와 요충지

그러나 시르테Sirte를 방어하기 위한 롬멜의 계획에 별다른 관심을 보이지 않는 가리볼디에게 롬멜은 크게 실망했다. 너무나 특수하고 어려운 아프리카 전선 사정을 이제 막 도착한 롬멜이 알기 어려우니 우선은 조심스럽게 관망하라고 가리볼디는 지시했다. 이런 식으로는 리비아를 지켜낼 수 없다고 생각한 롬멜은 아무리 소규모일지언정 아프리카군단의 선두 부대가 도착하는 대로 곧바로 영국군을 상대하기 위한 작전에 나서기로 결심했다.

이 이후의 전과는 그저 놀라움의 연속이었다. 3월 24일, 롬멜은 아직 완편도 아닌 5경사단의 일부를 이끌고 영국군을 공격해 승리했다. 3월 31일에는 브레가Brega를 탈환했고, 4월 3일에는 벵가지를 점령했다. 4월까지 단 한 달도 안 걸려 항구도시 토브룩Tobruk을 제외한 리비아 전체를 탈환하는 데 성공했던 것이다. 이후 대규모로 증원된 영국군을 거듭 농락하면서 이집트까지 진공했다가 병력이 소진된 독일군은 1941년 말 엘 아게일라El Agheila까지 후퇴할 수밖에 없었다.

1942년 초 55대의 전차를 새로 보급받은 롬멜은 1월 21일 다시 공세에 나섰다. 수적으로 한참 우위인 영국군은 이번에도 또다시 붕괴되었다. 1월 29일 독일군은 벵가지를 재탈환했고, 5월 말 가잘라Gazala를 공략한 끝에 6월 20일 드디어 토브룩까지 점령했다. 롬멜은 이집트를 본격적으로 공략하기 위한 증원을 원했지만 히틀러는 더 이상 아프리카에 병력을 보낼 의향이 없었다. 6월 28일 캅카스의 유전지대를 궁극 목표로 한 청색 작전이 소련 동부전선에서 개시될 예정이기 때문이었다. 그럼에도 불구하고 롬멜은 공세를 지속하여 6월 28일 메르사 마트루Mersa Matruh를 점령했다. 7월 1일부터 11월 2일까지는 이집트의 알렉산드리아Alexandria로 가기 위한 마지막 관문인 엘 알라메인El Alamein을 놓고 격전을 벌인 끝에 중과부적으로 다시 후퇴했다.

이후의 사태는 이전과 다른 차원으로 진행되었다. 11월 8일, 미군은 리비아의 서쪽에 있는 모로코와 알제리에 전격 상륙했다. 서쪽의 미군과 동쪽의 영국군에게 협공을 당하게 된 독일군과 이탈리아군은 튀니지를 점령해 저항했지만 1943년 5월 13일 결국 항복하고 말았다. 롬멜은 1943년 2월 미 2군단에게 일격을 가해 적지 않은 손실을 끼쳤다. 그러나 히틀러에 의해 3월 9일 독일 본국으로 소환되었다. 전쟁영웅을 그대로 포로로 잡히게 둘 수 없었기 때문이다.

요약하자면, 롬멜이 2년간 거둔 승리는 지극히 예외적으로 빼어난 성과였다. 순식간에 1,500킬로미터가 넘는 거리를 진격했고 그 과정에서 자신의 부대의 배가 넘는 연합군 병력을 분쇄하곤 했다. 롬멜의 승리는 언제나 병력상의 열세를 딛고 거둔 것이었다. 기습과 기동으로 영국군의 의표를 찔렀던 롬멜은 영국의 전차부대를 함정에 빠뜨려 몰살시키는 전법도 즐겨 사용했다.

●●● 비록 연합군이 북아프리카 전선에서 최종 승자가 되기는 했지만, 롬멜이 북아프리카 전선에서 2년간 거둔 승리는 지극히 예외적으로 빼어난 성과였다. 순식간에 1,500킬로미터가 넘는 거리를 진격했고 언제나 병력상의 열세를 딛고 연합군 병력을 분쇄하곤 했다. 영국의 언론들은 이런 그에게 '사막의 여우'라는 호칭까지 붙여주었다. 그러나 이런 그가 군수에 대해 무관심했다는 지적은 부인할 수 없는 사실이다. 그는 북아프리카에 처음 발을 디디는 순간부터 끊임없이 휘하 병력의 증원을 요구했고 이는 곧 군수의 문제기도 했다. 그러나 당시 그는 보급을 오직 군수참모의 일로만 여겼다.

그의 전술과 전공에 경이로움을 느낀 영국의 언론들은 그를 일컬어 '사막의 여우'라는 호칭을 붙여주었고, 그는 아군인 독일군은 물론 심지어 적군인 영국군으로부터도 존경을 받았다. 당시 영국의 수상이었던 처칠은 의회 연설에서 "이 전쟁의 참혹함과 무관하게 개인적 평가를 할 수 있다면 나는 그를 위대한 장군이라 부르고 싶습니다"라고 할 정도였다.

비록 연합군이 아프리카 전투의 최종 승자가 되기는 했지만, 이후 롬멜은 하나의 신화가 되었다. 즉, 롬멜에게 전과를 더 확대할 수 있는 기회와 능력이 있었음에도 불구하고 히틀러가 충분한 병력과 보급을 해주지 않아서 결국 패할 수밖에 없었다는 시각이 보편적이었다.

한마디로 그는 비운의 주인공으로 자리매김하게 되었다.

한편, 20세기 후반 들어 롬멜의 전공에 대한 비판적 시각이 새롭게 제기되었다. 크게 세 가지 사항으로 요약될 수 있는데, 첫째, 그는 무식하게 몰아붙일 줄만 알고 큰 그림을 볼 줄 몰랐다는 것, 둘째, 첫째와도 관련되지만 조금 다른 각도의 비판인 전술만 알고 군수에 대해서는 무지했다는 것, 셋째, 상급사령부의 명령에 불복종해 독일의 전쟁 수행에 누를 끼치고 만, 한마디로 기본이 안 되어 있는 군인이라는 것이다. 이런 시각은 2016년에 한국에 온 적이 있는 이스라엘의 마르틴 반 크레펠트Martin van Creveld나 영국의 존 키건John Keegan 같은 이들이 주장하는 바다.

다른 건 다 관두고서라도 군수의 문제는 한번 제대로 들여다보자. 롬멜이 전반적으로 군수에 대해 무관심했던 것은 부인할 수 없는 사실이다. 그는 북아프리카에 처음 발을 디디는 순간부터 끊임없이 휘하 병력의 증원을 요구했고 이는 곧 군수의 문제기도 했다. 추가적인 2개 전차군단을 요구하는 롬멜에게 그의 참모장은 이들을 어떻게 보급하고 먹일지에 대한 계획이 있냐고 물었다. 이에 대한 롬멜의 첫 번째 대답은 "그건 나한테 중요한 문제가 아니오"였다. 어이 없는 표정을 짓는 참모장에게 이어 "그건 당신 문제지"라는 말로 마무리할 정도였다. 보급을 오직 군수참모의 일로만 여기는 이러한 태도를 군수를 최우선으로 여겼던 걸프전 때 미군 사령관 슈워츠코프와 비교해보면 그 차이는 너무나 뚜렷하다.

기본적으로 북아프리카는 사막으로 뒤덮인 곳이다. 이러한 지역에서는 현지조달이라는 매우 중요한 보급 방법을 전혀 쓸 수가 없다. 있는 것이라고는 모래와 낙타 똥이 전부기 때문이다. 따라서 모든 물자는 사실상 해상수송을 통해 이뤄져야 했다. 공중수송의 방법도 없지는 않지만 효율성이 한참 떨어져 큰 보탬이 되지 못하는 것은 그때나 지금이나 마찬가지다.

북아프리카의 독일군에 대한 보급은 이탈리아군의 책임이었다. 이탈리아는 자국의 선대를 이용해 리비아의 항구까지 보급품을 날랐다. 전체 기간 중 이탈리아가 늘 사용할 수 있었던 항구는 트리폴리 하나뿐으로, 벵가지나 토브룩은 점령 여부에 따라 쓰지 못하는 경우도 많았다. 반면, 이에 맞서는 영국군은 알렉산드리아가 주요 항구로, 트리폴리에서 알렉산드리아까지 약 2,000킬로미터의 거리가 독일군과 영국군 간의 결전의 장場이었다.

1941년 4월 트리폴리가 매달 처리할 수 있는 보급품은 대략 5만 톤 정도로 당시 북아프리카에 주둔 중인 모든 이탈리아군과 독일군이 필요로 하는 7만 톤에 못 미쳤다. 잠깐 동안은 비시Vichy 프랑스령의 비제르타Bizerta를 통해 매달 2만 톤의 물량을 추가 하역할 수 있었지만 이마저도 곧 없던 일이 되고 말았다.

작전능력을 원천적으로 키우기 위해서는 벵가지와 토브룩의 하역 용량이 필요했다. 벵가지의 하역 용량은 이론적으로 매달 8만 1,000톤에 달했지만 점령했을 동안에도 실제 처리는 이에 한참 못 미치는 2만 톤 가량에 그쳤다. 결정적인 이유는 이집트 국경에서 약 500킬로미터 떨어진 벵가지는 영국 공군 폭격기들의 작전범위 내에 들어 있었기 때문이었다.

이집트에 더 가까운 토브룩의 경우는 상황이 더 안 좋았다. 이론상 토브룩의 하역 용량은 매월 4만 5,000톤이었다. 그러나 1942년 6월 점령 이후 실제 처리는 1만 5,000톤을 겨우 넘는 수준이었다. 이런 문제 때문에 옆에서 지켜보고 있던 독일 해군이 토브룩은 아예 고려하지 말고 트리폴리와 벵가지만 집중해 수송하라는 의견을 제시할 정도였다.

그러나 하역 용량 자체의 한계 때문에 독일군이 패했다고 볼 것만도 아니었다. 가령, 1941년 7월부터 10월까지 이탈리아군은 매달 평균적으로 7만 2,000톤을 하역하는 데 성공했는데 이는 같은 기간 동안 롬멜이 소모한 보급품의 총량보다 약간 많았다. 전년보다 소요량이 늘어난 1942년 7월을 봐도 이탈리아군은 9만 1,000톤을 하역하는 데 성공할 정도로 꾸준히 물량을 늘렸다. 그럼에도 불구하고 최전선의 롬멜군은 늘 보급 부족에 시달렸다.

북아프리카에서 보여준 실망스러운 전투력에 대해 이탈리아 육군이 비판을 면하기는 어렵다. 하지만 적어도 북아프리카로의 해상 수송을 담당한 이탈리아 해군은 자신이 해야 할 일들을 충분히 해냈다. 극단적인 예지만, 1941년 12월 이탈리아는 4척의 전함, 3척의 경순양함, 그리고 20척의 구축함을 동원해 트리폴리로의 수송선단을 호위하는 작전을 펼치기도 했다. 말하자면, 2만 톤의 수송선단을 지키고자 10만 톤에 달하는 함대가 동원된 꼴이었다. 이탈리아군이 북아프리카로의 수송에 얼마나 큰 중요성을 부여했는지 이를 통해 짐작해볼 수 있다.

보다 근본적인 문제는 바로 항구에서 하역된 물자를 육상으로 전선까지 보내는 것이었다. 예를 들어, 트리폴리에 내린 기름의 40% 가량은 단지 나머지 보급품을 전선으로 보내는 데 소모되고 말았다. 게다가 1,500킬로미터가 넘는 보급선을 감당하다 보니 늘 전체 트럭의 3분의 1 가량은 고장과 수리 등으로 인해 가동이 불가능했다. 광활하다는 동부전선과 비교해보면 이만한 거리가 가져다줄 어려움을 느낄 수 있다. 1941년 독일이 공세를 개시한 지점부터 모스크바까지의 거리는 약 1,000킬로미터로 북아프리카의 독일군은 이의 약 1.5배에 달하는 보급선을 유지해야 했던 것이다.

결국, 롬멜이 절박하게 필요로 하던 물자가 북아프리카에는 와 있었지만 전선의 부대까지 보낼 방법이 묘연했던 게 결정적인 문제였던 것이다. 롬멜은 이를 해소하기 위해 8,000대의 수송차량을 베를린에 요구했다. 그러나 당시 소련에서 작전을 펼치던 4개 기갑군집단이 사용하던 수송차량의 총 합계가 1만 4,000대인 것을 감안하면 롬멜의 요구는 현실성이 결여된 것이었다. 트리폴리에서 전선까지 보급품을 실어 나르는 데 쓸 수 있는 철로를 놓는 것만이 유일한 근본적 해결책이었을 듯싶다. 그러나 공업화가 미진했던 이탈리아는 그런 데에까지 돈을 쓸 여력도 의지도 없었다. 또, 설혹 의지가 있었다고 하더라도 롬멜이 철도가 다 놓일 때까지 기다렸을 것 같지도 않다.

앞에서 설명한 보급상의 난점을 감안하면, 롬멜은 그저 싸우기만을 좋아하는 군인인 것처럼 느껴지기도 한다. 이탈리아군과 독일군 참모부는 현명하게도 더 이상의 전진은 불가라는 명령을 내렸지만 "미쳐 날뛰는" 롬멜이 자신에게 주어진 명령을 거부하고 거듭 공세를 펼치다 자멸했다는 것이다. 미군이 상륙하기 전의 북아프리카전 양상은 일종의 요요와 비슷했다. 즉, 영국군이 알렉산드리아로부터 멀어질수록 패배를 당하고, 마찬가지로 독일군도 트리폴리로부터 너무 멀어지면 패하게 되는 모양새였다. 그런 극복할 수 없는 한계를 도외시한 롬멜은 결국 2류의 군인에 불과하다는 게 크레펠트의 논지다.

군수의 제약이 너무 커서 독일이 북아프리카에서 이길 수 없었다는 것은 충분히 타당한 주장이다. 그러나 그런 제약을 인식하지 못한 채 무턱대고 공세를 펼친 롬멜이 2류라는 주장은 너무 멀리 나간 것으로 보인다. 롬멜이 남긴 일기를 보면, 처음부터 이집트까지 진공할 생각은 갖고 있지 않았다. 1941년 시르테의 방어선에서 뛰쳐나왔을 때 롬멜의 의중은 기습공격을 통해 영국군의 진격을 저지하고 이탈리아군을 강화할 시간을 벌자는 쪽이었다.

그러나 현재 위치에서 수세적 입장을 고수하다가는 영국이 원하는 소모전에 끌려들어가 필패에 이르게 된다고 롬멜은 봤던 것 같다. 또한, 사막 지형의 특성상 진지에 고착된 수비군은 늘 우회 포위될 위험이 적지 않았다. 이러한 제반 고려사항들을 감안해볼 때 최선의 방책은 공격을 통한 방어, 즉 공세적 방어라고 보고 공격을 개시했던 것이다. 그리고 그러한 성공 없이 필요한 병력 수송과 보급이 이뤄졌겠느냐는 의구심을 롬멜이 가질 만했다는 점도 고려해야 한다. 한마디로 곡예하듯 외줄을 탈 수밖에 없는 입장이었던 것이다.

사실, 롬멜을 깎아내리는 것은 알고 보면 영국적 관점의 발로다. 어떤 식으로도 1942년 엘 알라메인 전투Battle of El Alamein 이전까지 롬멜에게 완패하다시피 한 영국군의 무능을 변호할 방법은 없다. 여기에는 정치적 고려 때문에 갑자기 북아프리카의 영국군 상당수를 그리스로 돌린 처칠의 좌충우돌도 포함된다. 그러니 대신 롬멜도 알고 보면 별볼일 없는 군인이었다는 식으로 흠집을 내는 것일 수 있다. 영국의 런던경제대에서 박사를 받은 크레펠트나 영국의 왕립군사학교 샌드허스트에서 전쟁사를 오래 강의한 키건이 그런 관점을 갖게 된 것은 어찌 보면 당연한 일이다. 여담이지만 두 사람 모두 신체 부적합으로 막상 군대에는 갈 수 없었다.

북아프리카에서 독일이 패퇴하게 된 모든 원인을 롬멜 탓으로 돌릴 수는 없다. 군수의 어려움은 애초부터 독일군 참모부와 히틀러도 인지한 사항이었다. 히틀러는 이탈리아의 파병 요청에 대해 아프리카군단을 보내는 전제조건으로 첫째, 이탈리아군이 트리폴리를 반드시 사수할 것, 둘째, 그 이외의 지역으로의 보급과 대공방어도 완벽하게 제공할 것을 요구했다. 무솔리니는 휘하 장군들의 지적대로 보급은 쉽지 않다는 의견을 제시했지만, 히틀러는 이를 깨끗이 무시하고 기정사실화했다. 물론 이를 통해 롬멜이 처한 군수상의 제약이 해결될 리는 없었다.

롬멜이 공세를 펼치지 말고 방어만을 수행했어야 했다는 주장도 무리가 있다. 설혹 그렇게 했더라도 실제 미군의 북아프리카 상륙 이후 결말을 보건대 독일군이 패하는 것은 시간문제였다. 그나마 롬멜이 설친 덕에 2년 이상 시간을 끌었다고 볼 수도 있다는 얘기다.

롬멜에게 1942년 독일 9군 사령관으로 르제프Rzhev 돌출부를 훌륭하게 지켜낸 속칭 "방어의 사자" 발터 모델Walter Model과 같은 모습을 기대하는 것은 아무리 봐도 지나친 요구다. 롬멜에게는 롬멜대로의 방식이 있고 모델에게는 모델대로의 방식이 있는 것은 당연한 얘기 아니겠는가? 차라리 방어에 더 적합한 모델이나 다른 군인 대신 공세에 더 적합한 롬멜을 배치한 히틀러와 독일군 참모부의 실책을 지적하는 편이 더 합리적이다. 명령에 불복종했다는 부분도 바로 그 "시키면 시키는 대로 하는 게 군인"이라는 완고하고 경직된 교리 때문에 영국군이 롬멜에게 힘을 쓰지 못했던 것을 생각하면 설 땅을 잃는다.

군수의 제약에도 불구하고 2년간 승리를 거둔 롬멜의 경우를 무제한에 가까운 보급에도 불구하고 신통치 못한 전과를 얻는 데 그친 몽고메리의 작전 마켓-가든Operation Market Garden과 비교해보면 모든 것이 좀 더 분명해진다. 네덜란드를 흐르는 주요 하천에 놓인 7개의 다리를 공수부대를 통해 기습적으로 확보하여 이를 통해 곧바로 독일 본토로 진주한다는 몽고메리의 계획이 아이젠하워의 승인을 얻으면서 당시 가용한 모든 보급은 영국 30군단에게 주어졌다. 1944년 9월 에인트호번Eindhoven에 낙하한 미 101공수사단과 그 다음 위치인 네이메헌Nijmegen에 낙하한 미 82공수사단은 우여곡절 끝에 다리를 확보했지만, 최종 위치인 아른험Arnhem에 낙하한 영국 1공정사단이 독일군의 공격으로 와해되면서 결국 작전은 실패로 끝나고 말았다. 이 전투를 독일군이 서부전선에서 거둔 최후의 승리로 평가할 정도로 마켓-가든 작전에서 연합군의 피해는 컸다.

롬멜도 나중에는 군수의 중요성을 누구보다도 절감하게 되었다. 그는 "군이 전투의 어려움을 이겨내려면 무엇보다도 충분한 양의 무기, 기름, 그리고 탄약을 쌓아야 한다"고 토로했다. 이어 "사실, 전투는 사격이 개시되기 전에 이미 병참에 의해 결정된다. 아무리 용감한 군인이라도 총 없이는 아무것도 할 수 없고, 총은 충분한 탄약 없이는 무

●●● 롬멜도 나중에는 군수의 중요성을 누구보다도 절감하게 되었다. 그는 "군이 전투의 어려움을 이겨내려면 무엇보다도 충분한 양의 무기, 기름, 그리고 탄약을 쌓아야 한다"고 토로했다. 이어 "사실, 전투는 사격이 개시되기 전에 이미 병참에 의해 결정된다. 아무리 용감한 군인이라도 총 없이는 아무것도 할 수 없고, 총은 충분한 탄약 없이는 무용지물이다. 그리고 총이나 탄약도 기동전에서 충분한 연료를 가진 운송수단이 없다면 아무런 소용이 없다. 정비 또한 질과 양에서 적에게 필적해야 한다"고 말했다.

용지물이다. 그리고 총이나 탄약도 기동전에서 충분한 연료를 가진 운송수단이 없다면 아무런 소용이 없다. 정비 또한 질과 양에서 적에게 필적해야 한다"고 말했다. 말 자체만을 놓고 보면 이게 롬멜의 것인지 아니면 슈워츠코프의 것인지 구별이 쉽지 않을 정도다.

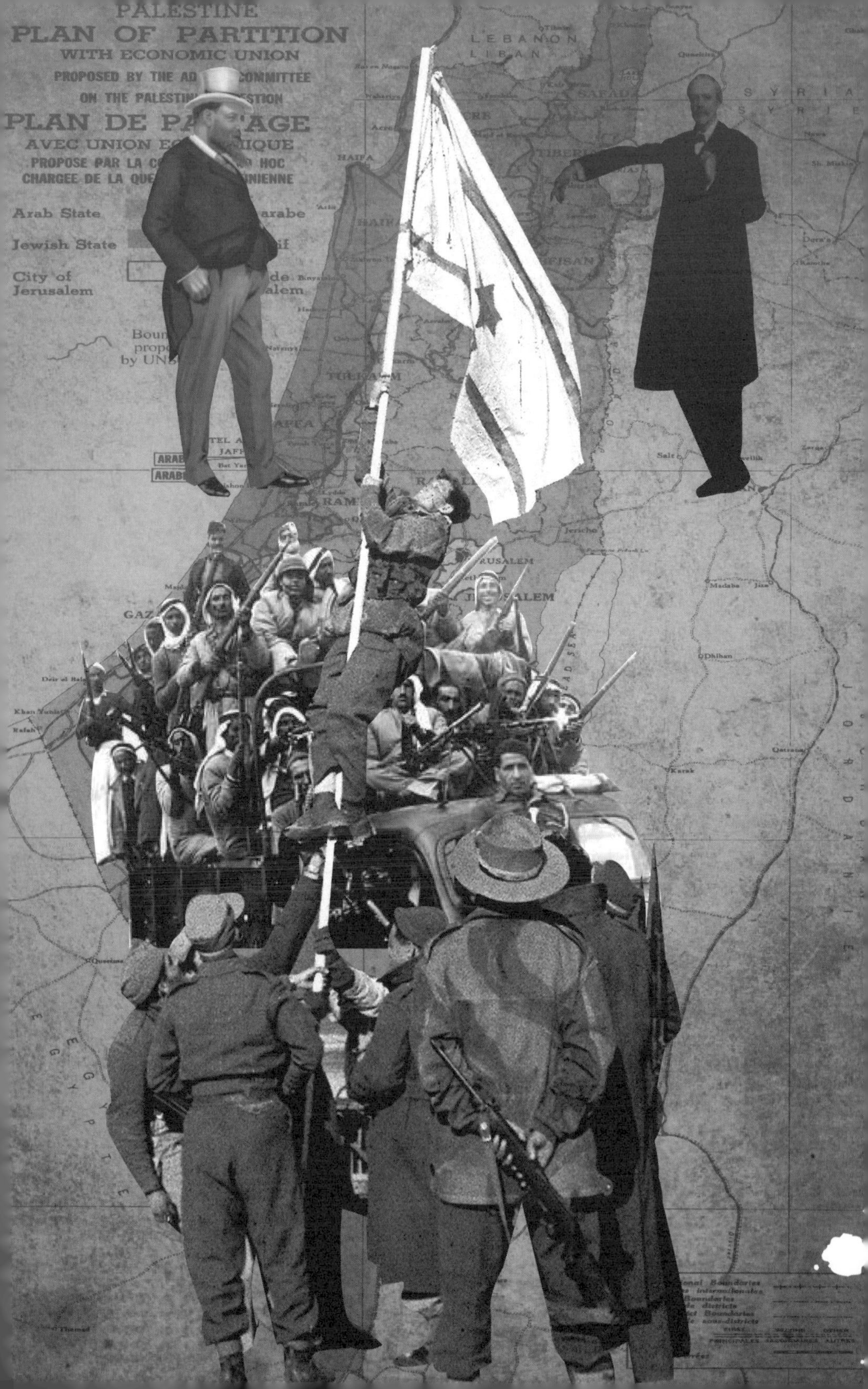
PALESTINE
PLAN OF PARTITION
WITH ECONOMIC UNION
Arab State
Jewish State
City of Jerusalem
LEBANON
HAIFA
TULKARM
JAFFA
JERUSALEM
GAZA
EGYPTE

PART 5

선제공격의 이득이 전쟁을 일으키는가?

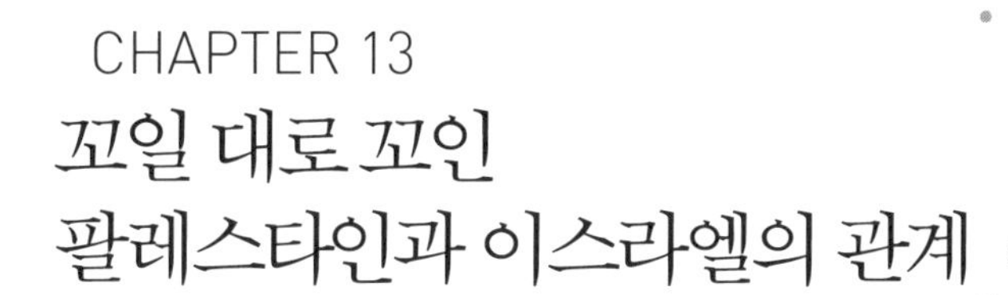

CHAPTER 13
꼬일 대로 꼬인 팔레스타인과 이스라엘의 관계

강대국을 정의하는 데에는 여러 가지 방법이 있을 수 있다. 절대적인 영토나 인구의 많고 적음은 누구라도 생각할 만한 직관적인 기준이다. 그러나 그런 면으로 대수롭지 않음에도 불구하고 남다른 기술문명이나 공업 기반을 갖고 있는 경우도 간혹 눈에 띈다. 이런 나라들이야말로 진정한 관심거리다. 땅도 넓지 않고 인구도 많지 않은 조그만 나라가 어떻게 발전할 수 있었는지 궁금해진다.

이를 어느 정도 설명할 수 있는 방법에는 대략 두 가지가 있다. 하나는 인구밀도나 도시의 집적도에 주목하는 방법이다. 말할 필요도 없이 기술문명은 사회적 네트워크의 산물이다. 따라서 사람들 간의 네트워크가 긴밀해질수록 보다 더 발전된 형태의 기술문명이 나타나게 된다. 국가의 인구밀도는 거칠지만 어느 정도 그러한 집적도를 표현하는 변수로 받아들일 만하다.

실제로 인구 500만 명 이상의 국가를 대상으로 인구밀도 순서를 구해보면 1위가 싱가포르로 제법 그럴싸하다. 인구 1,000만 명 이상의 국가로 범위를 좁혀도 제곱킬로미터당 639명의 대만이나 487명의 한국 등이 각각 2위, 3위로 최상위권이다. 17세기에 한 시대를 풍미했던 네덜란드가 412명으로 그 다음 4위다. 하지만 여기에는 하나의 맹점이 있다. 인구 1,000만 명 이상의 국가 중 인구밀도가 가장 높은 나라는 바로 964명의 방글라데시기 때문이다. 그러니까 하나의 경향으로 받아들일 수는 있지만 절대적인 기준이라고 볼 수는 없다.

또 다른 기준은 바로 인접국가로부터 받는 위협의 정도다. 그런데 위협이 없을수록 발전이 더디고 위협의 정도가 클수록 더 발전하기 쉽다는 거다. 처음 들으면 '거꾸로 된 것 아닌가?' 하는 생각이 들 정도로 상당히 역설적이다. 그러나 곱씹어볼수록 일리가 없지 않다. 개인도 안온한 환경에서 자랄수록 현상유지에만 관심을 갖기 쉬운 반면, 변화를 선도하는 혁신가는 주로 어려운 환경에서 자란 이들인 경우가 많기 때문이다.

두 번째 기준에 부합되는 대표적인 나라에 한국이나 대만이 떠오르는 것은 당연한 일이다. 그러나 이런 면으로 첫손에 꼽을 만한 나라는 바로 이스라엘이다. 이스라엘은 적대적 환경 하에서 1948년 건국되었고 지금껏 최소 네 번의 전쟁을 치렀다. 여기에는 작은 규모의 국경분쟁이나 포격, 총격전은 아예 포함되지도 않았다. 하루아침에 자신들이 사라질지도 모른다는 위기감 속에서 살아온 이스라엘인들은 그 덕분인지 현재 군수산업을 비롯한 여러 분야를 선도하고 있다. 사실 알고 보면 이스라엘은 인구밀도로도 인구 1,000만 명 이상의 국가 중 5위에 해당한다.

단, 여기에는 하나의 전제조건이 있다. 그것은 전쟁이나 분쟁을 겪을지언정 그게 자국 영토에서 벌어지지 않아야 한다는 점이다. 아무리 인구밀도가 높고 주변국과 분쟁 중인 환경이라도 막상 전쟁의 폭력행위가 자국 내에서 벌어지면 오직 파괴와 퇴보만이 뒤따를 뿐이다. 그런 면으로 완벽한 모델이 있으니 바로 이스라엘에 의해 점령당한 신세인 팔레스타인이다. 팔레스타인의 인구는 500만 명에 약간 못 미치는데, 인구밀도는 대만보다도 높은 제곱킬로미터당 681명이다. 그러나 이스라엘 건국 이후 팔레스타인 사람들은 너무나 큰 고초를 겪어왔다.

역사가들은 문제의 원인을 영국의 탓으로 돌린다. 제1차 세계대전이 한창이던 1917년 영국의 외무장관 아서 발포어Arthur Balfour가 영국 내 유대인인 월터 로스차일드Walter Rothschild에게 준 편지 때문이라는 것이다. 몇 줄 되지 않는 이 편지의 전문을 옮겨보면 다음과 같다. "영국 정부는 팔레스타인에 유대인들의 민족적 고향national home이 건설되는 것을 호의적으로 바라보며, 이러한 목표가 달성되도록 최선의 노력을 다할 것인 바, 팔레스타인에 이미 존재하는 비유대계 주민들의 시민권과 종교적 권리나 다른 나라에 거주하는 유대인들이 이미 향유하고 있는 권리와 정치적 지위를 해할 만한 어떤 것도 행해지지 않는다는 점을 분명히 이해하고 있습니다." 로스차일드는 당시 영국과 아일랜드의 시온주의자 연맹을 대표하고 있었다.

시온주의란 유대인만의 국가를 건설하자는 19세기 말에 시작된 운동이다. 사실 시온주의자는 전체 유대인을 대표하지 못하며 소수의 극단주의자에 가깝다. 이들은 현재의 이스라엘 땅을 목표로 하기 전

Foreign Office,
November 2nd, 1917.

Dear Lord Rothschild,

I have much pleasure in conveying to you, on behalf of His Majesty's Government, the following declaration of sympathy with Jewish Zionist aspirations which has been submitted to, and approved by, the Cabinet

"His Majesty's Government view with favour the establishment in Palestine of a national home for the Jewish people, and will use their best endeavours to facilitate the achievement of this object, it being clearly understood that nothing shall be done which may prejudice the civil and religious rights of existing non-Jewish communities in Palestine, or the rights and political status enjoyed by Jews in any other country"

I should be grateful if you would bring this declaration to the knowledge of the Zionist Federation.

●●● 이스라엘 건국 이후 팔레스타인 사람들은 너무나 큰 고초를 겪어왔다. 역사가들은 문제의 원인을 영국의 탓으로 돌린다. 제1차 세계대전이 한창이던 1917년 영국의 외무장관 아서 발포어(맨 앞 사진)가 당시 영국과 아일랜드의 시온주의자 연맹을 대표하던 월터 로스차일드(맨 끝 사진)에게 준 편지(가운데) 때문이라는 것이다. 유대인의 국가 건설과 그 땅에 이미 살고 있는 팔레스타인인의 권리가 침해되지 않는다는 발포어의 편지는 애초부터 상호 모순되는 내용이었다. 당시 제1차 세계대전의 전황이 불투명했던 터라 전쟁의 수행을 위해 유대인들의 돈을 조금 더 끌어다 쓸 수 있지 않을까 하는 생각으로 영국 정부는 이런 추파를 던졌던 것이다.

아프리카나 아메리카도 후보지로 검토하기도 했다.

유대인의 국가 건설과 그 땅에 이미 살고 있는 팔레스타인인의 권리가 침해되지 않는다는 발포어의 편지는 애초부터 상호 모순되는 내용이었다. 로스차일드가 마련한 초안에는 유대인의 국가 수립이 노골적으로 명시되고, 기존 팔레스타인 사람들의 권리와 관련된 내용은 아예 존재하지 않았다. 그랬던 것이 몇 차례의 수정을 거친 끝에 최종안에서 국가 대신 보다 모호한 민족적 고향이라는 말로 대치되고 기존 팔레스타인 사람들의 권리가 침해되지 않는다는 공허한 문구가 포함되는 것으로 바뀌었다. 당시 제1차 세계대전의 전황이 불투명했던 터라 전쟁 수행을 위해 유대인들의 돈을 조금 더 끌어다 쓸 수 있지 않을까 하는 생각으로 영국 정부는 이런 추파를 던졌던 것이다.

또한, 이는 바로 1년 전인 1916년 아랍인들에게 했던 약속에 정면으로 위배되었다. 당시 영국의 이집트 총독이었던 헨리 맥마흔Henry McMahon이 메카Mecca의 수호자 후세인 빈 알리Hussein bin Ali에게 보낸 편지에서 독일의 동맹국인 오스만 제국, 즉 터키에 반란을 일으키는 대가로 중동에서 아랍인들의 독립을 약속했던 것이다. 한마디로 영국의 이중적 태도는 비난받아 마땅했다. 식민지 주민들을 법적으로 차별하고 폭력적으로 탄압하던 당시 영국인들의 행태와 별반 다르지 않았던 것이다.

그러나 발포어 선언이 이스라엘 문제의 근본 원인이라는 해석은 지나치다. 과거에 한 약속을 모두 지키는 국가란 존재하지 않는다. 실제로 1918년 제1차 세계대전이 끝나자 영국은 언제 그랬냐는 듯 아랍인들과 유대인 모두에게 한 약속을 없던 일로 만들어버렸다. 앞에서도 얘기했듯이 유대인들이 국가를 선포한 것은 제2차 세계대전이 끝난 후인 1948년의 일이다. 그러니까 발포어 선언 때문에 이스라엘이 건국되었다고 얘기하는 것은 책임 소재를 흐리는 것일 뿐만 아니라 본말이 전도된 얘기다.

19세기를 기준으로 보면 현재의 이스라엘을 포함하는 팔레스타인은 오스만의 영토로서 다양한 종족의 사람들이 섞여 살고 있었다. 이슬람교를 믿는 아랍인이 물론 다수기는 했지만 기독교를 믿는 아랍인인 콥트인Copt들도 10%가 넘었다. 50만 명의 인구 중 토착 유대인은 2만 명 정도로 4%였다. 이들 아랍인과 콥트인, 그리고 토착 유대인들은 종교에 개의치 않고 섞여서 2000년 가까이 평화롭게 살아왔다. 다시 말해 팔레스타인과 이스라엘의 문제를 이슬람교 대 유대교의 종교적 문제로 단순화하는 것은 섣부른 일이다.

제1차 세계대전이 끝난 이후부터 시온주의자들이 계속 팔레스타인으로 이주해온 결과, 팔레스타인 내의 유대인 비율은 지속적으로 증가했다. 이러한 유대인의 팔레스타인 이주를 유대인들은 알리아Aliyah라고 부른다. 그러나 시온주의자들은 토착 유대인들과는 달리 기존 팔레스타인인들과 융화되어 살 생각이 처음부터 별로 없었다. 결과적으로 무력을 수반한 충돌이 생겨나면서 점차 문제가 불거졌다. 제2차 세계대전이 끝나자 이들은 팔레스타인에 주둔하고 있던 영국 관청과 영국군에게까지 공격을 가했다. 힘이 빠진 영국은 1947년 팔레스타인에서 철수하겠다고 선언함으로써 골치 아픈 문제로부터 아예 발을 뺐다.

공은 이제 국제연합UN의 손으로 넘어갔다. 국제연합은 1947년 11월 29일 총회를 통해 팔레스타인을 "독립된 아랍국가, 독립된 유대국가, 그리고 국제사회의 공동관리 하에 놓이는 예루살렘Jerusalem"의 세 부분으로 분리할 것을 결정했다. 당시의 인구 구성비로 보면 약 185만 명의 팔레스타인 거주민 중 유대인은 60만 8,000명으로 33%였고, 나머지 67%가 아랍인, 콥트인 등이었다. 이미 적지 않은 수의 유대인들이 이 지역 내에서 살고 있었기 때문에 별개의 독립국가 건설은 당시 시대적 분위기상 피치 못했다고 볼 수도 있었다.

그러나 그 분할은 결코 자연스럽지 못했다. 〈그림 13.1〉을 보면 알 수 있듯이 세로로 긴 다이아몬드 모양의 팔레스타인을 누덕누덕 나누

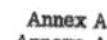
Annex A
Annexe A

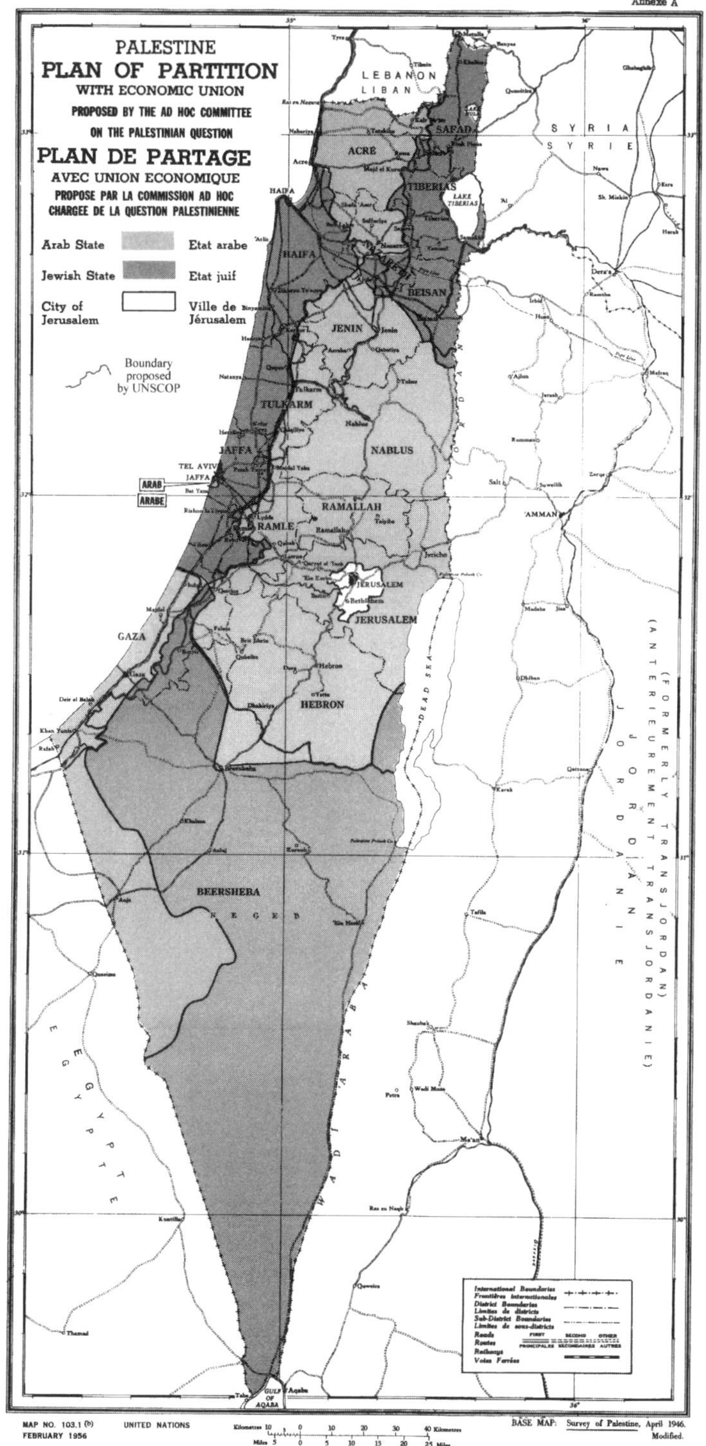

〈그림 13.1〉 1947년 국제연합의 팔레스타인 분할안

라는 것이 국제연합의 방안이었다. 차라리 남과 북으로 적절히 잘라서 이주해 살도록 하는 방안도 생각해볼 법했건만 그렇게 하지도 않았다.

게다가 그 비율도 이상하기 짝이 없었다. 〈표 13.1〉에 나와 있듯이 예루살렘에 살고 있는 유대인을 제외한 거의 모든 유대인들의 거주지는 이스라엘로 선언되어 그 면적의 비율이 거의 60%에 달했다. 전체 유대인의 비율이 33%에 그치고, 토지 소유권의 관점으로 보면 고작 7%에 불과했던 유대인들이 이제 팔레스타인 땅의 반 이상을 갖게 된다는 거였다. 그리고 그 땅 인구의 45%는 여전히 비유대인이었다. 다시 말해, 2000년 넘게 그 땅에서 쭉 살아온 사람들이 온 지 길어야 20년밖에 안 되는 유대인들에게 모든 걸 넘기고 떠나야 한다는 얘기였다. 이는 시온주의자들의 압력 때문에 국제연합이 공정함을 저버렸다고 비판받아도 별로 할 말이 없는 결과였다.

〈표 13.1〉 국제연합이 제안한 분할안에 의한 국가별 인구 구성

	유내인	비유대인	힙계
유대국가	498,000명	407,000명	905,000명
아랍국가	10,000명	725,000명	735,000명
예루살렘	100,000명	105,000명	205,000명

국제연합의 방안에 반대할 이유가 없었던 유대인들은 이를 받아들였다. 당연히 팔레스타인인들은 이를 받아들일 수 없다고 선언했다. 더불어 어떠한 형태의 분할도 거부할 것임을 천명했다. 이제 남은 것

은 무력 충돌, 즉 전쟁뿐이었다.

1947년 12월 아랍과 이스라엘 사이의 첫 번째 전쟁, 이른바 1차 중동전이 발발했다. 이스라엘은 이 전쟁을 '독립전쟁'이라고 부르는 반면, 팔레스타인 사람들은 '재앙'이라고 부른다. 1차 중동전은 1948년 5월 14일까지 영국 지배 하에서 벌어진 내전 상태의 1단계와 1948년 5월 15일 이후 이스라엘과 주변 아랍국들 간의 전쟁으로 비화된 2단계로 나뉜다.

내전의 1단계에서 이스라엘의 병력은 개전 초 1만 5,000명이었던 반면, 팔레스타인의 병력은 수천 명에 불과해 팔레스타인 쪽이 많은 인구에도 불구하고 수적으로 불리했다. 7만 명에 달하는 현지 주둔 영국군은 내전에 거의 개입하지 않고 방관했다. 그러나 내전 초기만 해도 팔레스타인군의 사기는 높았고 양측의 사상자 수도 대등했다. 명분으로나 주변 환경으로나 팔레스타인은 이스라엘에 진다는 생각은 하지 않았다.

그러나 절박함의 측면으로 보면 이스라엘 쪽이 팔레스타인에 앞섰다. 만약 질 경우 유대인들은 또다시 돌아갈 곳 없는 신세가 될 터였다. 1948년 4월 초까지 이스라엘은 40세 미만의 모든 남자와 26세에서 35세 사이의 모든 독신 여자를 징집했다. 3만 5,000명으로 대폭 늘어난 이스라엘 민병대의 공세는 성공적이었다. 수십만 명에 달하는 팔레스타인인들은 살던 마을이 파괴된 후 난민 신세로 전락해버렸다.

급기야 영국령의 마지막 날인 1948년 5월 14일, 유대인들의 지도자 데이비드 벤-구리온David Ben-Gurion은 이스라엘의 건국을 선포했다. 다음날, 이집트, 이라크, 시리아, 요르단 등은 팔레스타인에 자국군

●●● 1947년 12월 아랍과 이스라엘 사이에 1차 중동전이 발발했다. 이스라엘은 이 전쟁을 '독립전쟁'이라고 부르는 반면, 팔레스타인 사람들은 '재앙'이라고 부른다.
❶ 1948년 10월 4일 이스라엘 국방군 8여단 〈사진 출처: CC BY-SA 3.0 / Government Press Office (Israel)〉
❷ 1차 중동전 당시 아랍 자원병

을 파병하는 개입을 단행했다. 그러나 규모는 그렇게 크지 않았다. 가령, 이집트의 병력은 제일 많았을 때가 2만 명이었고, 이라크는 1만 5,000명, 시리아는 최대 5,000명, 요르단은 1만 명 정도였다. 이외에 사우디아라비아나 예멘, 레바논 등에서 자원한 7,000명 정도가 더 있었다. 즉, 아랍 측의 총병력은 6만 명 정도였다. 반면, 계속 불어난 이스라엘의 총병력은 11만 명을 넘었다. 다시 말해, 병력에서 아랍 측은 이스라엘에 비해 완연한 열세였다. 1949년 3월 10일 휴전이 선언되었을 때, 이스라엘은 원래 국제연합 안에서 자신들의 몫으로 주어졌던 땅의 전부를 유지했을 뿐만 아니라, 팔레스타인 몫의 60%에 해당하는 지역을 추가적으로 점령했다. 한마디로 이스라엘의 압승이었다.

전쟁을 벌인 주변 아랍국들의 태도도 모호하기 짝이 없었다. 지정

❸ 1948년 예루살렘 전투 당시 25파운드 야포를 발사하는 아랍군단(Arab Legion)
❹ 1차 중동전은 결국 이스라엘의 압승으로 끝났다. 움라시라시(Um Rashrash)를 무혈 점령한 이스라엘군이 국기를 매달고 있다.

학적 관점에서 보면 가장 중요한 역할을 맡아야 할 나라는 요르단이었다. 그러나 요르단의 왕 압둘라 1세Abdullah I는 이스라엘 지역은 침공하지 않겠다는 약속을 이스라엘과 영국에 몰래 했다. 그럼에도 불구하고, 압둘라 1세는 아랍연합군의 총사령관이 되었다.

한편, 이집트의 왕 파루크Farouk는 압둘라가 아랍의 대표격으로 인식되는 것에 라이벌 의식을 느꼈다. 파루크가 원한 것은 팔레스타인이 독립국으로 바로 서는 것이라기보다는 팔레스타인 남부의 땅을 이집트 영토로 만드는 것이었다. 여러 아랍국가들의 근시안적·분파적 사고는 그들이 보낸 군대의 규모에서도 잘 드러났다. 전쟁이 끝났을 때,

요르단은 이스라엘이 점령하지 않은 요르단 강 서안West Bank의 나머지 지역을 병합했고, 이집트는 가자 지구Gaza Strip를 얻었다. 즉, 팔레스타인의 토착 주민만 희생되었을 뿐, 이스라엘, 요르단, 이집트는 모두 자신의 몫을 확보했다. 그렇게 이스라엘은 세상에 탄생했다.

1950년대에 중동의 정세는 복잡하기 짝이 없었다. 무려 네 가지 차원의 갈등이 존재한 탓이었다. 첫째는 미국과 소련의 냉전 상황이었다. 둘째는 중동에서 예전의 영향력을 되찾고 싶어하는 영국, 프랑스와 이제는 독립국가인 아랍국들의 관계였다. 셋째는 호시탐탐 영토를 더 확보하려는 이스라엘과 주변 아랍국들 사이의 긴장이었다. 마지막 넷째는 아랍권 전체의 헤게모니를 놓고 벌이는 여러 아랍국가들 간의 대결이었다.

이집트의 대외관계는 이러한 여러 차원의 갈등에 모조리 중첩되었다. 1952년 파루크를 몰아내는 쿠데타에 성공한 후 이집트의 최고지도자가 된 가말 압델 나세르Gamal Abdel Nasser는 쿠데타 전에는 친미였다가 쿠데타 이후 이집트의 국익을 추구하는 과정에서 소련과도 우호적인 관계를 맺었다. 나세르는 이전에 이집트를 식민지로 만들었던 영국을 몰아내야 할 숙적으로 여기고 있었고, 그러한 영국의 이익을 중동에서 대변하는 것으로 보이는 이스라엘에 대해서도 적대적이었다. 또한, 영국의 지지를 업어 아랍권의 대표가 되고 싶은 이라크도 견제 대상으로 여겼다.

1956년 5월 이집트가 중국과 국교를 맺자, 미국은 7월 이에 대한 보복으로 건설 중인 애스완 댐Aswan Dam에 대한 금융지원을 전면 중단했다. 나세르는 이집트의 새로운 대통령으로 그해 6월에 막 선출된 직후였다. 7월 26일 나세르는 영국과 프랑스가 공동으로 관리하던 수에즈 운하Suez Canal의 국유화를 전격 선언했다. 영국과 프랑스는 이를 자신들에 대한 도전으로 즉시 규정하고 이스라엘과 공동으로 이집트를 공격하기로 결정했다. 이스라엘은 기다렸다는 듯이 1956년 10월 29일 이집트를 침공했다. 이스라엘에서는 카데쉬 작전Operation Kadesh이라 부르고 통상 수에즈 전쟁이라고도 불리는 2차 중동전의 시작이었다.

11월 1일 영국과 프랑스는 이집트에 대한 공습을 개시했고, 11월 5일에는 수에즈 운하에 공수부대를 낙하시켰다. 공격에 참가한 이스라엘군의 규모는 17만 5,000명, 영국군은 4만 5,000명, 프랑스군은 3만 4,000명으로 30만 명의 이집트군보다 수적으로는 약간 열세였지만, 제공권과 무기의 질을 감안하면 확연한 우세였다. 영국군과 프랑스군은 손쉽게 수에즈 운하를 장악했고, 이스라엘군은 이집트의 시나이 반도Sinai Peninsula와 가자 지구를 점령해버렸다. 군사적으로 이집트군은 완패를 당했다.

그런데 전쟁을 일으킨 3개국이 예상하지 못했던 방향으로 일이 흘러가버렸다. 미국과 소련이 합심하여 영국과 프랑스, 그리고 이스라엘에 대해 경고하고 나섰던 것이다. 군사적 공세를 중단하고 철수하지 않으면 가만히 있지 않겠다고 공개적으로 압박했다. 국제 여론도 구시대적 행태를 보이는 영국과 프랑스에 대해 완전히 등을 돌렸다. 소련은 심지어 문제의 3개국에 대한 핵미사일 공격 가능성까지 언급했다. 완전히 고립된 영국은 11월 6일 결국 휴전을 선언했다. 전쟁을 주도했던 영국의 수상 앤서니 이든Anthony Eden은 다음해인 1957년 1

●●●1956년 11월 5일, 2차 중동전 당시 영국-프랑스군의 공습으로 수에즈 운하 옆 오일탱크에서 화염과 함께 검은 연기가 솟아오르고 있다. 이스라엘이 1956년 10월 29일 이집트 침공을 개시하자, 영국과 프랑스가 뒤이어 이집트에 선전포고를 했다. 수에즈 운하의 통치권을 영국과 프랑스가 회복하고 이집트 대통령 나세르를 권력에서 몰아내기 위해서였다. 국제 여론의 악화로 국제연합과 미국, 소련이 정치적 압박을 가하자, 이스라엘, 영국, 프랑스 동맹군은 결국 물러났다. 그러나 이스라엘은 2차 중동전을 통해 동등 규모의 이집트군을 전쟁에서 압도했다는 실전 경험과 자신감을 얻었다.

월 사임했다.

국제연합은 이집트의 수에즈 운하 소유와 이스라엘의 시나이 반도 철수를 결정했다. 이스라엘은 이를 수용했지만 빈손으로 후퇴하지는 않았다. 대신 국제연합비상군이 시나이 반도에 주둔하고 이집트군은 주둔하지 못하도록 했던 것이다. 즉, 이곳을 비무장지대로 만듦으로써 혹시라도 이집트군이 종심이 깊지 않은 이스라엘을 갑자기 공격해 점령해버리는 리스크를 대폭 줄였다. 또한, 2차 중동전을 통해 동등 규모의 이집트군을 전쟁에서 압도했다는 실전 경험과 자신감까지 얻게 되었다.

나라를 송두리째 잃어버린 팔레스타인인들은 1964년 팔레스타인 해방기구PLO, Palestine Liberation Organization를 설립하여 "시온주의자를 격멸하고 팔레스타인의 독립에 헌신할 것"을 천명했다. 이스라엘과 주변 아랍국들과의 소규모 국경 분쟁은 끊이지를 않았다. 1966년 11월, 시리아와 이집트는 상호방위조약을 맺었다. 이스라엘은 요르단이 점령한 팔레스타인의 요르단 강 서안을 공격해 요르단군과 교전을 벌이는 것도 주저하지 않았다.

1967년 5월, 나세르는 소련으로부터 이스라엘군이 시리아 국경에 집결 중이라는 잘못된 첩보를 받고 시나이 반도로 진주했다. 5월 30일, 이집트는 요르단과도 상호방위조약을 체결했다. 5월 31일, 요르단의 요청에 의해 이번에는 이라크군이 요르단에 증파되었다. 아랍 측의 의도는 이스라엘이 시리아를 공격하지 못하도록 억제하고 혹시라도 시리아가 공격받을 경우 다른 정면에서 전선을 형성하는 것이었다. 그러나 이스라엘은 자신들에 대한 아랍 측의 선제공격이 임박했다고 느꼈다. 6월 4일, 이스라엘은 전쟁을 결의하고, 6월 5일 마침내 포커스 작전Operation Focus을 실행에 옮겼다. 또 다른 전쟁, 3차 중동전의 시작이었다.

CHAPTER 14

선제적 전쟁과 예방적 전쟁, 그리고 기습적 전쟁의 차이

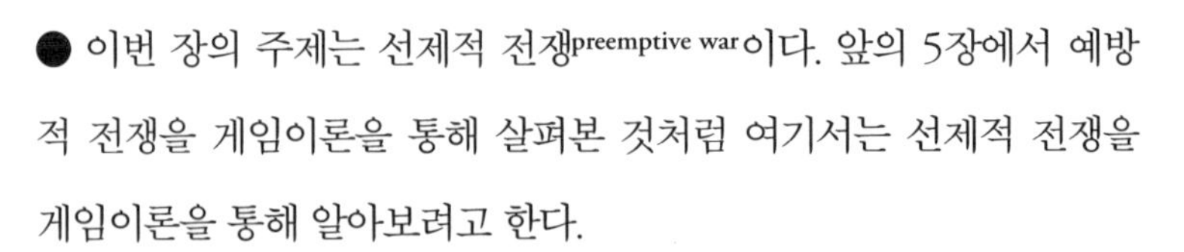

● 이번 장의 주제는 선제적 전쟁preemptive war이다. 앞의 5장에서 예방적 전쟁을 게임이론을 통해 살펴본 것처럼 여기서는 선제적 전쟁을 게임이론을 통해 알아보려고 한다.

먼저 용어를 정의하자. 선제적 전쟁은 적의 기습공격이 임박했다고 보고 그것을 먼저 얻어맞느니 차라리 내가 먼저 선제적으로 공격함으로써 벌어지는 전쟁을 말한다. 좀 더 공식적으로는 60일 이내에 적의 기습공격을 예견하고 벌이는 경우다. 13장의 마지막 부분에 나온 3차 중동전은 선제적 전쟁의 좋은 사례다. 이스라엘은 자신들이 곧 공격받게 될 거라고 생각한 나머지 어차피 벌어질 전쟁이라면 선제 기습공격의 유리함을 놓칠 수 없다며 전쟁을 먼저 개시했던 것이다.

그러니까 선제적 전쟁이 존재하려면 선제공격으로 인한 이점이 있어야 한다. 선제공격을 해도 먼저 공격을 당하는 것과 아무런 차이가 없다면 굳이 선제공격을 할 이유가 없기 때문이다. 군인들 중에는 공

예방적 전쟁은 현재 군사력에서 앞서는 기존 강대국이 신흥국의 세력 신장을 두려워해 미리 벌이는 전쟁이라면, 선제적 전쟁은 강대국이든 신흥국이든 적의 기습공격이 임박했다고 보고 그것을 먼저 얻어맞느니 차라리 내가 먼저 선제적으로 공격함으로써 벌어지는 전쟁을 말한다. 3차 중동전은 선제적 전쟁의 좋은 사례다.

격보다 방어가 군사적 관점에서 더 효과적이라는 견해를 갖고 있는 사람도 없지 않다. 특히, 우회가 쉽지 않은 곳에 요새화된 방어선을 구축할 수 있다면 방어하는 쪽이 더 유리하기 마련이다. 전작 『전투의 경제학』에서 다뤘던 스파르타군의 테르모필라이 전투Battle of Thermopylae가 그 한 예다.

그러나 대다수의 군인들은 기습적인 선제공격으로 인한 이점이 있다고 믿는다. 자신에게 유리한 공격의 시간과 지점을 정할 수 있고, 병력을 한곳으로 모아 수적 우위에 설 수 있으며, 무엇보다도 화력의 집중을 통해 적에게 먼저 피해를 입힐 수 있기 때문이다. 결국 전쟁에 패하기는 했지만 태평양전쟁에서 일본 해군이 미국 태평양함대의 모항을 기습 공격함으로써 상당한 군사적 이득을 얻었던 것이 그 한 예라고 할 수 있다.

선제적 전쟁은 예방적 전쟁과 다르다. 예방적 전쟁은 현재 군사력에서 앞서는 기존 강대국이 신흥국의 세력 신장을 두려워해 미리 벌이는 전쟁이다. 즉, 현재 군사력에서 뒤처지는 신흥국은 예방적 전쟁을 일으킬 수 없다. 반면, 선제적 전쟁은 이론적으로 기존 강대국이나 신흥국 모두 벌일 수 있으며, 세력이 비슷한 두 숙적 간에도 일어날

> 선제적 전쟁은 기습적 전쟁과도 다르다. 선제적 전쟁이나 기습적 전쟁 모두 선제공격으로 인한 이점이 있다고 믿기 때문에 벌어진다는 면에서는 같다. 그러나 기습적 전쟁에는 내가 아주 가까운 장래에 먼저 공격을 당할 것 같다는 전망이 없다. 단지, 기습공격을 벌임으로써 전쟁을 훨씬 유리하게 가져갈 수 있다는 유혹이 기습적 전쟁을 일으키는 요인으로 작용할 뿐이다. 1950년 북한의 남침은 그러한 기습적 전쟁의 대표적 예다.

수 있다. 이유가 무엇이건 간에 내가 곧 공격당할 거라고 믿고 선공을 하면 그게 바로 선제적 전쟁인 것이다.

선제적 전쟁은 기습적 전쟁과도 다르다. 이 둘은 특히 혼동하기 쉽다. 선제적 전쟁이나 기습적 전쟁 모두 선제공격으로 인한 이점이 있다고 믿기 때문에 벌어진다는 면에서는 같다. 그러나 기습적 전쟁에는 내가 아주 가까운 장래에 먼저 공격을 당할 것 같다는 전망이 없다. 단지, 기습공격을 벌임으로써 전쟁을 훨씬 유리하게 가져갈 수 있다는 유혹이 기습적 전쟁을 일으키는 요인으로 작용할 뿐이다. 1950년 북한의 남침은 그러한 기습적 전쟁의 대표적 예다.

또한, 선제적 전쟁은 실수로 벌어진 전쟁이나 군대에 의해 우발적으로 발생된 전쟁과도 다르다. 즉, 선제적 전쟁은 정치·경제적으로 고도의 계산을 거친 끝에 나온 논리적·의도적 결과다. 그리고 군대를 증강 배치하거나 혹은 예비군까지 동원하는 전면동원체제의 가동이 꼭 선제공격은 아니라는 점도 분명히 하자. 특히 전면동원은 대내외적으로 알려지는 것이라면, 선제공격의 의도기보다는 현재의 사태를 심각하게 생각한다는 정치적 의사표시로 방어적인 것이다.

선제공격으로 인한 이점이 있을 때, 왜 국가들이 기습적 전쟁을 벌이게 되는지 먼저 살펴보자. 〈표 14.1〉은 백과 흑이 전쟁을 벌이지 않을 때와 먼저 선제공격을 할 때의 이해득실을 표로 정리한 결과다.

〈표 14.1〉 선제공격으로 인한 이점이 있을 때 백과 흑의 이해득실 결과

		흑	
		전쟁하지 않는다	선제공격을 한다
백	전쟁하지 않는다	(5, 5)	(2, 4)
	선제공격을 한다	(4, 2)	(3, 3)

백과 흑이 나눠 가질 수 있는 경제적 이익의 크기가 10이라고 할 때, 두 나라의 군사력이 대등하다면 서로 5씩 나눠 가지는 것은 타당한 일이다. 한편, 두 나라가 동시에 전쟁을 개시한다면 군사력이 대등하기에 승패는 무승부다. 하지만 괜히 전쟁비용만 들기에 10에서 4 줄어든 6을 반씩 나눈 3에 각각 만족해야만 한다. 반면, 선제공격으로 인한 이점이 있을 경우, 6을 반 나눈 3을 갖는 대신 4를 갖고, 선제공격을 당한 쪽은 2를 갖는 데 그친다.

〈표 14.1〉을 보면 백과 흑 모두에게 우성대안은 없다. 하지만 최악의 최선화에 의존할 경우, 백과 흑 모두 선제공격을 택해야 한다. 가령, 백의 입장에서 '전쟁하지 않는다'의 최악의 결과는 선제공격을 당했을 때의 2인 반면, '선제공격을 한다'의 최악의 결과는 역시 선제공격을 당했을 때의 3이기 때문이다. 그러니 그나마 더 나은 최악을 만

들려면 선제공격을 하지 않을 수 없다. 흑 또한 마찬가지다.

이러한 상황을 게임이론에서는 '조정 문제'라고 부른다. 백과 흑 모두에게 더 나은 결과를 가져오는 대안인 '전쟁하지 않는다'가 있음에도 불구하고 이게 저절로 선택되지 않는다는 것이 문제다. 결국, 어떻게 하면 백과 흑 모두 이러한 대안을 선택하게 만들 수 있을까가 고민거리다. 한 연구자는 이러한 상황을 미국 서부개척시대의 두 총잡이의 대결에 비유하기도 했다. 보안관이 지켜보지 않는 한 먼저 총을 뽑아 쏘는 쪽이 정의요, 진리기 쉽다. 게다가 국제정치 세계에는 합법적인 보안관마저도 없다.

그렇지만 기습적 전쟁을 억제할 방법이 아예 없지는 않다. 대략 세 가지 정도를 생각해볼 수 있다. 첫 번째 방법은 '신호 보내기'의 적극적 수행이다. 전쟁은 모두에게 결과적으로 좋지 않으며, 또한 내가 먼저 공격할 의사는 없지만 공격받는 즉시 너도 공격받게 될 것임을 알리는 것이다. 전자는 5의 경제적 이익이 그 어느 다른 경우보다도 더 높음을 지적하는 것이며, 후자는 네가 공격해봐야 4가 아닌 3을 얻는데 그침을 깨닫게 하는 것이다.

두 번째 방법은 정보 수집의 강화다. 상대방의 행동과 의도를 보다 정확하게 구체적으로 파악할수록 좀 더 효과적인 대응이 가능해진다. 백의 입장에서 흑의 공격 의도를 미리 알 수 있다면 흑의 이익이 4가 아닌 3이 되도록 할 수 있다. 그만큼 흑으로서도 선제공격의 유인이 줄어들게 된다.

세 번째 방법은 비무장지대의 설치다. 비무장지대는 우발적인 군사적 충돌의 가능성을 줄이는 효과 외에도 횡단거리가 길수록 그만큼 기습적 선제공격을 어렵게 만드는 효과를 갖는다. 다시 말해, 선제공격 시 얻을 수 있는 4라는 경제적 이익을 3에 가까운 값으로 줄여주는 것과 같다.

이제 선제공격으로 인한 이점이 실제로 있다고 할 때 선제적 전쟁의 발발 가능성을 이론적으로 검토해보자. 우리가 사용할 모델은 앞의 3장에 나왔던 바로 그 모델이다. 선제공격으로 인한 이점이 없다고 할 때 백이 승리할 확률은 p, 백과 흑의 전쟁비용은 각각 $c_{백}$, $c_{흑}$이라고 하자.

선제공격의 유리함을 위 모델에 어떻게 포함시킬 수 있을까? 한 가지 방법은 선제공격을 할 경우 전쟁에 이길 확률이 바뀐다고 보는 것이다. 가령, 선제공격의 이점이 없는 경우의 승리 확률이 40%인 반면, 선제공격을 하는 경우 승리 확률이 55%까지 올라간다고 생각해볼 수 있다.

이와 같이 선제공격으로 인해 커지는 승리 확률의 추가분을 g라고 부르도록 하자. 먼저 백의 입장을 검토하자. 백이 선제공격을 할 때와 협상을 했을 때의 기대이익은 각각 다음의 식 (14.1), 식 (14.2)와 같다.

$$E[백|선제공격] = p + g_{백} - c_{백} \tag{14.1}$$

$$E[백|협상] = a \tag{14.2}$$

여기서 a는 백이 자신이 갖겠노라고 흑에게 제안하는 경제적 이익의 크기다. 백 입장에서 a가 $p + g_{백} - c_{백}$보다 크거나 같다면 선제공격을 선택하는 대신 협상을 택하는 것이 합리적이다. 이를 정리한 결과가 식 (14.3)이다.

$$a \geq p + g_{백} - c_{백} \tag{14.3}$$

이번에는 흑의 입장을 검토해보자. 흑이 선제공격을 택했을 때와 백의 협상안을 받아들였을 때 각각의 기대이익은 식 (14.4), 식 (14.5)와 같다.

$$E[흑|선제공격] = 1 - p + g_{흑} - c_{흑} \tag{14.4}$$

$$E[흑|협상] = 1 - a \tag{14.5}$$

식 (14.4)에서 $g_{흑}$을 따로 정의한 이유는 일반적인 경우 이것이 $g_{백}$과 다르기 때문이다. 또한, 식 (14.5)에서 흑이 백의 협상안을 받아들였을 때의 기대이익이 $1-a$인 이유는 전체 1의 이익을 백과 흑이 나누기 때문이다. 백과 마찬가지로 흑 또한 협상의 기대이익이 선제공격의 기대이익보다 크거나 같은 경우 협상을 받아들이는 것이 합리적이며, 이를 정리하면 다음의 식 (14.6)을 얻는다.

$$a \leq p - g_{흑} + c_{흑} \tag{14.6}$$

식 (14.3)과 식 (14.6)을 동시에 만족하는 a가 있다면, 협상의 성립은 당연한 귀결이다. 식 (14.3)과 식 (14.6)을 결합하면 다음의 식 (14.7)을 얻을 수 있다.

$$p + g_{백} - c_{백} \leq a \leq p - g_{흑} + c_{흑} \tag{14.7}$$

식 (14.7)을 만족하는 a가 존재하려면 그 좌변이 우변보다 작거나 같아야 한다. 이를 정리하면 다음의 식 (14.8)이 나온다.

$$g_{백} + g_{흑} \leq c_{백} + c_{흑} \tag{14.8}$$

즉, 선제공격으로 인해 백과 흑이 각각 추가적으로 얻을 수 있는 승리할 확률의 증가 합이 전쟁을 벌였을 때 백과 흑이 각각 치러야 하는 비용의 합보다 작거나 같다면 백과 흑 모두 만족할 만한 협상안 a가 존재하기 마련이다.

반대로, 선제공격을 했을 때 승리할 확률의 증가분 합이 백과 흑의 전쟁비용의 합보다 큰 경우, 전쟁은 피할 길이 없다. 다시 말해, 선제공격의 이점이 커질수록, 또한 전쟁비용이 작을수록 전쟁 발발 가능성이 높아진다. 다만, 그렇게 해서 벌어지는 전쟁이 아직 선제적 전쟁인지는 알 수 없다. 기습적 전쟁으로 볼 수는 있겠지만, 선제적 전쟁이 성립하기 위한 전제조건인 '내가 곧 공격을 받을 것'이라는 믿음에 대해 아무런 증거가 없기 때문이다.

또한, 설혹 식 (14.8)이 만족된다고 하더라도, 선제공격의 이득인 $g_{백}$과 $g_{흑}$의 존재는 자체로 문제의 씨앗이 될 수 있다. 이것이 있음으로 해서 백과 흑이 동시에 만족할 만한 협상안 a의 범위가 좁아지기 때문이다. 말하자면 협상의 여지, 즉 파이의 크기를 줄이는 결과다. 여기에 언제나 있기 마련인 정보의 오류를 결부시켜보면 문제는 더욱 커진다. 선제공격의 이득 g가 크다고 믿기만 하면 기습적 전쟁은 일어날 수 있기 때문이다. 설령 그 믿음이 현실과는 전혀 동떨어진, 완전히 잘못된 것이라고 하더라도 말이다.

이런 식의 전쟁 발발은 심지어 선제공격의 이득을 합친 후에도 여전히 흑의 승리 확률이 50%에 못 미치는 경우에도 발생할 수 있다. 숫자를 통해 구체적으로 알아보자. 예를 들어, p가 90%, $g_{백}$이 5%, $g_{흑}$이 30%, $c_{백}$과 $c_{흑}$은 둘 다 15%라고 해보자. $g_{백}$과 $g_{흑}$의 합이 35%인 반면, $c_{백}$과 $c_{흑}$의 합은 30%로 식 (14.8)이 만족되지 않아 전쟁은 불가피하다. 하지만 선제공격의 이득을 감안해도 흑의 전쟁 승리 확률은 여전히 40%에 불과하다. 그럼에도 불구하고 백의 협상안을 받아들여 0.2를 얻느니 전쟁을 벌여 0.25의 이익을 기대하는 쪽이 재무적 손익 극대화 관점에서 합리적이다.

다른 수치적 사례를 하나 더 검토해보자. 선제공격의 이득이 없다고 할 때 백이 전쟁에 이길 확률 p는 80%, 그리고 백과 흑의 전쟁비용 c는 각각 30%라고 하자. 백이 전쟁을 벌이면 식 (14.1)에서 $g_{백}$을 0으로 놓고 0.5의 이익을 기대할 수 있다. 반면, 흑은 전쟁을 벌이면 식 (14.3)에서 $g_{흑}$을 0으로 놓고 -0.1의 이익을 기대할 수 있다. 즉, 손해를 입는 것이다. 다시 말해, 백이 무슨 제안을 하더라도 전쟁의 결행은 흑으로서 택할 수 없는 대안이다. 따라서 백은 자신이 1을 다 갖는 협상안을 제안하고 흑은 이를 받아들인다.

그러나 선제공격의 이득 g가 흑과 백 모두에게 20%라고 해보자. 이제 흑이 선제공격을 하면 위의 -0.1에 0.2를 더한 0.1의 이익을 기대할 수 있다. 반면, 백이 선제공격을 하는 경우 위의 0.5에 0.2를 더

한 0.7이 백이 기대할 수 있는 이익이다. 위와 같은 이해득실을 정리한 결과가 〈표 14.2〉다.

〈표 14.2〉 선제공격으로 인한 이점이 20%일 때 백과 흑의 이해득실 결과

		흑	
		선제공격을 한다	협상을 받아들인다
백	선제공격을 한다	(0.5, −0.1)	(0.7, −0.3)
	협상을 한다	(0.3, 0.1)	(1, 0)

〈표 14.2〉는 약간의 설명이 필요하다. 우선 백과 흑이 (협상, 협상)을 택했을 때의 이해득실은 이미 설명한 대로다. 반면, 둘 다 선제공격을 택했을 때는 백과 흑 모두 선제공격의 이득이 없어지기에 (0.5, -0.1)을 얻는다. 한편, 백이 선제공격을 하고 흑이 협상을 받아들인 경우, 흑의 승리 확률은 0이고 여기서 전쟁비용 30%를 뺀 -0.3이 최종적인 흑의 결과다. 또한, 백이 협상을 제안하고 흑이 선제공격을 한 경우, 백의 승리 확률은 60%로 줄고 여기서 전쟁비용 30%를 빼야 하므로 0.3이 최종적인 백의 결과다.

이제 〈표 14.2〉를 잘 들여다보자. 백에게는 우성대안이 없다. 반면, 흑은 우성대안을 갖고 있다. 선제공격을 하는 쪽이 협상을 받아들이는 쪽보다 백의 선택과 무관하게 언제나 더 낫다. 그러므로 흑이 곧 선제공격을 해올 거라고 "백이 판단하는" 것은 전혀 무리한 인식이 아니다. 다시 말해, 백에게 흑의 선제공격은 시간문제일 뿐, 바뀔 여지가 없다.

따라서 흑이 선제공격을 할 거라면 백으로서는 그 공격을 당하느니 차라리 먼저 공격의 포문을 여는 게 낫다. 안이하게 협상을 제시했다가 선제공격을 받으면 0.3에 그치지만, 먼저 선제공격에 나서면 0.5를 기대할 수 있기 때문이다. 흑의 공격이 확실시되기에 먼저 선공을 펼치는 것, 그게 바로 백의 최종적인 입장이다. 이는 이 장의 앞부분에서 설명했던 선제적 전쟁의 정의와 완벽하게 부합한다. 즉, 선제적 전쟁의 존재가 위의 수치적 예에 의해 증명된 셈이다.

최악의 군사적 대치 상황은 백과 흑 모두 선제공격을 하면 이길 수 있다고 생각하는 경우다. 현재 군사력에서 앞서는 백은 흑에게 따라잡히는 것이 두려워 선공을 해야 한다고 서두를 수 있고, 흑 또한 백과의 군사력 격차가 더 벌어지는 것이 두려워 선공을 감행할 수 있기 때문이다. 즉, 선제적 전쟁의 동기는 공포와 두려움이다. 반면, 기습적 전쟁의 동기는 탐욕에 가깝다.

군사학계의 일부는 선제적 전쟁이 전쟁 발발의 주요 원인 중의 하나라고 주장한다. 그러한 주장을 뒷받침하는 이론으로 서로 경합하는 두 가지 논리가 있다. 하나는 이른바 '나선형 모형'이다. 백이 흑을 위협하고, 위협당한 흑이 불안감에 다시 백을 위협하고, 이런 악순환의 과정이 계속된 결과 전쟁이 벌어지게 된다는 것이 나선형 모형이 주장하는 바다. 나선형 모형이 유효하다면 통상 '억제'라고 부르는 방침은 설 땅이 좁아진다. 전쟁을 피하기 위한 가장 효과적인 방법은 전쟁할 수 있는 역량과 의지를 대외적으로 천명하는 것이라는 것이 억제의 핵심이기 때문이다.

두 번째 이론은 이른바 '공격-방어 균형가설'이다. 공격이 방어보다 유리할수록 전쟁이 더 잘 일어나고, 반대로 방어가 공격보다 유리할수록 전쟁이 좀 더 억제된다는 게 공격-방어 균형가설의 요지다. 이러한 우위는 대개 군사 테크놀로지나 전술의 혁신에 기인하는 경향이 있다.

실제로 선제적 전쟁은 얼마나 흔할까? 한 연구자는 1816년부터 1980년까지 존재했던 67번의 전쟁을 대상으로 그중 선제적 전쟁에 해당되는 경우를 찾아봤다. 그에 의하면, 총 67번 중 선제적 전쟁은 고작 3번에 불과했다. 제1차 세계대전, 1950년 중공군의 한국전 참전, 그리고 3차 중동전이 그 세 번의 전쟁이었다. 그러니까 선제적 전쟁이 개념적으로는 그럴듯해도 실제로 아주 흔한 형태는 아니라는 얘기다. 이에 더해 제1차 세계대전과 중공군의 침공이 백지 상태에서 이뤄진 게 아니고 이미 진행되고 있던 전쟁에서 선제공격을 당할까 봐 전쟁에 뛰어든 것임을 감안하면, 순수한 의미에서의 선제적 전쟁은 이스라엘이 일으킨 3차 중동전 하나로 줄어든다. 그렇게 보면 나선형 모형이 옳으냐 공격-방어 균형이론이 옳으냐 하는 질문은 사실 별로 중요한 질문이 아닐 수도 있다. 어쨌거나 선제적 전쟁은 자주 일어나지 않았다.

그럼에도 불구하고 3차 중동전은 유일한 선제적 전쟁으로서 나선형 모형과 억제 모형 중 좀 더 현실과 부합하는 논리가 어느 것인지를 가르쳐준다. 나선형 모형에서는 강대국과 신흥국 모두 선제적 전쟁을 일으킬 수 있는 반면, 억제 모형에서는 오직 신흥국만이 선제적 전쟁을 일으킬 수 있기 때문이다. 1차 중동전을 벌이던 시점이라면 이스라엘이 신흥국이었겠지만 3차 중동전을 일으킨 시점이라면, 특히 2

차 중동전의 군사적 승리를 감안컨대, 이스라엘이 강대국에 해당된다고 보는 게 무리가 없다. 따라서 억제 모형은 지지 기반에 어느 정도의 훼손을 입었다고 볼 수 있다.

그러나 과거는 과거일 뿐이다. 역사적 사례가 별로 없다는 것과 무관하게 선제적 전쟁의 발발 가능성은 여전히 상존한다. 특히, 6부에서 살펴보겠지만 핵무기를 사용한 전쟁일수록 선제적 전쟁의 가능성은 높아진다. 억제를 했어야 했는데 협상을 피한 뮌헨의 실수와 굳이 전쟁 안 해도 되었는데 전쟁을 벌이고만 사라예보의 실수를 동시에 피하기란 쉬운 일이 아니다.

CHAPTER 15

6일 전쟁과 욤 키푸르 전쟁에서 한 번씩 주고받다

● 1967년 6월 5일, 이스라엘 시간 오전 7시 45분, 183대로 구성된 이스라엘 공군 전폭기들은 예고 없이 이집트를 덮쳤다. 3차 중동전의 서막을 알리는 작전 포커스의 첫 번째 공습이었다. 선제공격을 당한 이집트 현지 시간으로는 오전 8시 45분이었다.

183대라는 수는 당시 이스라엘의 전폭기가 총 196대임을 감안하면 이스라엘이 동원할 수 있는 사실상의 모든 항공 전력이었다. 무자비할 정도의 집중이었다. 이스라엘 공군은 100% 프랑스제 군용기로 구성되었다. 주력은 다소Dassault 사의 미라주Mirage III였고, 그 밖에 쉬페르 미스테르Super Mystère, 미스테르 IV, 우라강Ouragan 등도 사용했다.

이스라엘은 북쪽으로 레바논과 시리아, 동쪽으로 요르단, 남쪽으로 이집트와 국경을 마주하고 있었고, 지중해와 맞닿은 서쪽만이 자유로웠다. 별로 크지 않은 이스라엘의 영토를 감안하면, 이스라엘 공군의 전체 전력이 이집트를 공습하는 동안 이집트의 동맹국인 요르단이나 시리아가 이스라엘을 역으로 공습하지 말라는 법은 없었다. 그럼에도 불구하고 이스라엘은 과감하게 전체 전력을 집중시켰다. 잔여 13대는 혹시라도 있을지 모르는 시리아와 요르단의 공습을 요격하는 임무를 수행했다.

제2차 세계대전 때만 해도 이미 노출된 육군 부대는 항공기의 상대가 될 수 없었고, 3차 중동전이 벌어진 1960년대가 되면 한마디로 밥에 불과한 수준이었다. 즉, 제공권의 장악은 전쟁의 승패를 가름할 가장 중요한 요소가 되었다. 이스라엘의 일차적 목표는 바로 그러한 제공권의 장악이었다. 이집트를 습격한 이스라엘 전폭기들의 목표는 세 가지였다. 첫째는 이집트 전투기들이 이륙하기 전에 최대한 많이 폭파시키는 것이었고, 둘째는 미처 파괴하지 못한 이집트 전투기들이 이륙하지 못하도록 이집트의 비행기지, 특히 활주로를 철저하게 파괴하는 것이었으며, 셋째는 이집트의 대공미사일기지를 공습으로 무력화시키는 것이었다.

표면적으로 드러난 이집트 공군의 전력은 사실 이스라엘의 2배 이상이었다. 이집트는 당시 최신예 소련제 전투기인 미그MiG 21을 필두로 미그 19, 미그 17 등으로 무장하고 있었고, 그 수도 450여 대에 달했다. 여기에 시리아, 요르단, 이라크의 전투기들까지 합치면 950여 대의 전력이었다. 물론 이는 폭격기나 수송기 등도 포함한 숫자로 전투기들만 따지면 대략 600대였다. 시리아와 이라크 또한 주력기는 미그 21이었고, 요르단은 특이하게 영국의 호커Hawker에서 나온 헌터Hunter가 주력기였다. 어쨌거나 수적으로 약 3배 이상인 적을 상대로 선제공격에 나선 셈이었다.

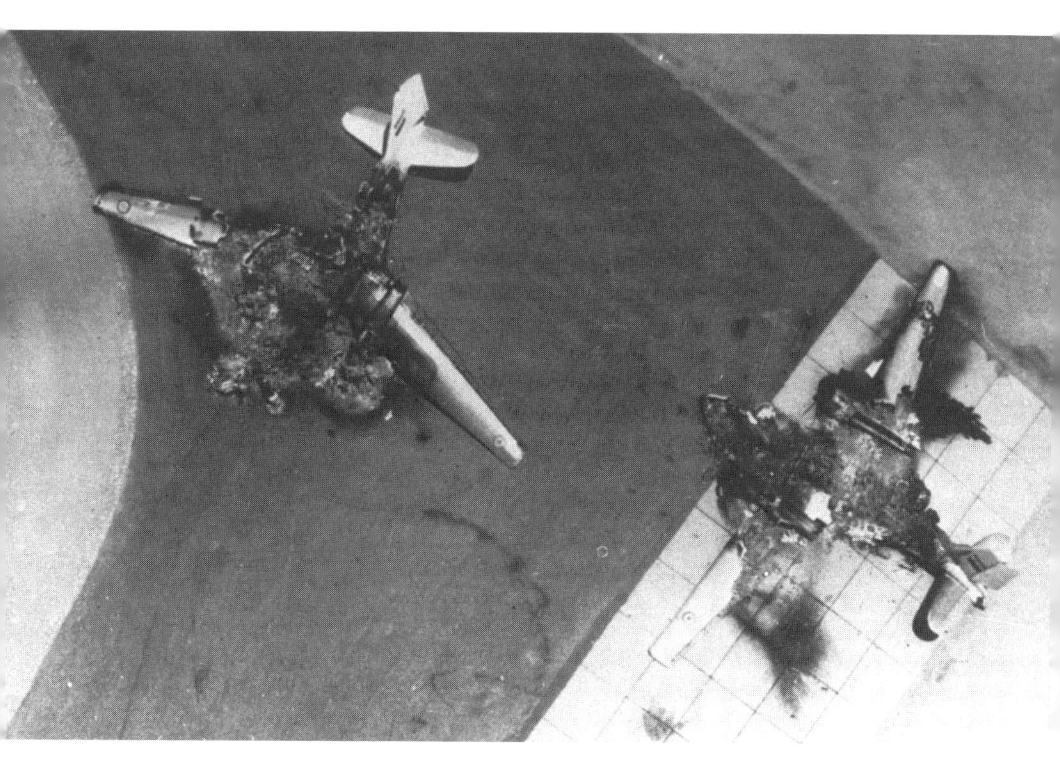

●●● 1967년 6월 3차 중동전(6일 전쟁) 당시 이스라엘의 공습으로 파괴된 이집트 공군기지의 항공기들. 이스라엘의 1차 공습은 이스라엘과 이집트 양측이 모두 깜짝 놀랄 정도로 성공적이었다. 모두 11곳의 공군기지를 덮쳐 무려 197대의 이집트군 항공기를 파괴했고, 부가적으로 8곳의 대공미사일기지를 부수었다. 거의 대부분의 이집트군 항공기들은 활주로를 채 떠나보지도 못한 채로 고철로 변했다.

그럼에도 불구하고 이스라엘의 1차 공습은 이스라엘과 이집트 양측이 모두 깜짝 놀랄 정도로 성공적이었다. 모두 11곳의 공군기지를 덮쳐 무려 197대의 이집트군 항공기를 파괴했고, 부가적으로 8곳의 대공미사일기지를 부수었다. 거의 대부분의 이집트군 항공기들은 활주로를 채 떠나보지도 못한 채로 고철로 변했다. 도그파이트dogfight, 즉 공중전을 벌이지도 못하고 전투기가 파괴되는 것에는 이집트군 관점에서 한 가지 장점이 있었는데, 그건 적어도 조종사들은 죽거나 다치지 않았다는 점이었다.

반면, 이스라엘군의 손실은 10대에 그쳤다. 격추된 비행기의 조종사 5명은 사망했고, 비상탈출에 성공한 나머지 5명은 포로로 잡혔다. 그러나 이러한 이스라엘군의 피해는 이집트군의 손실에 비하면 없는 거나 다름없었다.

1차 공습에 성공한 이스라엘기들은 자국 기지로 돌아와 연료와 무장을 재장착한 후 곧바로 2차 공습에 나섰다. 마치, 포뮬라-원 그랑프리Formula-One Grand Prix에서 경주차들이 피트에 들어와 타이어를 교환하고 연료를 재주입하는 데 채 수 초가 안 걸리는 것처럼, 이스라엘군 정비요원들은 이 과정을 7분 30초 만에 마쳤다. 이스라엘 시간으로 9시 30분에 개시된 2차 공습에서 14곳의 이집트 공군기지를 폭격해 107대의 이집트군 항공기를 추가 파괴했다. 이집트가 자신의 전과를 과장한 탓에 이스라엘이 밀리고 있다고 믿고 개입을 개시한 시리아군 공군기 3대도 공중전 끝에 격추시켰다.

이스라엘군은 이스라엘 시간 오후 12시 15분에 3차 공습에 나섰다. 이미 전체 항공기의 3분의 2 가량이 파괴된 이집트에는 85대의 항공기만 보내고, 요르단에 48대, 시리아에 67대를 보내 공습하기 시작했다. 이후로도 6월 5일 수차례에 걸쳐 이집트와 이라크의 공군기지에 대한 공습을 지속했다. 이미 사전 경고를 받은 셈인 요르단과 시리아의 전투기들은 이집트군처럼 무기력하게 지상에서 당하지는 않았다. 그러나 시리아의 영토인 골란 고원Golan Heights과 요르단의 영토인 요르단 강 서안, 그리고 이집트의 영토인 시나이 반도의 제공권은 완벽하게 이스라엘의 손에 쥐어졌다.

이집트에 대한 1차 공습에 때를 맞춰 이스라엘 육군도 시나이 반도의 이집트 육군에 대한 공격을 개시했다. 10만 명의 병력에 900대가 넘는 전차로 무장한 이집트군은 7만 명의 병력과 700대의 전차로 이 지역을 공격해온 이스라엘군보다 수적 우세에 있었다. 소련제 T-54와 T-55가 주력인 이집트군 전차부대가 미제 M48 패튼Patton이나 영국제 센추리온Centurion, 프랑스제 AMX-13, 그리고 제2차 세계대전 때의 미군 전차인 M4 셔먼Sherman에 105밀리미터 구경의 포를 장착한 이른바 '슈퍼 셔먼Super Sherman' 등으로 잡다하게 구성된 이스라엘 전차부대보다 질적으로 크게 뒤떨어지는 것도 아니었다.

4개 기갑사단, 1개 기계화사단, 2개 보병사단의 이집트군은 주로 시나이 반도 중부와 남부에 종심 깊게 배치되어 있었다. 이렇게 배치된 주된 이유는 2차 중동전 때 이스라엘군이 이러한 경로로 공격했기 때문이었다. 그러나 6개 기갑여단과 5개 보병 및 공정여단으로 구성된 이스라엘군의 주 공세는 오히려 방어가 허술한 북쪽 해안도로와 중부에 집중되었다. 중부의 요충지 아부 아게일라Abu Ageilah가 5일 밤 이스라엘군에 의해 점령되자, 이집트군 사령관 압델 하킴 아메르Abdel Hakim Amer는 아직 전투를 치르지 않은 상당수 병력이 건재함에도 불구하고 시나이 반도에 있는 모든 이집트군의 퇴각을 명령했다. 이 명령으로 시나이 반도의 주인이 바뀌어버렸다. 8일까지 이스라엘군은 가자 지구와 시나이 반도 전체를 확보했다.

요르단군과 이스라엘군도 요르단 강 서안과 예루살렘에서 전투를 벌였다. 아랍국가들 중 가장 정예라고 할 수 있는 요르단군은 처음 이틀 동안은 이스라엘군에게 크게 밀리지 않았다. 그러나 제공권을 이스라엘에게 빼앗겼다는 사실이 결국 결정적으로 요르단군을 궁지에 몰아넣었다. 전투 3일째인 6월 7일, 이스라엘군은 예루살렘과 베들레헴Bethlehem을 함락시켰다.

또 다른 전선은 시리아 영토인 골란 고원이었다. 개전 첫날 이미 자신의 공군력 3분의 2 가량인 57대의 항공기를 잃은 시리아는 육군을 통한 공세를 시도했다. 그러나 전쟁 준비가 불충분했던 탓에 이스라엘 국경을 넘은 일부 부대의 진격은 이내 멈췄다. 그렇더라도 최소한 골란 고원을 뺏길 리는 없다고 생각했다. 바위투성이인 이곳의 수비 병력은 7만 5,000명에 달했고, 지형적 특성상 이스라엘 공군의 공습에도 대수롭지 않은 피해밖에 입지 않기 때문이었다. 그러나 골란 고원의 시리아군은 6월 9일 본격적인 공격을 받자 그날 밤부터 자발적으로 진지를 버리고 퇴각해버렸다.

한편, 개전 2일 째인 6월 6일 이미 국제연합은 즉각적인 전쟁 중단을 결의했다. 전쟁을 이 이상 확대하면 직접적인 타격을 가하겠다고 위협하는 소련 때문에 이스라엘도 무한정 전쟁을 계속하기는 어려웠다. 또한, 애초부터 목표로 삼았던 시나이 반도와 골란 고원을 점령한 이상 현 상태에서 전쟁을 끝내는 것은 이스라엘이 바라는 바기도 했다.

6월 10일 오후 6시 30분 휴전이 성립되었고, 다음날 휴전협정이 공식적으로 체결되었다. 이스라엘이 점령한 모든 땅, 즉 시나이 반도와 가자 지구, 요르단 강 서안과 동예루살렘 그리고 골란 고원은 이스라엘의 것이 되었다. 개전 초기 이스라엘의 총병력은 26만 4,000명, 이집트와 시리아, 요르단 등의 총병력은 54만 7,000명이었지만, 전쟁이 끝났을 때 이스라엘군의 사상자는 약 5,500명으로 2만 1,000명인

> 3차 중동전은 공군의 중요성을 만천하에 알린 전쟁이었다. 3차 중동전은 실제로 전쟁 기간이 6일에 불과해 '6일 전쟁'이라고도 불린다. 그 6일 동안 이집트를 비롯한 아랍국가들은 총 452대의 항공기를 잃었다. 그중 공중전 끝에 잃은 대수는 79대밖에 되지 않았다. 반면, 이스라엘의 손실은 46대로 거의 10 대 1의 기록적인 손실교환비였다. 작전 포커스는 지금까지도 적국의 공군력을 상대로 한 가장 성공적인 공습으로 간주되고 있다.

아랍국가들 사상자의 4분의 1에 그쳤다. 한편, 개전 초 800대였던 이스라엘군의 전차 중 400대가 파괴된 것에 비해 총 2,500대에 달했던 아랍국가들의 전차 피해는 상대적으로 미미했다.

뭐니뭐니해도 3차 중동전은 공군의 중요성을 만천하에 알린 전쟁이었다. 3차 중동전은 실제로 전쟁 기간이 5일부터 10일까지 6일에 불과해 '6일 전쟁'이라고도 불린다. 그 6일 동안 이집트는 338대, 시리아 61대, 요르단 29대, 이라크 23대, 레바논은 1대를 잃어 총 452대의 항공기를 잃었다. 그중 공중전 끝에 잃은 대수는 79대밖에 되지 않았다. 반면, 이스라엘의 손실은 46대로 거의 10 대 1의 기록적인 손실교환비였다. 작전 포커스는 지금까지도 적국의 공군력을 상대로 한 가장 성공적인 공습으로 간주되고 있다.

3차 중동전은 이외에도 흥미로운 사항이 여럿 더 있다. 개전 첫날 이스라엘 공군의 미라주 III 한 대는 이집트군이 아닌 자국군 지대공 미사일인 호크Hawk에 의해 격추되었다. 적기로 오인되어 격추된 것이 아니고 자국 공군기인 것을 알면서도 일부로 쏜 것이었다. 이유는 이 전투기에 고장이 발생해서 자기도 모르게 네게브Negev 사막에 있는 이스라엘의 핵연구센터에 접근하자 조종사가 반역자일지도 모른다고 의심했기 때문이다. 네게브 핵연구센터에 대해서는 뒤의 17장에서 다시 기술하기로 하자.

또 다른 한 가지는 이스라엘군이 미군을 공격했다는 사실이다. 3차 중동전 중이었던 6월 8일, 미 해군 소속의 7,000톤급 정보함 리버티USS Liberty는 시나이 반도 북쪽의 공해상을 항해하다가 4대의 이스라엘 공군기로부터 기관포와 로켓, 그리고 네이팜탄 공격을, 그리고 3척으로 구성된 이스라엘 해군 수뢰정 전대로부터 어뢰와 함포 공격을 받았다. 수차례에 걸친 공격으로 34명이 사망하고 171명이 부상당했으며, 침몰되지는 않았지만 곧 고철로 팔 정도로 선체가 입은 타격은 매우 컸다.

공격이 개시된 지 2시간 후 이스라엘은 실수로 리버티를 공격했다고 미국에 알렸다. 그러나 여러 정황상 이스라엘의 설명은 납득이 가지 않는 부분이 많았다. 리버티는 사실 미국의 국가안보청National Security Agency을 위해 전자적 정보를 수집하는 함선으로 이스라엘의 동태도 감시의 대상이 아닐 수 없었다. 자신들의 정보를 미국에조차 노출시키고 싶지 않았던 이스라엘이 실수를 빙자해서 고의로 공격한 것이라고 생각하는 미국인들이 적지 않다. 한편, 친이스라엘적 성향이 남달랐던 당시의 미국 대통령 린든 존슨Lyndon Johnson은 당시 공격받았다는 사실을 덮으라고 지시해 후에 논란이 되었다.

3차 중동전은 다시 한번 이스라엘의 압승과 아랍국가들의 완패로 끝이 났지만, 그걸로 모든 분쟁이 사라진 건 아니었다. 당장 7월 1일

이스라엘군은 시나이 반도에서 유일하게 이집트가 지켜내고 있던 포트 푸아드Port Fuad를 공격했지만 이집트군은 이를 물리쳤다. 이에 대한 보복으로 이집트 공군기들은 7월 14일 시나이 반도의 이스라엘군 진지를 공습했다. 10월 21일에는 이스라엘의 구축함 에일라트Eilat가 수척의 이집트 미사일고속정이 발사한 소련제 함대함미사일 스틱스Styx 3발에 의해 격침되었다. 이는 미사일고속정에 의해 군함이 침몰한 세계 최초의 사례였다.

이집트의 나세르는 패전의 책임을 통감하고 종전 3일 후 대통령에서 물러나겠다고 발표했지만, 이집트인들은 "우리를 버리지 말라"며 길거리로 몰려나와 그에 대한 지지를 표명했다. 나세르는 이에 이스라엘에 대한 보복을 다짐하며 다시 정력적으로 이집트의 군사력 재건에 힘을 쏟았다.

이스라엘을 상대하기 위한 나세르의 새로운 방식은 바로 소모전이었다. 1968년 9월부터 이집트군은 수에즈 운하 동안의 이스라엘군에 대해 지속적인 포격을 가하거나 특수부대를 투입해 공격했다. 이에 대한 대응이 쉽지 않자, 이스라엘은 시나이 반도의 점령을 공고히 하기 위해 수에즈 운하 동안에 높은 모래방벽과 마오짐이라고 부르는 복합 방어진지를 구축했다. 이러한 방어선은 당시 이스라엘군 참모총장인 하임 바레브Haim Bar-Lev의 이름을 따 '바레브 라인Bar-Lev Line'이라고 불렸다. 이스라엘군도 특수부대를 수에즈 운하 서안에 침투시키고 공군기로 공습을 가했다. 그러나 이러한 방식의 소모전은 이집트가 바라던 바였다. 새롭게 구축된 이집트의 방공망에 의해 이스라엘 공군의 피해가 누적되었다.

결국 1970년 8월, 미국의 중재안을 양측이 받아들여 6개월간 휴전이 성립되었다. 소모전의 결과는 복합적이었다. 이스라엘은 바레브 라인이 난공불락이라는 인식을 갖게 되었다. 특히, 이집트군이 시나이 반도에 대한 전면적인 공격에 나서더라도, 전차 등이 수에즈 운하를 도하하고 이어 거대한 모래방벽을 오르거나 허물기 쉽지 않다고 생각하게 된 것이다. 반면, 이집트는 이스라엘 공군에 대한 열등감을 어느 정도 해소했다. 잘 준비된 대공방어망 내에서 싸운다면 일방적으로 밀리지 않는다는 자신감을 갖게 되었던 것이다. 이 기간 동안 이집트와 이스라엘의 사상자는 각각 2,000명을 상회했다.

1970년 9월 28일, 나세르가 병으로 죽자 2인자 안와르 사다트Anwar Sadat가 이집트의 새로운 대통령이 되었다. 이스라엘은 사다트가 유약하고 별로 위협적이지 않다고 봤다. 그러나 그는 녹록하지 않은 인물이었다. 1971년 6월, "100만 명의 병사들을 희생시켜서라도 실지를 회복하겠다"고 선언했다. 그러나 이스라엘은 단순한 정치적 수사에 불과하다고 보고 무시했다. 소련이 최신 무기 공급에 미온적이자 1972년 7월 수천 명의 소련 군사고문단을 추방하고 미국에 호의적인 제스처를 보낼 정도로 사다트는 능수능란했다. 결국 소련은 굴복해 이집트가 원하는 최신예 대공미사일 방어체계를 제공했다.

사다트는 이스라엘에 대한 기습적 선제공격을 위해 시리아와 최종적인 조율에 나섰다. 핵심은 양 정면에서 동시에 이스라엘을 공격하는 것이었다. 인구가 많지 않은 이스라엘은 아무리 총동원령을 내린다고 해도 양면 전쟁을 수행하기는 버거웠다. 특히 전쟁이 장기화될수록 내부의 경제활동에 심각한 문제가 생길 터였다. 사다트는 제한

●●● 1970년 9월 28일, 나세르가 병으로 죽자 2인자 안와르 사다트가 이집트의 새로운 대통령이 되었다. 이스라엘은 사다트가 유약하고 별로 위협적이지 않다고 봤다. 그러나 그는 녹록하지 않은 인물이었다. 사다트는 이스라엘에 대한 기습적 선제공격을 위해 시리아와 최종적인 조율에 나섰다. 핵심은 양 정면에서 동시에 이스라엘을 공격하는 것이었다.

적 범위 내에서 시나이 반도를 탈환하는 것을 목표로 삼았다. 반면, 시리아는 이스라엘을 완전히 멸절시키고 싶어했다. 그러나 그러한 시도는 이스라엘의 "너 죽고 나 죽자" 식의 핵 공격을 야기할 거라고 사다트는 우려했다. 사다트의 설득에 결국 시리아도 동의했다.

1973년 10월 6일 이스라엘 시간 오후 2시, 이집트와 시리아는 동시에 공격에 나섰다. 4차 중동전의 시작으로 때는 마침 유대교의 제일 큰 휴일인 욤 키푸르Yom Kippur, 즉 '속죄의 날'이기도 했다. 한편, 이슬람교가 신성시하는 금식기간, 즉 라마단도 겹쳐 있었다. 그러나 개전 시간을 보면 알 수 있듯이 3차 중동전에서 이스라엘의 선제공격만큼의 기습효과는 없었다. 그리고 4차 중동전은 기습적 전쟁이기는 하나 선제적 전쟁은 아니었다.

●●● 1973년 10월 6일 이스라엘 시간 오후 2시, 이집트와 시리아는 동시에 공격에 나섰다. 4차 중동전의 시작으로 때는 마침 유대교의 제일 큰 휴일인 욤 키푸르, 즉 '속죄의 날'이기도 했다. 한편, 이슬람교가 신성시하는 금식기간, 즉 라마단도 겹쳐 있었다. 그래서 4차 중동전은 욤키푸르 전쟁, 혹은 라마단 전쟁이라고도 불린다. 4차 중동전은 3차 중동전에서 이스라엘의 선제공격만큼의 기습효과는 없었으며, 기습적 전쟁이기는 하나 선제적 전쟁은 아니었다. 사진은 10월 7일 수에즈 운하를 건너는 이집트군의 모습.

사실, 이스라엘은 당일 아침에 전쟁이 임박했음을 알고 동원에 나섰다. 3차 중동전 때와 마찬가지로 공격받기 전에 선제공격에 나서자는 의견도 내부적으로 있었다. 그러나 또다시 선제적 전쟁을 일으키면 군사적·외교적 지원은 없을 거라는 미국의 태도로 인해 그럴 엄두는 낼 수 없었다. 관계가 악화된 프랑스로부터 군사적 지원을 기대할 수 없는 이스라엘로서는 미국마저 무기와 탄약의 공급을 거부한다면 그대로 말라 죽을 처지였다.

바레브 라인의 모래방벽을 돌파하려면 보통 이틀, 미국과 소련이 해도 최소 24시간은 걸릴 일이라고 이스라엘은 생각했다. 그러나 절치부심하며 준비해온 이집트의 공병대는 이 작업을 2시간여 만에 마

●●● 전략적 견지에서 이스라엘은 시나이 반도보다 골란 고원을 자신들의 존망에 더 긴요한 지역으로 인식했다. 왜냐하면 남쪽의 시나이 반도는 대부분 텅 빈 사막지대인 반면, 이스라엘 북부는 인구밀집지역으로 골란 고원을 빼앗기면 곧바로 시리아군의 포 사정거리에 이들 지역이 놓이기 때문이었다. 이스라엘은 새로 동원한 예비군을 골란 고원에 집중시켰다. 골란 고원에서는 특히 9일까지 4일 동안 아주 격렬한 전투가 벌어졌다. 사진은 골란 고원 전투 당시 이스라엘 전차 모습.

쳤다. 특히, 통상적인 폭탄으로는 흠집밖에 나지 않는 모래방벽에 고압의 물을 분사해 모래를 쓸어내는 방법을 고안해 3년 넘게 훈련해 온 덕분이었다. 10월 7일까지 약 20만 명과 1,000대의 전차를 가진 이집트 2군과 3군은 수에즈 운하의 동안 시나이 반도에 성공적으로 교두보를 마련했다.

한편, 북쪽의 시리아군은 100대의 항공기를 동원해 공습하고 50분간 포병으로 두들긴 후 5개 사단으로 이스라엘의 2개 여단이 지키고 있는 골란 고원을 공격했다. 특히, 800대의 전차를 동원한 시리아군에 비해 이스라엘군의 전차는 180대에 불과했다. 또한, 60문에 불과한 이 방면의 이스라엘 포병 세력은 600문을 동원한 시리아군의 10

분의 1에 지나지 않았다.

전략적 견지에서 이스라엘은 시나이 반도보다 골란 고원을 자신들의 존망에 더 긴요한 지역으로 인식했다. 왜냐하면 남쪽의 시나이 반도는 대부분 텅 빈 사막지대인 반면, 이스라엘 북부는 인구밀집지역으로 골란 고원을 뺏기면 곧바로 시리아군의 포 사정거리에 이들 지역이 놓이기 때문이었다. 이스라엘은 새로 동원한 예비군을 골란 고원에 집중시켰다. 이들 예비군의 배치 속도가 예상보다 더 빨랐던 탓에 시리아군은 이내 강한 저항에 부딪히게 되었다.

골란 고원에서는 특히 9일까지 4일 동안 아주 격렬한 전투가 벌어졌다. 하도 치열해서 나중에 '눈물의 계곡'이라고 불리게 된 이 전투에서 시리아군의 7사단은 이스라엘의 7기갑여단을 거의 전멸시킬 정도로 거세게 몰아붙였다. 전반적으로 시리아군이 입은 손실이 더 크기는 했지만 예전과는 달리 치열하게 싸웠다. 시리아군 7사단장 오마르 아브라쉬Omar Abrash가 8일 전차를 타고 진두지휘하던 중 관통당해 죽을 정도였다. 그러나 결국 시리아군이 수세로 몰려 11일 이스라엘군은 역으로 시리아 영토로 공격해 들어갔다. 시리아의 수도 다마스쿠스Damascus가 위험에 빠지자 요르단과 이라크 등은 자국군을 시리아로 보내 이스라엘군에 맞서 싸우게 했다.

한편, 시나이 반도에서의 전황은 이집트에게 유리했다. 무엇보다도 개전 첫날 이스라엘 공군은 전체 전력의 10%에 해당하는 40여 기의 항공기를 잃었다. 특히, 최신예 지대공미사일인 소련제 SA-6와 4연장인 대공전차 ZSU-23-4의 위력은 대단히 위협적이었다. 이런 식의 손실이라면 곧 얼마 안 가 바닥을 드러낼 게 뻔했다. 이스라엘군은 마음이 급해졌다.

10월 8일, 시나이 반도의 이스라엘군은 새로이 동원된 2개 기갑사단으로 서쪽의 이집트군을 공격했다. 그러나 이날은 이스라엘 전차부대의 무패 신화가 깨지는 날이었다. 이집트군은 소련제 대전차미사일 AT-3 새거Sagger와 대전차화기 RPG-7으로 150여 대의 이스라엘군 전차를 파괴했다. 대공방어체계와 대전차체계가 작동 중인 이집트군을 향해 함부로 뛰어들어서는 안 된다는 교훈을 이스라엘군은 값비싼 수업료를 내고 배운 셈이었다. 여기까지는 완벽한 이집트군의 승세였다.

사실, 개전 초 며칠 동안 이스라엘이 입은 피해는 심각했다. 1,700대의 전차 중 800대가 넘는 전차를 잃었고 항공기의 손실률도 전례없이 높았다. 특히, 대전차포탄의 소모가 너무나 커서 남은 전차들이 기관총만 쏠 수 있는 고철로 변할 가능성에 직면하게 되었다. 이에 8일 밤 이스라엘은 최후의 무기인 핵폭탄을 꺼내 미국제 F-4 팬텀Phantom 1개 비행대대와 자국산 지대지미사일 예리코Jericho I에 장착했다. 이때 장착한 총 13기라는 핵탄두 수와 13킬로톤이라는 각 핵탄두의 폭발력은 개신교 국가인 미국을 자극하기 위한 의도적인 결정이었을 듯싶다. 이러한 사실을 전략정찰기 SR-71 등을 통해 파악하고 있던 미국은 갑자기 입장을 바꿔 이스라엘에게 대대적으로 무기를 공급했다. 이로써 풍전등화에 놓여 있던 이스라엘의 운명은 구조되었다.

미국과 이스라엘의 관계는 사실 보통 생각하는 것처럼 그렇게 단순한 동맹관계가 아니다. 이스라엘이 멸망하면 중동에서 이해관계를 같이할 나라가 없기 때문에 미국이 이스라엘을 돕는다고 생각하기 쉽다. 하지만 아랍이 미국을 적으로 여기게 된 데에는 미국의 처신 탓도 적지 않다. 가령, 이란의 왕 팔레비Pahlevi를 지원하다가 정권이 무너진 후, 이라크의 대통령 사담 후세인Saddam Hussein이 일으킨 이란-이라크 전쟁에서 굳이 이라크를 군사적으로 지원할 필요는 없었다.

미국이 도와주지 않으면 핵무기를 쓸 수밖에 없다는 이스라엘의 구걸 반, 협박 반의 요구에 당시 미국의 대통령 리처드 닉슨Richard Nixon은 굴복하기는 했지만 이스라엘의 이중적 태도에 진절머리를 냈다. 아무리 미국이 무기를 공급해줘도 궁지에 몰리면 거침없이 핵무기를 사용하고 미국의 등에도 칼을 꽂을 거라고 생각했던 것이다. 닉슨은 소련의 서기장 레오니트 브레즈네프Leonid Brezhnev와 위성으로 연결된 핫라인을 통해 소련이 지대지미사일 스커드Scud에 장착할 핵탄두를 이집트에 제공하더라도 모른 척하겠다는 의사표시를 했다. 설혹 이스라엘이 선제 핵 공격을 하더라도 이스라엘과 이집트 간의 제한 핵전쟁으로 그칠 뿐, 미국과 소련과의 전면적인 핵전쟁으로 번지지 않도록 합의했던 것이다.

이후 전쟁의 향배는 옆길로 새버렸다. 잘 준비된 방어체계가 있을 때만 선전할 수 있음에도 불구하고 시리아군이 고전하자 그들에 대한 압력을 줄여줘야 한다며 사다트는 이집트군을 시나이 반도 동쪽으로 깊숙이 진출시켰다. 지대공미사일의 우산을 잃어버린 이집트 육군은 다시 이스라엘 공군의 밥이 되어 큰 손실을 입었다. 역공에 나선 이스라엘군은 수에즈 운하를 도하해 이집트 본토로 진격했다. 이즈음 전쟁을 즉시 멈추라는 미국과 소련의 압력이 거세지면서 결국 양국은 10월 24일 휴전했다. 이집트로 비밀화물을 수송하던 수송선은 휴전

●●● 사진은 캠프 데이비드 협정 체결 당시 미국의 캠프 데이비드에서 만난 이집트 대통령 사다트(왼쪽)와 미국 대통령 지미 카터(가운데), 이스라엘 수상 메나헴 베긴(오른쪽)의 모습. 이집트와 이스라엘은 캠프 데이비드 협정을 거쳐 1979년 양국 간 평화조약을 맺었다. 다른 아랍국가들은 이집트를 배신자로 규정하고 아랍연맹에서 축출했다. 1981년 10월 사다트는 4차 중동전 초기의 승전을 기념하는 열병식에서 4명의 아랍원리주의자에 의해 암살되었다.

이 성립되자 소련으로 되돌아갔다.

4차 중동전의 실질적 승자는 이집트의 사다트였다. 휴전 조건으로 이스라엘군의 시나이 반도 철수를 얻어냈고 실제로 이스라엘군은 단계적으로 철군해 1982년 완전히 물러났다. 대신 이집트는 이스라엘을 국가로 인정했고, 1978년 캠프 데이비드 협정Camp David Accords을 거쳐 1979년 양국 간 평화조약을 맺었다. 다른 아랍국가들은 이집트를 배신자로 규정하고 아랍연맹에서 축출했다. 1981년 10월 사다트는 4차 중동전 초기의 승전을 기념하는 열병식에서 4명의 아랍원리주의자에 의해 암살되었다. 확실히 전쟁의 세계에는 영원한 승자도, 영원한 패자도 없다.

PART 6

핵전쟁은 일어날 수 있는가?

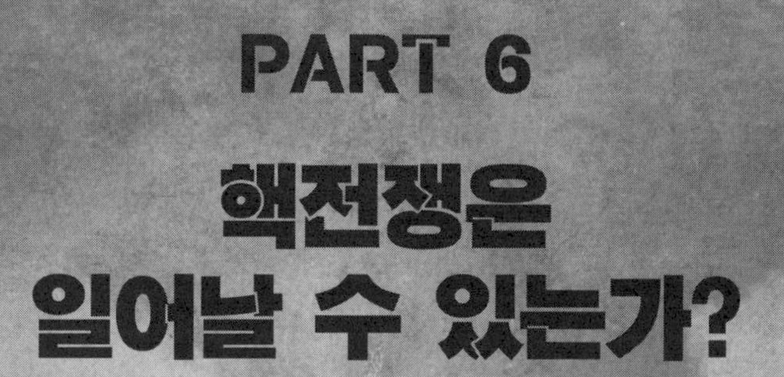

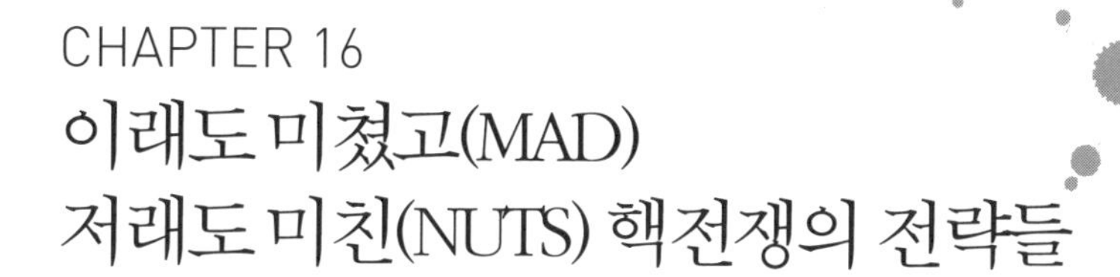

CHAPTER 16
이래도 미쳤고(MAD) 저래도 미친(NUTS) 핵전쟁의 전략들

● 핵무기는 대표적인 비대칭무기다. 비대칭무기란 가진 쪽과 가지지 않은 쪽의 전투력 차이가 극명하게 커서 가지지 않은 쪽의 전쟁 시 대응이 극히 어려운 부기를 말한다. 비대칭무기에는 핵무기 외에도 생화학무기나 잠수함, 장사정포, 지대지미사일 등도 있다. 그러나 비대칭무기의 대표를 꼽으라면 뭐니 뭐니 해도 역시 핵무기다.

핵무기가 비대칭무기의 대표격인 이유는 그 폭발에너지가 기존 재래식 폭탄과 비교할 수 없을 정도로 크기 때문이다. 핵무기의 수율yield, 즉 폭발에너지는 킬로톤 혹은 메가톤이라는 단위로 표현하는데, 이는 TNT, 즉 트리니트로톨루엔의 질량에 빗대어 표현한 것이다. 즉, 100킬로톤의 핵무기는 TNT 10만 톤을 터뜨렸을 때 발생하는 폭발에너지를 갖고 있다. 물론 TNT보다 더 강력한 폭발에너지를 지닌 물질이 없지는 않지만 TNT가 가장 일반적인 폭약이므로 이를 기준으로 삼았다. 폭발력이라는 단어를 많이 쓰나 이는 물리적 힘을 나타내

●●● 핵무기는 작동원리에 따라 크게 원자폭탄과 수소폭탄으로 나뉜다. 수소폭탄은 열핵무기나 핵융합무기라는 이름으로도 불린다. 원자폭탄보다 수소폭탄의 폭발력이 훨씬 더 크다. 실제로 인류가 터뜨려본 수소폭탄 중 가장 큰 것은 소련이 1961년 10월 과시용으로 터뜨린 차르 봄바(사진)로 50메가톤이었다. 8미터의 길이와 2.1미터의 지름에 자체 무게가 27톤에 이르는 이 수소폭탄은 900킬로미터 떨어진 곳의 유리창을 실제로 깨뜨렸다.

므로 사실 부적절하다.

핵무기는 작동원리에 따라 크게 원자폭탄과 수소폭탄으로 나뉜다. 수소폭탄은 열핵무기나 핵융합무기라는 이름으로도 불린다. 원자폭탄보다 수소폭탄의 폭발력이 훨씬 더 크다. 이론적으로 후자의 폭발력에는 아무런 제한이 없다. 실제로 인류가 터뜨려본 수소폭탄 중 가장 큰 것은 소련이 1961년 10월 과시용으로 터뜨린 차르 봄바Tsar Bomba로 50메가톤이었다. 8미터의 길이와 2.1미터의 지름에 자체 무게가 27톤에 이르는 이 수소폭탄은 900킬로미터 떨어진 곳의 유리창을 실제로 깨트렸다. 한편, 폭발에너지가 작은 전술핵무기의 경우 작게는 10톤짜리도 존재한다.

핵무기를 갖지 못한 나라가 핵무기를 가진 나라를 상대로 전쟁을 벌이기는 매우 어렵다. 핵무기의 강력한 파괴력은 핵무기를 갖지 못한 나라가 선택할 수 있는 대안을 급격하게 축소시킨다. 가령, 핵무기가 없는 나라는 핵무기 보유국을 상대로 선제공격의 이점을 누리기 어렵다. 선제공격으로 적의 핵무기를 완벽하게 무력화시킬 수 없거나 혹은 적의 핵공격을 완벽하게 차단할 방어수단이 없다면 선제공격을 하자마자 핵공격을 받을 각오를 해야 하기 때문이다. 이론적으로는 그 때문에 핵으로 무장한 적의 위협에 저항할 방법이 마땅치 않다.

그러나 역사적으로 보면 핵무기 없는 나라가 핵무기 보유국을 상대로 전쟁을 벌인 사례가 없지는 않다. 1960~1970년대의 미국과 베트남의 전쟁이나, 1980년대 소련과 아프가니스탄의 전쟁, 그리고 15장에 나왔던 4차 중동전과 한국전쟁 당시의 미국과 중공의 대결 같은 것들이 그 예다. 물론, 거기에는 미소 간의 냉전 대립 구조라는 특수 상황이 있었다. 즉, 베트남에게 핵무기는 없었지만 미국이 베트남을 핵무기로 공격하면 소련이 핵무기로 미국에게 보복할 거라는 생각이 있었기에 핵무기가 실제로 사용되지는 않았다.

이번 장에서는 핵무기가 개입된 전쟁, 쉽게 말해 핵전쟁을 치르기 위한 전략을 살펴보려 한다. 물론 인류 전체의 관점에서 다행스럽게도 핵전쟁은 역사적으로 발생하지 않았다. 그러나 미국과 소련, 그리고 그 외 핵무기 보유국들의 전략은 계속 변화해왔다. 여기서는 미국의 핵전략을 중심으로 그 시대적 변천을 따라가며 설명하도록 하자.

첫 번째의 핵전략은 비대칭적인 선제핵공격이다. 한마디로 미국이 핵무기를 독점하고 있던 시절 소련을 포함해 그 어느 나라든 미국의

●●● 1903년 헝가리 부다페스트에서 태어난 지적 괴물 존 폰 노이만은 미국의 원자폭탄 개발 프로젝트인 맨해튼 프로젝트에 참여했고, 제2차 세계대전 후에는 원자력위원회의 위원과 각종 군사문제의 고문 및 컨설턴트로 미국의 핵무기 개발에 지대한 영향을 미쳤다. 미국의 선제핵공격을 주장한 인물로 1950년에 "만약 당신이 (소련을) 내일 폭격하자고 한다면, 나는 왜 오늘은 안 되냐고 묻겠어. 만약 당신이 오늘 5시라고 한다면, 나는 왜 1시는 안 되냐고 말하겠어"라고 말했다.

헤게모니에 도전하면 핵폭탄으로 선제공격을 가해야 한다는 전략이다. 사실 태평양전쟁 종전 후 이 전략이 공식적으로 채택된 적은 없었다. 하지만 일부의 사람들은 이러한 견해를 거리낌없이 내비쳤고, 이들은 심지어 1949년 8월 소련의 핵실험 성공 이후에도 선제핵공격이 필요하다고 주장했다. 가령, 한국전쟁 때 국제연합군 사령관 더글러스 맥아더는 원자폭탄을 사용해야 한다고 당시 미국 대통령 해리트루먼Harry Truman을 압박하다 해임되기도 했다.

하지만 선제핵공격을 주장하는 사람들 중 맥아더나 뒤의 17장에 나올 미 전략공군사령관 커티스 르메이Curtis LeMay보다 더 영향력이 큰 사람이 있었다. 그 인물은 1903년 헝가리 부다페스트Budapest에서 태어난 지적 괴물 존 폰 노이만John von Neumann이다. 그는 미국의 원자폭탄 개발 프로젝트인 맨해튼 프로젝트Manhattan Projec에 참여했고, 제2차 세계대전 후에는 원자력위원회의 위원과 각종 군사문제의 고문 및 컨설턴트로 미국의 핵무기 개발에 지대한 영향을 미쳤다.

노이만의 지적 능력은 한마디로 묘사가 불가능할 정도로 압도적이었다. 무수히 많은 일화 중 몇 가지만 들자면, 알베르트 아인슈타인Albert Einstein이 입학과 졸업에 어려움을 겪었던 스위스의 대학 ETH를 포함해 모든 학교를 수석으로 졸업했고, 여섯 살 때 자신의 아버지와 고대 그리스어로 대화를 나눴으며, 무한급수의 계산을 암산으로 할 정도였다. 수학을 공부했지만 그의 관심사는 단지 수학에만 그치지 않고 물리학, 컴퓨터 등 다방면에 걸쳐 있었다. 특히, 그는 이 책이 지속적으로 다루고 있는 게임이론을 혼자 힘으로 창조해낸 사람이기도 하다.

그의 선제핵공격 주장은 앞뒤 잴 줄 모르는 호전적 군인의 허풍이 아니고 논리적인 계산의 결과라서 더욱 으스스했다. 일종의 동적 게임이론이라고 할 만한 그의 논리는 이런 식이었다. 시간이 가면 언젠가는 적이 미국에 필적할 핵무기를 갖게 됨은 틀림없는 사실이다. 그리고 그런 때가 오면 미국도 함부로 적을 공격할 수 없다. 왜냐하면 그랬다가는 적의 핵공격에 의해 미국도 완전히 파멸되기 때문이다.

그렇다면, 핵무기를 독점하고 있는 지금 아예 선제핵공격으로 싹을 잘라야 한다. 소련이 이미 핵무기를 보유한 1950년대 초반도 이미 늦기는 했지만 여전히 선제핵공격은 유효하다. 도시 몇 개는 소련의 핵반격으로 사라지겠지만 질적·양적으로 앞서는 미국의 핵전력으로 여전히 적을 지구상에서 완전히 없애버릴 수 있기 때문이다. 그는 1950년에 자신의 생각을 다음과 같이 노골적으로 밝혔다.

"만약 당신이 (소련을) 내일 폭격하자고 한다면, 나는 왜 오늘은 안 되냐고 묻겠어. 만약 당신이 오늘 5시라고 한다면, 나는 왜 1시는 안 되냐고 말하겠어."

노이만의 이러한 전쟁광적인 모습은 1964년에 개봉된 영화 〈닥터 스트레인지러브: 어떻게 나는 걱정을 멈추고 (핵)폭탄을 사랑하게 되었나Dr. Strangelove or: How I Learned to Stop Worrying and Love the Bomb〉의 주인공 스트레인지러브를 연상시킨다. 영화 속에서 스트레인지러브는 나치 독일을 위해 일하다 미국으로 건너와 핵무기 개발을 책임진 헝가리인으로 나온다. 노이만 외에도 스트레인지러브의 모델로 여겨지는 사람에는 잠시 뒤에 나올 허만 칸Herman Kahn과 나치 독일의 미사일 V2를 개발했던 베르너 폰 브라운Wernher von Braun 등이 있다. 노이만은 1957년 골수암과 췌장암으로 죽었는데, 신앙의 필요성을 일종의 게임이론적 논리로 설명한 블레즈 파스칼Blaise Pascal처럼 말년에 가톨릭에 귀의했다.

노이만의 막대한 영향력에도 불구하고 미국이 선제핵공격에 나서지 않은 것은 어쩌면 당시 미국 대통령이었던 아이젠하워Dwight Eisenhower의 덕분이었을지도 모른다. 핵무기 사용을 혐오스러워했던

●●● <닥터 스트레인지러브>는 스탠리 큐브릭(Stanley Kubrick) 감독의 작품으로, 냉전의 허약한 본질과 '상호확증파괴'를 풍자한 블랙코미디의 진수로 평가받고 있다. 이 영화는 가상의 공군기지에서 미친 장군 잭 D. 리퍼(Jack D. Ripper)가 소련에 대한 선제핵공격을 명령하면서 시작된다. 세상의 종말을 멈추기 위해 미 대통령과 대통령을 보좌하는 미 합동참모본부, 리퍼의 기지에 있던 영국 공군 대령 라이오넬 맨드레이크(Lionel Mandrake)가 세상의 종말을 부를 리퍼의 명령을 취소하려고 시도하지만, 결국 핵폭탄이 터지는 것을 막지 못한다. 사진은 고장 난 핵폭탄의 뇌관을 고치기 위해 핵폭탄에 걸터앉은 채로 떨어지는 B-52 폭격기 기장 소령 T. J. "킹" 콩("King" Kong)의 모습.

아이젠하워 시절, 즉 1952년부터 1960년까지 미국의 두 번째 핵전략은 이른바 '대량보복'이었다.

대량보복은 개념적으로 아주 단순했다. 미국의 동맹국 누구에게라도 공격이 가해지면 대량의 핵무기로 보복하겠다는 것이었다. 이는 단지 소련의 핵공격뿐만 아니라 핵무기를 동반하지 않은 소련의 재래식 공격에 대해서도 마찬가지였다. 개념적으로는 나무랄 데 없었지만 대량보복전략은 이후 비판의 대상이 되었다. 아마도 가장 큰 타격은 1956년 소련의 헝가리 침공 때 미국의 대량보복전략이 아무런 소용

●●● 미국 경제학자 토머스 셸링(사진)은 저서 『갈등의 전략』에서 "제2차 세계대전 후 미국과 소련은 핵무기 경쟁을 벌였고, 어느 한 나라가 먼저 핵무기를 사용한다면 반드시 그것에 상응하는 보복을 하겠다는 사실을 상대방에게 확실하게 인식시켰다. 그 결과 두 나라는 선제 핵공격을 할 수는 있지만 보복을 당할 것이 분명하기 때문에 군비경쟁을 계속하면서도 전쟁을 피할 수 있었다"고 말했다.

이 없었다는 점이었다.

사실, 대량보복전략은 미국의 동맹국을 지키겠다는 전략이라서 공산권에서 벌어진 일에 무기력했다는 비판은 논점을 벗어난 트집에 가까웠다. 실제로 그 기간 동안 미국의 동맹국 중 공산권의 공격을 받은 나라는 없었다. 이는 대량보복의 위협이 전쟁의 억제책으로 작동하고 있다는 실제적 증거였다. 그러나 미국의 군부는 좀 더 공세적인 교리를 원했다.

한편, 캘리포니아 버클리대학교에서 학부를 마치고 하버드대학교에서 박사학위를 받은 토머스 셸링Thomas Schelling은 1960년 핵무기와 핵전쟁을 바라보는 새로운 관점을 제시했다. 셸링의 관점은 1961년 1월 미국의 새로운 대통령이 된 존 F. 케네디John F. Kennedy의 재임 시기에 큰 관심을 받았다. 셸링의 관점이 어떤 것이었는지 좀 더 구체적으로 알아보자.

셸링에 의하면, 핵무기는 처음부터 아예 갖지 않는 것이 더 나은 그런 무기였다. 우선, 백과 흑이 모두 갖지 않으면 두 나라 모두 최선의 경우라고 할 수 있다. 핵전쟁으로 인해 두 나라 모두 지도상에서 사라질 걱정을 하지 않아도 되기 때문이다. 한편, 한쪽은 갖고 다른 한쪽은 갖지 않으면 가진 쪽은 차선, 가지지 못한 쪽은 최악이라고 할 만했다. 핵무기를 가진 적에 대해 핵무기 없이 대항하기 극히 곤란함은 이미 앞에서 얘기한 바와 같아서다. 마지막으로, 둘 다 갖게 되는 경우 막상 이러지도 저러지도 못해서 둘 다 차악에 해당했다. 핵무기 개발한다고 헛돈을 썼을 뿐만 아니라 의도치 않은 사고나 실수로 전면 핵전쟁이 일어날 가능성이 있기 때문이다. 이러한 이해득실 관계를 정리한 결과가 〈표 16.1〉이다.

〈표 16.1〉 핵무기 보유의 이해득실에 대한 셸링의 설명

		흑	
		핵무기를 갖지 않는다	핵무기를 갖는다
백	핵무기를 갖지 않는다	(최선, 최선)	(최악, 차선)
	핵무기를 갖는다	(차선, 최악)	(차악, 차악)

〈표 16.1〉을 보면 알 수 있듯이, 백과 흑 모두에게 우성대안은 없다. 하지만 2개의 내쉬 균형Nash equilibrium(미국의 수학자 존 내쉬John Forbes Nash Jr.가 증명한 게임 상황의 한 가지 해)이 존재한다. 내쉬 균형은 백과 흑이 임의의 선택을 한 후, 그 선택으로부터 벗어날 유인이 없는 경우를 말한다. 첫 번째 내쉬 균형은 둘 다 핵무기를 갖지 않는 경우다. 가령, 백과 흑이 핵무기를 갖지 않는 선택을 이미 한 상황에서 각각 핵

무기를 갖는 새로운 선택을 해봐야 최선에서 차선으로 나빠질 뿐이다. 백과 흑이 합리적이라면 그렇게 할 리가 없으므로 둘 다 핵무기를 갖지 않는 선택의 조합은 다른 선택의 조합으로 바뀌지 않는다. 반면, 두 번째 내쉬 균형은 둘 다 핵무기를 갖는 경우다. 이미 둘 다 핵무기를 갖고 나면 백이든 흑이든 자발적으로 핵무기를 포기해봐야 차악에서 최악으로 오히려 더 나빠질 뿐이다. 따라서 그런 일은 벌어지기 어렵다.

〈표 16.1〉과 같은 이해득실을 갖는 상황을 게임이론은 '수사슴 사냥'이라고 부른다. 백과 흑이 공동의 목표를 추구하는 경우에는 커다란 사냥감인 수사슴을 잡을 수 있지만 각각 자신의 이익만 추구하면 조그마한 토끼를 잡는 것에 그친다는 의미다.

그럼에도 불구하고, 실제로 미국과 소련은 양자 모두 핵무기를 갖는 선택을 이미 했다. 이러한 일이 벌어지게 된 이유를 셸링은 다음과 같이 설명했다. 핵무기를 단독으로 보유하는 상황이 차선임에도 불구하고 이를 최선으로 잘못 인식할 수 있기 때문이라는 것이다. 〈표 16.1〉의 이해득실을 방금 전의 설명에 따라 바꾸면 〈표 16.2〉가 나온다.

〈표 16.2〉 핵무기 보유의 최선과 차선을 바꾼 경우의 이해득실

		흑	
		핵무기를 갖지 않는다	핵무기를 갖는다
백	핵무기를 갖지 않는다	(차선, 차선)	(최악, 최선)
	핵무기를 갖는다	(최선, 최악)	(차악, 차악)

〈표 16.2〉를 보면 어딘가 낯이 익다. 앞의 8장에서 군비경쟁의 이해득실을 나타낸 〈표 8.3〉과 질적으로 같다. 다만, 〈표 8.3〉이 크기를 나타내는 숫자로 표현되었다면 〈표 16.2〉는 순서를 나타내는 언어로 표현되었다는 차이만 있을 뿐이다. 다시 말해, 우성대안이 있지만 그것을 택하고 나면 아이러니하게도 백과 흑 모두 차악에 그친다. 그리고 그러한 선택의 조합은 유일한 내쉬 균형이기도 해 빠져나오기도 어렵다. 즉, 전형적인 '죄수의 딜레마'다. 셸링은 상대방 선택에 대한 불확실성이나 무엇이 최선인가에 대한 다른 견해 등으로 인해 '수사슴 사냥'이 불행하게도 '죄수의 딜레마'로 바뀔 수 있다고 지적했던 것이다.

셸링의 설명은 무슨 일이 벌어졌는가에 대한 해설은 될 수 있을지 몰라도 이미 죄수의 딜레마에 빠져버린 미소 간의 핵군비경쟁에 대한 구체적인 해결책이 되기에는 부족했다. 이러한 비판을 모르지 않았던 셸링은 새로운 핵전략을 제시했다. 미국의 세 번째 핵전략이라고 부를 수 있는 상호확증파괴Mutually Assured Destruction, 즉 매드MAD의 출현이었다.

매드의 논리는 이렇다. 이미 미국과 소련이 핵무기를, 그것도 아주 많이 갖고 있다는 것은 기정사실이므로 하루아침에 이를 다 없애기는 현실적으로 불가능에 가깝다. 그러므로 이제 관심을 기울여야 할 것은 핵무기의 보유 여부가 아니다. 그렇게 갖고 있는 핵무기를 쓸 것이냐 말 것이냐가 문제다. 미국과 소련이 둘 다 핵무기를 쏘지 않는다면 핵무기에 쓴 돈을 제외한 3이라는 이익을 가질 수 있다.

그러나 어느 한쪽이라도 핵무기를 사용하는 순간, 누가 먼저 사용했건 간에 미국과 소련은 둘 다 지구상에서 사라진다. 상대방의 선제핵공격 가능성을 두 나라 모두 두려워한 나머지 선제공격을 받아도 남은 걸로 상대방을 수차례 이상 파멸시킬 정도의 핵무기를 이미 쌓아두었기 때문이다. 즉, 매드의 이해득실은 다음의 〈표 16.3〉과 같다.

〈표 16.3〉 매드의 이해득실

		흑	
		핵무기를 쏘지 않는다	핵무기를 쏜다
백	핵무기를 쏘지 않는다	(3, 3)	(−∞, −∞)
	핵무기를 쏜다	(−∞, −∞)	(−∞, −∞)

따라서 선제핵공격은 무의미한 자살행위에 불과하다. 〈표 16.3〉에서 이를 마이너스 무한대(-∞)로 나타냈다. 다시 말해 핵전쟁의 승자는 있을 수 없고, 오직 공멸만이 있을 뿐이라는 것이다. 〈표 16.3〉에 의하면 핵무기를 쏘지 않는 것이 백과 흑 모두의 우성대안이다. 즉, 미국과 소련은 둘 다 핵공격의 가능성을 언급하며 상대방을 위협하기는 하지만 미치지 않고서는 실제로 쏠 리는 없다.

1960년대에 미국의 국방장관이었던 로버트 맥나마라Robert McNamara는 매드의 논리를 즉시 이해했다. 이미 미소 양국에게 서로를 완전히 파괴할 수 있는 역량이 갖춰졌으므로 이제 바랄 수 있는 최상의 상태는 다소 역설적이지만 이른바 '공포의 균형'이었다. 전면핵전쟁을 암시하며 서로를 위협하지만 그 때문에 오히려 전쟁이 나지는 않는다는 것이었다. 왜냐하면 선제핵공격은 아무것도 얻을 게 없는 자살행위기

●●● 1960년대 존 F. 케네디 행정부의 국방장관인 로버트 맥나마라는 상호확증파괴(MAD)의 논리를 즉시 이해했다. 이미 미소 양국에게 서로를 완전히 파괴할 수 있는 역량이 갖춰졌으므로 이제 바랄 수 있는 최상의 상태는 이른바 '공포의 균형'이었다. 전면핵전쟁을 암시하며 서로를 위협하지만 그 때문에 오히려 전쟁이 나지 않는다는 것이었다. 선제핵공격은 아무것도 얻을 게 없는 자살행위나 다름없기 때문이다. 미소 간에 핵전쟁이 벌어지지 않은 역사적 사실로 미루어보건대 상호확증파괴전략은 실제로 잘 작동한 전략이었다.

때문이다.

그렇다면 추가적인 핵군비 증대는 맥나마라가 보기에 한마디로 미친 돈 낭비였다. 선제핵공격을 받고도 소련을 세 번 이상 파괴시킬 수 있는데 거기서 한 번 더 파괴한다고 뭐가 달라지겠냐는 것이었다. 또한, 재래식 군비의 증대도 비용 대 효과의 관점에서 불필요하다고 봤다. 어차피 미소 간 전쟁의 억지력은 이미 쌓아놓은 핵무기에 의해 담보되기 때문이었다. 맥나마라는 핵무기 투하의 3인조, 즉 대륙간탄미사일, 전략폭격기, 그리고 잠수함발사탄도미사일의 세 부류 총량을 각각 400메가톤으로 제한했다. 미소 간에 핵전쟁이 벌어지지 않은 역사적 사실로 미루어보건대 매드는 실제로 잘 작동한 전략이었다.

핵무기 보유국이기는 하지만 미국과 소련의 핵전력에는 한참 못 미치는 영국과 프랑스 등은 매드와 다른 전략을 채용했다. 어차피 규모

면에서 소련을 쫓아갈 방법은 없으니 대신 소련을 멸망시키지는 못해도 아프게 할 정도는 기필코 유지하자는 것이었다. 말하자면, 재래식 전쟁에서의 스위스군 모델을 핵전쟁에 도입한 격이었다. 가령, 영국의 경우, "어떠한 상황에서도 모스크바 하나는 확실하게 파괴할 정도의 핵전력을 유지한다"는 이른바 모스크바 기준이라는 것을 표방했다. 그래서 영국은 선제핵공격에 대해 가장 생존성이 뛰어난 잠수함 발사탄도미사일만 남기고 나머지 핵전력은 모두 포기했다.

그러나 매드에는 몇 가지 약점이 있었다. 첫째는 비윤리성이었다. 물론 실제로 사용될 가능성은 전무에 가깝다고는 해도 전쟁이 나면 민간인을 목표로 핵무기를 쏘겠다는 발상이 윤리적이지 않다는 것이었다. 둘째는 비합리성이었다. 핵반격을 한다는 얘기는 이미 적의 핵공격이 개시되어 매드의 궁극적 목표인 핵전쟁 억제에 실패했다는 얘기인데, 뒤늦게 쏴서 뭐가 달라지냐는 것이었다. 셋째는 대응의 비유연성이었다. 실제의 제한적 전쟁이나 재래식 전쟁에 핵전력이 별로 도움이 되지 않는다는 것으로, 베트남전을 치르면서 매드는 무기력한 전략이라는 비판이 제기되었다. 마지막으로, 매드가 핵무기의 확산을 제어하지 못했다는 지적도 상당히 아팠다. 실제로, 인도, 파키스탄, 이스라엘 등은 그사이 비공식적인 핵클럽 국가가 되었다.

결국, 매드에 공식적으로 반기를 든 사람들이 나타났다. 미 공군의 싱크 탱크think tank였던 랜드 코포레이션RAND Corporation의 허만 칸이 대표적인 인물이었다. 캘리포니아 엘에이대학교와 칼텍에서 물리를 공부한 칸은 핵공격 표적선택Nuclear Utilization Target Selection, 즉 넛츠NUTS라는 전략을 들고 나왔다.

●●● 매드(상호확증파괴)에 공식적으로 반기를 든 사람들이 나타났다. 미 공군의 싱크 탱크였던 랜드 코포레이션의 허만 칸(사진)이 대표적인 인물이었다. 캘리포니아 엘에이대학교와 칼텍에서 물리를 공부한 칸은 핵공격 표적선택(Nuclear Utilization Target Selection), 즉 넛츠(NUTS)라는 전략을 들고 나왔다. 넛츠는 한마디로 핵전쟁의 승리라는 개념이 불가능하지 않다는 주장이었다.

넛츠는 한마디로 핵전쟁의 승리라는 개념이 불가능하지 않다는 주장이었다. 넛츠는 크게 세 부분으로 구성되었는데, 1) 도시를 목표로 하지 말고 적의 핵전력을 목표로 하며, 2) 핵무기의 정확도를 비약적으로 높이고, 3) 적의 핵무기를 요격할 수 있는 수단을 갖자는 것이었다. 이들을 통해 적의 위협 수준에 맞춰 적절한 대응을 함으로써, 결과적으로 이길 수 있는 핵전쟁도 있을 수 있다고 봤다. 이 세 가지가 달성되면 매드의 작동에 핵심적인 상대방의 보복역량이 현저히 낮아진다.

캘리포니아 버클리대학교에서 정치학으로 박사를 받은 컬럼비아대학교의 로버트 저비스Robert Jervis와 같은 매드의 주창자들은 바로 그게 문제라고 지적했다. 매드에 필수적인 충분한 2차적 보복역량의 확보가 불투명해질 것으로 예상되면, 차라리 늦기 전에 지금 선제핵공격을 감행할 유인이 커진다는 것이었다. 넛츠는 매드의 상황을 다시 핵무기 보유국과 비보유국의 비대칭적인 관계로 만들자는 전략이었다. 외부에 잘 알려져 있지 않지만 매드의 주창자와 넛츠의 옹호자 사이의 논쟁은 매우 격렬했다.

〈표 16.4〉 넛츠의 이해득실

		흑	
		매드에 의존한다	넛츠를 채택한다
백	매드에 의존한다	(차선, 차선)	(차악, 최선)
	넛츠를 채택한다	(최선, 차악)	(최악, 최악)

칸의 논리에 의하면 넛츠의 이해득실은 〈표 16.4〉와 같다. 기존의 매드에 의존하는 것은 백과 흑 모두에게 차선이다. 공포의 균형에 의해 기분은 찜찜하지만 실제로 양국 간의 전쟁은 좀처럼 일어나지 않는다. 한편, 한쪽이 매드를 고수할 때 다른 한쪽이 넛츠를 채택하면 넛츠를 채택한 쪽은 전략적 패권을 쥐므로 최선, 매드를 고수한 쪽은 차악이다. 그리고 둘 다 넛츠를 채택하면 영원히 불안정한 신무기 개발 경쟁을 벌이게 되므로 양쪽 모두 최악이다.

〈표 16.4〉를 보면, 백과 흑 모두에게 우성대안은 없는 대신, 2개의

내쉬 균형이 있다. 바로 한쪽만 넛츠를 추구하는 경우다. 즉, 백이 넛츠를 채택하고 흑이 매드를 고수하면 백은 최선의 결과를 얻을 수 있다. 하지만 흑도 넛츠를 택하면 최악의 결과다. 이런 상황을 게임이론은 '겁쟁이'라고 부른다. 무모한 만용을 겨루려고 두 차가 서로 마주 보고 전속력으로 달려오다가 '이대로 가다가는 정면충돌로 죽고 말겠어!' 하고 겁을 먹은 운전자가 핸들을 꺾어 피하는 것과 같은 상황이라는 뜻이다. 그나마 한쪽이 꼬리를 내리면 다행이지만 양쪽 모두 끝까지 고집을 부리다가는 결국 둘 다 죽고 만다.

넛츠에도 약점이 없지는 않았다. 우선, 넛츠가 가정하는 제한핵전쟁이 전면핵전쟁으로 비화하지 않는다는 보장이 없고, 또 제한핵전쟁만으로도 파괴의 규모가 충분히 너무나 클 수 있다는 점이었다. 그리고, 비대칭적 우위 획득을 목표로 하는 넛츠는 최선의 시나리오라는 게 무한히 지속되는 군비경쟁이고, 최악은 예방적 전쟁의 성격을 띤 전면핵전쟁의 촉발이었다. 한마디로 넛츠는 국제정세의 불안정을 초래하는 전략이었다.

1970년대 들어 미국에서 넛츠는 매드를 조금씩 대치했고, 결국 1980년 7월 25일 미국 대통령으로서 임기가 얼마 남지 않은 지미 카터Jimmy Carter는 넛츠를 미국의 공식 핵전략으로 받아들였다. 평화주의자였던 카터가 매드를 버리고 넛츠를 택한 것은 사실 꽤나 아이러니한 일이었다. 카터는 건물의 피해는 최소화하면서 인명만을 주로 살상하는 중성자탄이 그 특징으로 인해 오히려 사용 가능성이 높다면서 자신의 임기 동안 끝내 이의 개발을 승인하지 않을 정도로 윤리적 가치를 중시했다.

카터는 넛츠의 옹호자들에게 둘러싸여 있었는데, 특히 닉슨 행정부 때 국방장관을 지냈고 카터 때 에너지장관이었던 제임스 슐레진저James Schlesinger와 국가안보보좌관 즈비그뉴 브레진스키Zbigniew Brzezinski가 대표적이었다. 특히 슐레진저는 원자력과 관련된 모든 사항을 관장하는 에너지장관으로서 중성자탄의 개발을 줄기차게 주장했고, 카터가 끝끝내 거부하자 중성자탄의 핵심 부품을 대신 개발시킴으로써 카터를 농락했다. 카터는 매드가 비윤리적이라는 비난에 특히 괴로워했고, 결과적으로는 더 많은 무력 사용을 야기하기 쉬운, 하지만 표면적으로 인도주의적으로 보이는 넛츠에 결국 굴복하고 말았다.

사실 알고 보면 매드와 넛츠는 영어로 모두 미쳤다는 뜻이다. 매드라는 말을 만든 장본인은 노이만으로 선제핵공격을 줄기차게 주장했던 그가 보기에 상호확증파괴는 정신 나간 헛소리로 들렸을지도 모르겠다. 혹은 자신이 만든 최초의 컴퓨터에 대해 매니악MANIAC, 즉 미치광이라는 이름을 붙인 노이만의 독특한 정신세계 탓이었을 수도 있다. 한편, 그게 멋있어 보였는지 칸은 노이만을 흉내 내 넛츠라는 말을 억지로 지어냈다. 그게 너무 억지여서 1980년대에는 넛츠를 Nuclear Use Theorie(S)로 풀기도 했다. 하지만 그마저도 심한 억지다.

한마디로, 핵전쟁이란 이래도 미친 짓이요, 저래도 미친 짓이다.

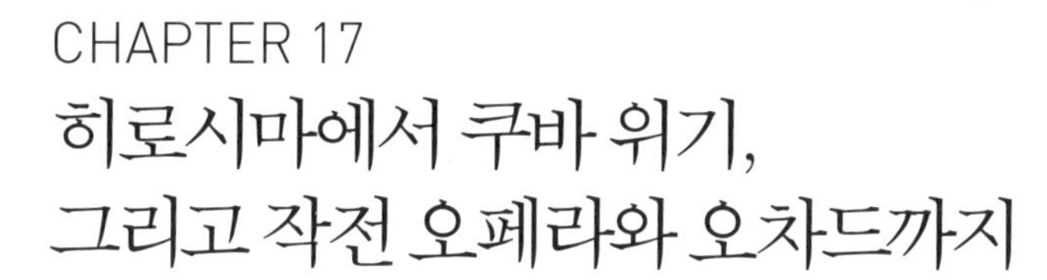

CHAPTER 17 히로시마에서 쿠바 위기, 그리고 작전 오페라와 오차드까지

● 1960년대 냉전이 한창이던 시절, 미국 국방부에서 있었던 일이다. 핵전쟁이 실제로 벌어지면 얼마나 많은 핵무기가 필요한가를 놓고 논쟁이 벌어졌다. 공군 소속의 한 장군은 군 경험도 없는 민간인이 자신과 다른 의견을 내놓자 화가 치밀어 올라, "당신 의견은 필요하지 않아!" 하고 위압적으로 고함을 질렀다. 확실하지는 않지만 일설에는 그게 공군참모총장이었다는 얘기도 있다. 전후 사정을 미뤄보건대 1961년부터 1965년 초까지 공군참모총장이었던 커티스 르메이가 장본인이었던 것 같다. 르메이라면 충분히 그러고도 남을 만한 인물이었다.

그러나 르메이 눈에 애송이로 비친 30대 초반의 민간인은 눈 하나 꿈쩍하지 않았다. 그는 침착한 목소리로 다음과 같이 말했다.

"장군, 당신이 치른 핵전쟁 횟수만큼 나도 치러봤는데."

실제의 핵전쟁을 해본 사람은 아무도 없기 때문에 군인이라고 해서 무조건 더 잘 안다고 볼 수는 없다는 얘기였다. 당시 국방부차관보였던 알렌 엔토벤Alain C. Enthoven은 랜드 코포레이션에서 시스템 분석가로 일하다 국방장관 맥나마라가 뽑은 인물로 나중에 국방차관보로도 일했다. 엔토벤이 지적한 대로 핵전쟁에 대한 사례는, 그래서 핵전쟁으로 번질 뻔했던 역사적 사건들을 소개할 수밖에 없다.

보통 핵전쟁과 관련된 사례를 들라면 태평양전쟁 종전 직전 히로시마廣島와 나가사키長崎에 대한 미군의 원자폭탄 투하에서 시작할 것 같다. 그 사례를 들기는 하겠지만 나는 이 책의 마지막 장인 이번 장을 다른 얘기로 시작하고 싶다. 바로 전략폭격에 대한 얘기다. 핵무기는 사실 전략폭격의 연장선상에 놓여 있는 무기다.

전략폭격은 1921년 이탈리아의 줄리오 두에Giulio Douhet가 제안한 개념으로, 폭격기로 적의 후방을 폭격하는 것을 말한다. 전략폭격은 궁극적으로 적의 도시와 민간인을 목표로 하기에 야만적인 행위라는 비난을 면하기 어렵다. 표면적으로는 적의 전쟁수행에 핵심적인 시설만 제한적으로 노린다고 얘기하지만, 전략폭격주의자들의 본심은 도시를 완전히 잿더미로 만들어 사람들을 공포에 떨게 만듦으로써 육군과 해군의 도움 없이 전략공군만으로 전쟁에 이길 수 있다는 것이다. 영국에서는 전략폭격을 두고 아예 노골적으로 '테러폭격'이라고도 부른다.

물론, 고대의 전쟁에서 한 부족을 몰살시킨다든가 성을 함락시킨 뒤 남녀노소 가리지 않고 학살한 사례가 없지 않다. 그러나 전투에 참가하지 않은 민간인을 의도적으로 죽이려 드는 것은 군인의 긍지에 반한다는 인식이 시간이 가면서 생겨나 서로 자제하게 되었다. 전략

●●● 전략폭격은 이탈리아의 줄리오 두에가 제안한 개념으로, 폭격기로 적의 후방을 폭격하는 것을 말한다. 전략폭격은 궁극적으로 적의 도시와 민간인을 목표로 하기에 야만적인 행위라는 비난을 면하기 어렵다. 표면적으로는 적의 전쟁수행에 핵심적인 시설만 제한적으로 노린다고 얘기하지만, 전략폭격주의자들의 본심은 도시를 완전히 잿더미로 만들어 사람들을 공포에 떨게 만듦으로써 육군과 해군의 도움 없이 전략공군만으로 전쟁에 이길 수 있다는 것이다. 사진은 제2차 세계대전 당시 미국과 영국이 독일 드레스덴에 전략폭격을 실시해 초토화된 도시의 모습.

폭격은 다시 야만적 상태로 퇴보하자는 것에 다름 아니다.

전략폭격을 이론에 머물지 않고 실제로 극한까지 수행한 두 사람이 있다. 한 명은 '도살자'라는 별명을 가진 영국의 아서 해리스Arthur Harris다. 제2차 세계대전 때 영국 공군의 폭격사령관이었던 해리스는 1945년 2월 722대의 폭격기로 독일의 드레스덴Dresden을 폭격해 도시의

●●● 전략폭격을 이론에 머물지 않고 실제로 극한까지 수행한 두 사람이 있다. 한 명은 '도살자'라는 별명을 가진 영국의 아서 해리스(왼쪽)고, 다른 한 명은 태평양 전역에서 미 20공군을 지휘한 커티스 르메이(오른쪽)다. 제2차 세계대전 때 영국 공군의 폭격사령관이었던 해리스는 1945년 2월 722대의 폭격기로 독일의 드레스덴을 폭격해 도시의 80% 이상을 파괴했다. 르메이는 유럽에서 사용하던 고고도 주간 정밀폭격의 효과가 일본에 대해 미미하자 저고도 야간 융단폭격을 지시했다. 이로 인해 10만 명이 죽고 15만 명이 부상당했는데, 그 피해는 드레스덴 공습 피해보다도 컸다.

80% 이상을 파괴했다. 이때 떨어뜨린 고폭탄과 소이탄은 3.9킬로톤에 달했다. 소이탄은 도시 전체를 불태우기 위해서, 그리고 고폭탄은 화재 진압을 어렵게 만들기 위해서 떨어뜨렸다. 이때 처음으로 '융단폭격'과 '블록버스터blockbuster'라는 말이 생겨날 정도로 드레스덴 폭격은 야만적이었다. 해리스는 "무기공장을 부술 수 없다면 그 공장에서 일하는 사람들을 죽이고 그들의 집을 잿더미로 만들자"나 "군인이건 민간인이건 적을 위해 흘릴 눈물 따윈 없다" 등과 같은 말을 남겼다.

다른 한 사람은 앞에서 언급했던 문제의 커티스 르메이다. 1944년부터 태평양전역에서 미 20공군을 지휘한 르메이는 미공군이 유럽에서 사용하던 고고도 주간 정밀폭격의 효과가 일본에 대해 미미하자

저고도 야간 융단폭격을 지시했다. 1945년 3월 10일 폭격기 B-29 344대로 도쿄東京를 폭격해 2.4킬로톤의 소이탄을 퍼부었다. 이로 인해 10만 명이 죽고 15만 명이 부상당했는데, 그 피해는 드레스덴 공습 피해보다도 컸다. 르메이는 '석기시대'라는 말로도 유명한데, 도쿄 폭격을 나가면서 "일본을 석기시대로 되돌려놓겠다"고 말했고, 베트남전 때는 미국 독립당의 부통령 후보로 "북베트남을 석기시대로 되돌려놓겠다"는 공약을 내세웠다. 물론, 낙선했다.

그러나 전략폭격주의자들의 주장대로 된 전쟁은 거의 없었다. 전략폭격이 처음으로 실행된 1930년대의 스페인 내전과 중일전쟁부터 이후 베트남전까지 실제로 별로 효과가 없다는 게 밝혀졌다. 잔인하기만 하고 적국의 국민들을 공포에 떨게 만들기보다는 적개심에 불타오르게 만드는 역효과만 컸다. 그리고 내가 적의 도시를 때린 만큼 나도 얻어맞게 되기에 이는 곧 무의미한 파괴면서 동시에 자살행위였다. 한마디로 하나만 알고 둘은 모르는 한심한 근시안적 방침이었다.

인류의 역사상 핵무기가 실제로 사용된 것은 두 번이었다. 1945년 8월 6일 히로시마에, 그리고 3일 뒤인 8월 9일 나가사키에 미국은 각각 원자폭탄 1발씩을 떨어뜨렸다. 같은 해 7월 16일, 미국 뉴멕시코 사막에서 최초의 핵실험에 성공한 뒤 채 한 달이 지나지 않은 시점이었다. 당시 미군은 전세가 기울었음에도 불구하고 여전히 전멸할 때까지 항전하는 일본군에 질려 있었다.

미군의 원폭 투하 결정은 세 가지 이유에서 이뤄졌다. 첫째, 기존 전략폭격 교리의 연장선상이었다. 도쿄 폭격 후 조종사들은 르메이에게 분통을 터뜨렸는데, 저고도 비행으로 인해 처하지 않아도 되는 위험에 처했기 때문이었다. 르메이는 조금도 굴하지 않고, "내일은 나고야名古屋, 모레는 오사카大阪, 그 다음은 고베神戸다" 하고 말하며, 6일 만에 일본의 주요 도시 거의 모두를 잿더미로 만들어버렸다. 히로시마와 나가사키가 선택된 것은 그보다 큰 모든 다른 도시들은 이미 석기시대화되었기 때문이다. 교토京都도 후보지 중 하나였지만, 일왕을 남겨둬야 항복을 받을 수 있다는 이유로 교토는 끝까지 전략폭격을 면했다.

둘째는 전쟁을 빨리 끝내고 싶다는 조급함이었다. 히틀러의 자살과 독일의 항복으로 유럽에서의 전쟁은 이미 5월에 끝나 있었다. 이제 전쟁의 승패가 결정된 것이나 다름없으니 최종 승리까지 추가적인 미군의 피해를 감수하고 싶지 않았다. 마지막으로, 새로 개발한 원자폭탄이 실전에서 어느 정도 파괴력을 보일지 알고 싶었다. 뉴멕시코에서 터뜨린 원자

●●● 1945년 8월 6일 미국의 원자폭탄 "리틀 보이(little boy)"가 히로시마에 떨어져 폭발하는 모습.

폭탄의 폭발에너지는 20킬로톤 정도로 측정되었지만, 구체적인 건물 파괴와 인명살상 효과는 여전히 미지수였다. 전쟁 행위를 빌미로 그 효과를 실제로 실험하려는 의도도 없지 않았다.

일본은 미국이 기대한 대로 첫 번째 원폭 투하 후 9일 만인 8월 15일에 항복을 선언했다. 이후 미국에서 원폭은 '궁극의 무기'로 완전히 자리 잡았다. 그 지독한 일본군조차도 항복하게 만든 무기로 각인된 것이다. 이를 두고 미국의 전쟁장관이었던 헨리 스팀슨Henry Stimson은 핵무기는 기본적으로 '심리적 무기'라는 말을 하기도 했다. 너무도 강한 핵무기의 위력이 사람들에게 두려움을 일으키기에 실제로 사용할 필요 없이 존재만으로도 전쟁의 승리를 거두게 만든다는 거였다. 시간 순서상 원자폭탄 투하 후 일본이 항복한 것은 틀림없는 사실이었다.

그러나 여기에는 사실 수수께끼가 있

●●● 1945년 8월 9일 미국의 원자폭탄 "팻 맨(fat man)"이 나가사키에 떨어져 폭발하는 모습.

시간 순서상 원자폭탄 투하 후 일본이 항복한 것은 틀림없는 사실이었다. 그러나 일본이 갑작스레 항복한 결정적인 원인은 미국의 원자폭탄이 아니라 소련의 침공이었다. 소련은 8월 8일 자정 직전에 일본에 선전포고한 후 곧바로 8월 9일 자정부터 만주의 일본군을 공격했다. 남쪽의 미군 상륙에만 신경 쓰느라 북쪽은 아예 무방비 상태였기에 소련군이 일본 본토에 진주하는 것은 정말이지 시간문제였다.

다. 원자폭탄의 물리적 위력이 혹은 그로부터 파생된 심리적 위력이 그토록 세다면, 그리고 그 때문에 일본이 항복했다면, 왜 한 발이 아닌 두 발의 원폭을 투하했냐는 것이다. 8월 6일 히로시마에서 원자폭탄이 터진 것은 아침 8시 조금 넘은 시간이었다. 즉, 원자폭탄의 파괴력이 일본 항복의 결정적인 원인이었다면 6일이나 혹은 7일에 항복 선언까지는 아니어도 일본 내부에 이에 대한 긴급 회의가 있어야 마땅했다. 하지만 그런 것은 없었다. 심지어 8일까지도 일본은 여전히 항전의지를 다지고 있었다. 일본에게 원자폭탄은 미군이 수개월간 해오던 재래식 폭탄에 의한 전략폭격과 별로 다르지 않았다. 도시에 대한 노골적인 폭격이라면 이미 재래식 폭탄으로도 원자폭탄 못지않은 피해를 줄 수 있었다.

일본이 갑작스레 항복한 결정적인 원인은 미국의 원자폭탄이 아니라 소련의 침공이었다. 소련은 8월 8일 자정 직전에 일본에 선전포고한 후 곧바로 8월 9일 자정부터 만주의 일본군을 공격했다. 선전포고 소식이 알려지자마자 8월 9일 새벽 일본의 최고전쟁지도회의는 항복을 논의하기 위해 모였다. 6년 전 할하강 전투 때 이미 드러났듯이 일본 육군은 소련군의 상대가 될 수 없었다. 게다가 남쪽의 미군 상륙에만 신경 쓰느라 북쪽은 아예 무방비 상태였기에 소련군이 일본 본토에 진주하는 것은 정말이지 시간문제였다. 나카사키의 원자폭탄은 9일 오전 11시 조금 지나 투하되었기 때문에 회의 소집과 항복의 근본적인 원인이 될 수 없었다.

어떤 면으로 두 번의 원폭은 일왕과 일본 군부 입장에서 좋은 변명거리였다. 우선 대내적으로 패전의 책임을 '절대무기' 원자폭탄 탓으로 돌릴 수 있었다. 게다가 원자폭탄으로 공격받았다는 사실을 강조해 국제사회의 동정 여론을 끌어낼 여지가 생겼다. 마지막으로, 원자폭탄 때문에 항복했다는 말은 미국을 기쁘게 할 만한 얘기였다. 미국은 4년간 원자폭탄을 개발하느라 20억 달러의 돈을 들였다. 이것을 2017년의 가치로 환산한다면 305억 달러, 우리 돈으로 무려 33조 원이 넘는 돈을 단 2발의 원자폭탄을 만드는 데 쓴 셈이었다. 일본의 관료들은 첫 번째와 세 번째를 통해 일왕의 자리를 보존하려고 들었고, 결국 이에 성공했다.

원자폭탄의 파괴력에 대해서도 다소 신화가 있다. 히로시마 원폭의 수율은 16킬로톤으로 재래식 폭탄에 의한 전략폭격과 비교할 수 없을 정도로 강할 것 같다. 하지만 히로시마는 사망자 수에서 도쿄에 밀려 두 번째였고, 단위면적당 파괴 규모로 봤을 때는 여섯 번째에 그쳤으며, 도시 파괴율로는 열일곱 번째에 지나지 않았다. 공격받는 입장에서 보자면 한 발의 폭탄이었냐 아니면 500대의 B-29가 쏟아낸 1만 발의 1,000파운드 폭탄이었냐는 그렇게 중요한 문제가 아니다. 어느 쪽이든 도시는 완전한 잿더미가 된다.

인류가 전면핵전쟁의 위기에 가장 근접했던 사건은 짐작할 수 있듯이 1962년 미소 간의 쿠바 미사일 위기였다. 1961년 1월 아이젠하워에 이어 미국 대통령이 된 케네디를 미 군부와 미 중앙정보청장 앨런 덜레스Allen Dulles 등은 애송이 취급했다. 이들은 아이젠하워라면 절대 승인할 리 없는 쿠바에 대한 침공계획을 케네디에게 들이밀고는 국가안보에 절대로 필요한 사항이라고 우격다짐으로 밀어붙였다. 어리벙벙한 상태에서 이를 승인했던 케네디는 나중에 '피그스만 침공Bay of Pigs Invasion'(1961년 4월 피델 카스트로Fidel Castro의 쿠바 정부를 전복하기 위해 미국이 훈련한 1,400명의 쿠바 망명자들이 미군의 도움을 받아 쿠바 남부를 공격하다 실패한 사건)이라고 알려진 이 작전이 한심할 정도로 비참하게 실패하자 그 책임을 모두 뒤집어썼다. 케네디는 1961년 11월 덜레스를 해임하고 원자력위원장이자 엔지니어로서 이스라엘의 핵무기 개발계획을 언론에 알렸던 존 맥콘John McCone을 중앙정보청장에 임명했다.

미국의 침공 시도는 쿠바로 하여금 소련에 지원을 결사적으로 요청하게 만들었다. 소련의 서기장 니키타 흐루시초프Nikita Khrushchyov는 이에 동의해 쿠바에 중거리 핵미사일과 폭격기편대의 배치를 결정했다. 쿠바의 수도 아바나Habana에서 미국 플로리다까지의 거리는 채 400킬로미터가 안 될 정도로 가까웠기에 미국은 이를 심각한 위협으로 여겼다. 이런 정도의 거리라면 소련의 선제핵공격 가능성에 대해 그 이상으로 보복한다는 억제적 핵전략이 무용지물이 될 우려가 컸다.

미국은 소련에게 핵미사일 배치를 포기하라고 요구했지만, 1962년 10월 중순 전략정찰기에 의해 건설 중인 발사기지가 확인되자, 케네

●●● 1962년 10월 중순 미 전략정찰기에 의해 쿠바에 건설 중인 미사일 발사기지가 확인되자, 케네디는 10월 16일 국가안전보장회의를 소집했다. 미군의 각군 참모총장들은 쿠바에 대한 전면적인 선제공격을 합참의장 맥스웰 테일러를 통해 케네디에게 종용한 반면, 국방장관 맥나마라는 이에 동의하지 않았다. 사진은 당시 국가안전보장회의에 참석한 케네디(왼쪽)와 국방장관 맥나마라(왼쪽)의 모습.

디는 10월 16일 국가안전보장회의를 소집했다. 미군의 모든 각군 참모총장들은 쿠바에 대한 전면적인 선제공격을 합참의장 맥스웰 테일러Maxwell Taylor를 통해 케네디에게 종용했다. 그것만이 유일한 해결책이며 소련이 핵무기로 반격할 가능성은 없다는 것이 그들의 결론이었다. 테일러는 제2차 세계대전 디데이D-Day 때 미국의 101공수사단장으로 노르망디Normandie 후방에 부대원들과 함께 강하했던 인물이었다. 반면, 국방장관 맥나마라는 이에 동의하지 않았다. 쿠바를 침공하면 소련과 핵무기로 일전을 벌이게 되고, 또 쿠바에 배치된 핵무기 때문에 미소 간의 전략적 균형이 달라지는 것은 없다고 주장했다.

1962년 10월 22일, 케네디는 쿠바에 대한 '해상검역'을 결정하고 결국, 쿠바 미사일 위기는 10월 28일 미국이 쿠바에 대한 불가침선언을 하고 터키와 이탈리아에서 중거리 핵미사일 주피터를 철수하는 대신, 소련도 쿠바에서 핵무기를 철수하는 것으로 케네디와 흐루시초프 사이에 타협이 이뤄졌다. 13일 만에 전면핵전쟁으로 번질 위기가 해결되었던 것이다. 르메이는 이러한 해결을 두고 "미국 역사상 가장 수치스러운 패배"라고 언급했다.

그 해상검역선을 넘으면 전쟁 행위로 간주하겠다고 공개적으로 선언했다. 미 하원은 해상검역으로는 불충분하며 보다 매파적인 대응책을 마련해야 한다고 목소리를 냈다. 전 세계는 불안한 마음으로 두 강대국의 대결을 지켜봤다. 이 와중에 공군참모총장 르메이는 "우리가 핵무기 수에서 앞선다. 전쟁은 총알이 많은 쪽이 많이 죽이면 이기는 거다"라며 핵전쟁을 주장했고, 케네디가 해상검역과 더불어 흐루시초프와 최후협상을 시도하자 이를 뮌헨 협정에 비유하며 불만족스러워했다.

결국, 쿠바 미사일 위기는 10월 28일 미국이 쿠바에 대한 불가침선언을 하고 터키와 이탈리아에서 중거리 핵미사일 주피터Jupiter를 철수하는 대신, 소련도 쿠바에서 핵무기를 철수하는 것으로 케네디와 흐루시초프 사이에 타협이 이뤄졌다. 13일 만에 전면핵전쟁으로 번질 위기가 해결되었던 것이다. 르메이는 이러한 해결을 두고 "미국 역사상 가장 수치스러운 패배"라고 언급했다.

미소 간의 전면핵전쟁 위기는 이후로도 심심치 않게 벌어졌다. 그 중 가장 대표적인 것이 1983년의 이른바 '페트로프 사건'과 '유능한 궁수Able Archer 83' 훈련이다. 1983년 9월 1일 대한항공 007편이 소련 영공으로 들어가 소련 공군 전투기에 의해 격추되면서 미국과 소련 사이의 긴장은 전례 없이 높아졌다. 페트로프 사건이란 9월 26일 소련의 핵미사일 조기경계시스템이 오작동하면서 미국이 소련을 향해 5발의 핵미사일을 발사했다고 알린 사건이다. 당시 담당 장교였던 중령 스타니슬라브 페트로프Stanislav Petrov는 자신의 판단에 의해 미국의 공격일 수 없다고 결정하고는 보고하지 않았다. 물론 얼마 지나지 않아 시스템 오작동인 것으로 판명되었다. 그러나 페트로프는 한직으로 밀려나 남들보다 일찍 퇴역했다.

유능한 궁수 83 훈련은 1983년 11월 2일부터 10일간 북대서양조약기구NATO, North Atlantic Treaty Organisation가 소련을 위시한 공산권에 대한 선제핵공격을 가정하고 벌인 훈련이었다. 같은 해 3월 미국 대통령 로널드 레이건Ronald Reagan은 소련의 핵미사일을 우주에서 요격하겠다는 '전략방위구상Strategic Defense Initiative'을 발표했다. 넛츠의 한 축을 이루는 이러한 계획은 당연히 소련을 자극했다. 특히, 미국은 이때 중거리 핵미사일 퍼싱Pershing II와 크루즈 미사일을 처음으로 배치해 소련의 군부를 극도로 예민하게 만들었다. 훈련을 빙자해 선제핵공격을 미국이 벌일지도 모른다고 그들은 생각했던 것이다. 다행하게도 우발적인 충돌 없이 훈련이 끝나 전 세계는 다시 안도의 한숨을 내쉴 수 있었다.

미국과 소비에트연방이 해체되고 남은 러시아 외에 공식적인 핵무기 보유국가는 영국, 프랑스, 중국의 세 나라가 더 있다. 영국은 1952년에, 프랑스는 1960년에, 중국은 1964년에 처음으로 핵무기를 획득

●●● 유능한 궁수 83 훈련은 1983년 11월 2일부터 10일간 북대서양조약기구가 소련을 위시한 공산권에 대한 선제핵공격을 가정하고 벌인 훈련이었다. 같은 해 3월 미국 대통령 로널드 레이건이 소련의 핵미사일을 우주에서 요격하겠다는 '전략방위구상'을 발표했다.(사진) 넛츠의 한 축을 이루는 이러한 계획은 당연히 소련을 자극했다. 특히, 미국은 이때 중거리 핵미사일 퍼싱와 크루즈 미사일을 처음으로 배치해 소련의 군부를 극도로 예민하게 만들었다. 다행하게도 우발적인 충돌 없이 훈련이 끝나 전 세계는 다시 안도의 한숨을 내쉴 수 있었다.

했다. 국제연합의 상임이사국인 이들 5개국은 자신들을 제외한 나머지 국가들은 핵확산금지조약Non-Proliferation Treaty에 의해 핵무기를 가지면 안 된다는 입장을 갖고 있다. 그러나 알고 보면 프랑스는 2차 중동전에서 수모를 겪은 후 자체 핵무기 보유의 필요성을 느껴 미국과 소련, 그리고 국제연합의 극렬한 반대를 무릅쓰고 핵무기를 개발했다.

핵확산금지조약에 가입하지 않은 나라는 총 5개국으로 인도, 이스라엘, 파키스탄, 북한, 그리고 남수단이다. 2011년에 새로 생긴 국가인 남수단을 제외하면 이들은 모두 핵무장국가다. 북한은 원래 1985년에 조약에 가입했으나 2003년 탈퇴했다.

영국의 식민지로 오랫동안 수탈을 당했던 인도는 그런 역사가 재발하지 않도록 1947년 독립 후 조용히 핵개발을 추진했다. 게다가 1962년 중국과의 전쟁에서 완패를 당하는 수모를 겪으면서 더욱 핵무기의 필요성을 느꼈다. 중국의 기습공격으로 시작된 1962년 10월 20일에 시작된 이 전쟁은 마침 쿠바 미사일 위기와 시기적으로 정확히 겹친 탓에, 인도는 미국과 소련 어느 쪽으로부터도 외교적·군사적 지원을 받을 수 없었다. 게다가 중국이 1964년 핵무기 보유국이 되자 더욱 자체 핵개발에 박차를 가한 끝에 1974년 개발에 성공했다. 미국과 러시아 어느 누구도 인도에 대해서는 핵무기를 포기하라는 말을 함부로 하지 못한다.

파키스탄이 핵무기를 개발한 이유는 단 한 가지다. 숙적 인도가 갖고 있기 때문이다. 파키스탄은 인도와 세 번의 전쟁을 치렀는데, 1962년의 2차 인도-파키스탄 전쟁에서 패했고, 특히 1971년 3차 전쟁에서 완패해 자신의 영토 일부가 방글라데시로 독립하는 것을 눈뜨고 가만히 지켜봐야 했다. 1974년 인도가 핵무기를 손에 넣자, 파키스탄은 풀잎을 먹어도 핵무기를 갖겠다며 독자 개발에 돌입했지만 미국은 이를 노골적으로 반대했다.

특히, 1976년 8월 미국의 국무장관 헨리 키신저Henry Kissinger는 파키스탄의 대통령 줄피카르 알리 부토Zulfikar Ali Bhutto를 만나 핵개발을 포기하지 않으면 좋지 않은 최후를 맞게 될 거라고 위협했다. 실제로 부토는 1977년 육군참모총장 무하마드 지아-울-하크Muhammad Zia-ul-Haq의 쿠데타로 실각해 1979년 사형당했다. 그러나 지아조차도 겉으로는 미국의 요구에 따르는 척했지만 핵무기 개발을 포기하지 않았다. 그러던 중, 소련이 1979년 아프가니스탄을 침공하면서 아프가니스탄의 인접국인 파키스탄의 전략적 가치가 올라갔다. 결국, 미국은 파키스탄의 핵개발을 용인했고, 파키스탄은 1998년 핵무기 개발에 성공했다. 그러나 지아는 1988년 의문의 비행기 사고로 죽었다.

이스라엘은 프랑스를 활용해 1958년 네게브 사막에 핵연구센터를 건설함으로써 핵무기 개발을 시작했다. 비공식적으로 이 원자로는 디모나Dimona라고도 불린다. 미국은 1960년경부터 디모나 원자로의 존재를 파악하고 동분서주했다. 영국과 프랑스는 소련과의 냉전에 일조한다는 명분이라도 있는 반면, 이스라엘의 핵무기 보유는 또 다른 문제였기 때문이다. 이스라엘이야 자신들의 생존을 위해서라고 하겠지만, 막상 이스라엘이 핵무기를 갖고 나면 아랍국가들도 불안함을 느껴 핵무기 개발에 나서리라는 것은 불을 보듯 뻔한 일이었다. 미국은 이스라엘에게 국제원자력기구의 사찰을 받으라고 요구했다. 쉽게 말해 네게브에서 생성되는 플루토늄이 핵무기의 원료로 사용되지 않도록 감시하려는 것이었다.

이스라엘은 검사에는 동의하겠지만 국제원자력기구가 아닌 미국의 사찰을 받겠다고 했다. 그리고 사찰 전에 사전 통지를 반드시 받아야 한다는 조건을 내걸었다. 예상할 수 있듯이 이스라엘은 사찰단이 올 때면 마치 아무 일도 없었던 것처럼 쇼를 벌였다. 대략 3차 중동전이 벌어진 1967년에는 이스라엘이 이미 사용 가능한 핵무기를 가졌을 것으로 추정된다. 미국은 1969년 사찰이 소용없다고 결론 내리고 중지했다. 이스라엘은 1973년 리비아의 민간여객기 114편이 항법장치 고장으로 디모나 근처로 접근하자 2대의 F-4 팬텀으로 격추하기도 했다.

핵무기의 존재를 공식적으로 긍정도 부정도 하지 않고 있는 이스라엘은 자체 핵탄도미사일도 개발해서 갖고 있다. 사정거리 500킬로미터의 예리코 I과 1,300킬로미터의 예리코 II까지야 그렇다 쳐도 2011년부터 실전 배치된 사정거리 1만 1,500킬로미터의 대륙간탄도미사일 예리코 III의 존재는 단순히 주변 아랍국가들만을 잠재적인 적국으로 보고 있는 것이 아니라는 짐작을 하게 만든다. 가령, 예루살렘에서 모스크바까지의 거리는 2,670킬로미터, 런던까지의 거리도 3,614킬로미터에 불과한 반면, 뉴욕까지는 9,189킬로미터, 로스앤젤레스까지 1만 2,209킬로미터다. 즉, 이스라엘은 러시아는 물론, 필요하다면 미국도 직접 핵무기로 타격할 역량을 가지고 있다.

아랍국가들은 이스라엘의 핵무기 보유에 대해 자위적 차원에서 핵무기 개발을 절박하게 추진해왔다. 이스라엘은 이에 대해 예방적 전쟁 차원에서 선제공습을 주저하지 않았다. 나는 가져도 되지만 적이 갖는 것은 허용할 수 없다는 것이었다. 그리고, 공습에 관련된 비용은 아랍국가들의 핵무기 개발 후 일어날 세력 균형의 변화에 비하면 새 발의 피에 불과하다고 봤던 것이다.

예를 들어, 1981년 6월 7일, 이스라엘군은 작전 오페라Operation Opera에 돌입했다. 좀 더 구체적으로, 이스라엘 공군의 F-16 8기는 각각 2,000파운드 폭탄 2발을 장착하고 요르단과 사우디아라비아 영공을 통과해 이라크의 수도 바그다드 외곽의 오시라크Osirak 핵시설을 폭격했다. 최소 8발의 폭탄에 명중된 핵시설은 심각하게 손상되었고, 10명의 이라크 군인과 1명의 프랑스 민간인이 사망했다. 한편, 폭격에 참가했던 8기의 F-16과 이들을 엄호했던 6기의 F-15는 모두 아무런

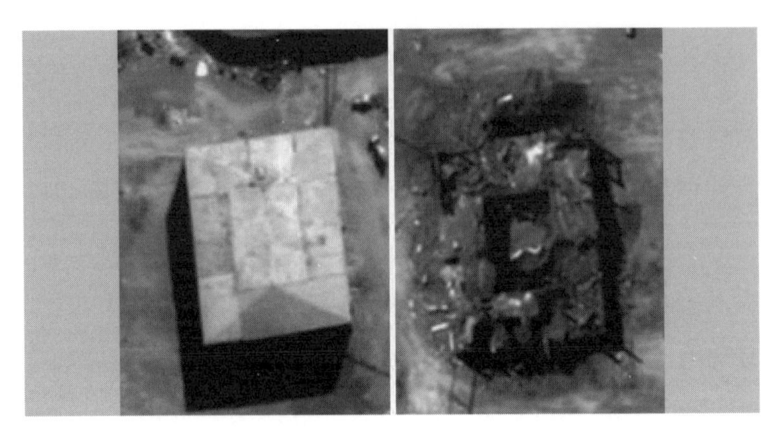

●●● 2007년 9월 오차드 작전 당시 이스라엘군이 폭격을 실시한 시리아 핵시설의 파괴 전 모습(왼쪽)과 파괴 후의 모습(오른쪽)

피해를 입지 않고 귀환하는 데 성공했다.

또 다른 예로, 2007년 9월 6일 이스라엘군은 작전 오차드Operation Orchard를 수행했다. 이번의 목표는 시리아의 핵시설이었다. 7기의 F-15가 탈 알-아부아드Tall al-Abuad에 있는 시리아군의 레이더기지를 먼저 폭격해 무력화시킨 후, 장착된 매버릭Maverick 미사일로 데이르 에즈-조르Deir ez-Zor에 있는 핵시설을 공격했다. 핵시설은 완파되었고 현장에 있던 북한 국적의 10명이 목숨을 잃은 것으로 전해졌다. 이번에도 이스라엘군 조종사의 피해는 전무했다.

이란은 이스라엘의 예방적 공습으로부터 교훈을 얻었다. 지상에 핵시설을 설치하면 와서 때리니 아예 지하에 건설하기로 결정했던 것이다. 이스라엘도 가만히 손 놓고 있지 않았다. 이란의 핵과학자들을 차량폭탄 등으로 암살하거나, 컴퓨터 바이러스의 일종인 스턱스넷Stuxnet을 통해 핵시설을 망가뜨리는 등의 창의성을 발휘했다. 이란은 2015년 미국, 러시아, 영국, 프랑스, 중국, 독일의 6개국과 핵협상에 합의했다. 국제원자력기구가 이란의 핵개발 프로그램을 사찰하는 대신 이란에 가해졌던 각종 제재 조치를 해제하는 내용이었다. 그러나 이스라엘은 이란과의 핵협상은 오직 이란의 핵무기 개발을 도울 뿐이라며 여전히 반대의 목소리를 내고 있다.

핵무기를 포기한 나라로는 구소련이었던 우크라이나, 벨라루스, 카자흐스탄과 남아프리카공화국, 그리고 리비아가 있다. 우크라이나 등은 소련 해체 이후 협상을 통해 핵무기를 러시아에 넘기는 대신 미국과 영국, 그리고 러시아가 포함된 다자간 집단안전보장을 받았다. 그러나 2014년 러시아가 우크라이나의 영토였던 크림 반도를 합병했듯이 이러한 안전보장이 얼마나 실효성이 있을지는 의문이다. 리비아는 2003년 핵포기를 선언했는데, 아직 개발 초기 단계라 포기도 쉬웠다. 핵포기를 결정한 국가원수 무아마르 카다피Muammar Gaddafi는 2011년 반군과 다국적군의 공격에 의해 죽었다. 남아프리카공화국은 실제로 여러 발의 핵폭탄을 갖고 있었지만, 백인들의 부와 안전을 보장받으면서 자발적으로 핵무기 폐기를 결정했다.

클라우제비츠Carl von Clausewitz는 자신의 이론을 교조적인 '독트린'으로 여기지 않고 전쟁을 '공부'하기 위한 기반으로 여겼다. 전자가 무슨 율법을 암송하듯 하는 것이라면, 후자는 다양한 관점과 시스템적 사고를 통해 입체적인 이해를 도모하며 생각하고 또 생각하는 것이다. 지금까지의 얘기들이 전쟁에 있어 그러한 공부에 도움이 되길 바라며, 버트란드 러셀Bertrand Russell과 함께 『프린키피아 마테마티카Principia Mathematica(수학 원리)』를 쓴 영국의 수학자이자 철학자인 알프레드 노스 화이트헤드Alfred North Whitehead가 한 말을 인용하면서 이 책을 마칠까 한다.

"단순성을 추구하시오. 하지만 그걸 신뢰하지는 마시오.Seek simplicity, but distrust it."

| 참고문헌 |

계동혁, 『역사를 바꾼 신무기』, 도서출판 플래닛미디어, 2009.

권오상, 『전투의 경제학』, 도서출판 플래닛미디어, 2015.

______, 『이기는 선택』, 카시오페아, 2016.

권형진, 『독일사』, 미래엔, 2005.

김근배, 『애덤 스미스의 따뜻한 손』, 중앙북스, 2016.

김도균, 『전쟁의 재발견』, 추수밭, 2009.

김양렬, 『의사결정론』, 명경사, 2012.

김정섭, 『외교상상력』, MID, 2016.

김종하, 『국방획득과 방위산업』, 북코리아, 2015.

______, 『무기획득 의사결정』, 책이된나무, 2000.

김종화, 『스탈린그라드 전투』, 세주, 1995.

김진영, 『제2차 세계대전의 에이스들』, 가람기획, 2005.

김충영 외, 『군사 OR 이론과 응용』, 두남, 2004.

노병천, 『도해 세계전사』, 한원, 1990.

데이비드 프리스틀랜드, 이유영 옮김, 『왜 상인이 지배하는가』, 원더박스, 2016.

데이비드 호프먼, 유강은 옮김, 『데드핸드』, 미지북스, 2015.

로스뚜노프 외, 김종헌 옮김, 『러일전쟁사』, 건국대학교출판부, 2004.

로이 브리지·로저 불렌, 이상철 옮김, 『새 유럽 외교사 1』, 까치, 1995.

리델 하트, 강창구 옮김, 『전략론』, 병학사, 1988.

리델 하트, 황규만 옮김, 『롬멜 전사록』, 일조각, 1982.

리링, 김승호 옮김, 『전쟁은 속임수다』, 글항아리, 2012.

리처드 오버리, 류한수 옮김, 『스탈린과 히틀러의 전쟁』, 지식의 풍경, 2003.

마이클 돕스, 박수민 옮김, 『0시 1분 전』, 모던타임스, 2015.

마크 힐리, 정은비 옮김, 『칸나이 BC 216』, 도서출판 플래닛미디어, 2007.
마틴 쇼이블레, 노아 플룩, 유혜자 옮김, 『젊은 독자를 위한 이스라엘과 팔레스타인의 역사』, 청어람미디어, 2016.
모튼 데이비스, 홍영의 옮김, 『게임의 이론』, 팬더북, 1995.
박재석·남창훈, 『연합함대』, 가람기획, 2005.
박휘락, 『전쟁 전략 군사 입문』, 법문사, 2005.
브루스 부에노 데 메스키타, 김병화 옮김, 『프리딕셔니어 미래를 계산하다』, 웅진지식하우스, 2010.
사이먼 던스트, 박근형 옮김, 『욤키푸르 1973(2)』, 도서출판 플래닛미디어, 2007.
스메들리 버틀러, 권민 옮김, 『전쟁은 사기다』, 공존, 2013.
아더 훼릴, 이춘근 옮김, 『전쟁의 기원』, 인간사랑, 1990.
아브라함 아단, 김덕현 외 옮김, 『수에즈전쟁』, 한원, 1993.
알렉스 아벨라, 유강은 옮김, 『두뇌를 팝니다』, 난장, 2010.
에바타 켄스케, 강한구 옮김, 『전쟁과 로지스틱스』, 한국국방연구원, 2011.
에이치 구데리안, 김정오 옮김, 『기계화부대장』, 한원, 1990.
와타나베 타카히로, 기미정 옮김, 『도해 게임이론』, 에이케이 커뮤니케이션즈, 2014.
워드 윌슨, 임윤갑 옮김, 『핵무기에 관한 다섯 가지 신화』, 도서출판 플래닛미디어, 2014.
윌리엄 페리, 정소영 옮김, 『핵 벼랑을 걷다』, 창비, 2016.
유르겐 브라우어·후버트 판 투일, 채인택 옮김, 『성, 전쟁, 그리고 핵폭탄』, 황소자리, 2013.
이상돈·김철환, 『군수론』, 청미디어, 2012.
이월형 외, 『국방경제학의 이해』, 황금소나무, 2014.
정토웅, 『20세기 결전 30장면』, 가람기획, 1997.
정토웅, 『전쟁사 101장면』, 가람기획, 1997.
존 키건, 유병진 옮김, 『세계전쟁사』, 까치, 1996.
______, 류한수 옮김, 『2차세계대전사』, 청어람미디어, 2016.
조경근, 『핵 전쟁은 일어날까』, 경성대학교출판부, 2016.
즈비그뉴 브레진스키, 김명섭 옮김, 『거대한 체스판』, 삼인, 2000.
지중렬, 『포병전사 연구』, 21세기군사연구소, 2012.
천윤환 외, 『게임이론과 워게임』, 북스힐, 2013.
최정규, 『게임이론과 진화 다이내믹스』, 이음, 2009.

크리스터 외르겐젠 외, 최파일 옮김, 『근대전쟁의 탄생』, 미지북스, 2011.

폰 멜렌틴, 민평식 옮김, 『기갑전투』, 병학사, 1986.

피터 싱어, 권영근 옮김, 『하이테크 전쟁』, 지안, 2011.

필립 호프먼, 이재만 옮김, 『정복의 조건』, 책과함께, 2016.

Amadae, S. M., *Prisoners of Reason: Game Theory and Neoliberal Political Economy*, Cambridge University Press, 2016.

Berkovitz, Leonard D. and Melvin Dresher, "A Game Theory Analysis of Tactical Air War", Rand Corporation, P-1592, 1959.

Biddle, Stephen, *Military Power*, Princeton University Press, 2004.

Blainey, Geoffrey, *The Causes of War*, 3rd edition, Free Press, 1988.

Bowles, Samuel, *The Moral Economy: Why Good Incentives Are No Substitute for Good Citizens*, Yale University Press, 2016.

Brams, Steven and D. Marc Kilgour, *Game Theory and National Security*, Blackwell Publishing, 1988.

Brzezinski, Zbigniew, *Second Chance*, Basic Books, 2007.

Cantwell, Gregory L., *Can Two Person Zero Sum Game Theory Improve Military Decision-Making Course of Action Selection?*, School of Advanced Military Studies, 2003.

Chadefaux, Thomas, "Bargaining Over Power: When Do Shifts in Power Lead to War?", *International Theory*, 3(2), pp.228-253, 2011.

Debs, Alexandre and Nuno P. Monteiro, "Known Unknowns: Power Shifts, Uncertainty, and War", *International Organization*, 68(1), pp.1-31, 2014.

Desch, Michael C., *Power and Military Effectiveness*, Johns Hopkins University Press, 2008.

Fearon, James D., "Rationalist Explanations for War", *International Organization*, 49(3), pp.379-414, 1995.

Fearon, James D., "Why Do Some Civil Wars Last So Much Longer Than Others?", *Journal of Peace Research*, 41(3), pp.275-301, 2004.

Goldfrank, David M., *The Crimean War*, Longman, 1994.

Harrison, Mark, *The Economics of World War II: Six Great Powers in International Comparison*, Cambridge University Press, 1998.

Hartley III, Dean S., *Topics in Operations Research: Predicting Combat Effects*, INFORMS, 2001.

Haywood, O. G. Jr., "Military Decision and Game Theory", *Journal of the Operations*

Research Society of America, 2(4), pp.365-385, 1954.

Haywood, O. G. Jr., "Military Doctrine of Decision and the Von Neumann Theory of Games", Rand Corporation, 1951.

Hazlitt, Henry, *Economics in One Lesson*, Three River Press, 1979.

Hudson, Barbara A., *Understanding Justice*, Open University Press, 1996.

Isaacs, Rufus, *Differential Games*, Dover, 1965.

Johnson, Rob, *The Iran-Iraq War*, Palgrave Macmillan, 2010.

Jordan David et al, *Understanding Modern Warfare*, Cambridge University Press, 2008.

Kahn, Herman and Irwin Mann, "War Gaming", Rand Corporation, P-1167, 1957.

Kahn, Herman, *On Thermonuclear War*, Transaction Publishers, 2007.

Kennedy, William, *The Intellligence War*, Book Club Associates, 1983.

Korner, T. W., *The Pleasures of Counting*, Cambridge University Press, 1996.

Magruder, Carter B., *Recurring Logistic Problems as I Have Observed Them*, University of Michigan Library, 1991.

Milward, Alan S., *War, Economy and Society 1939-1945*, University of California Press, 1977.

Müller, Detlev-Holger, "Is Game Theory Compatible with Clausewitz's Strategic Thinking?", *ENDC Proceedings, 19*, pp.11-25, 2014.

Nye, Joseph S., *Nuclear Ethics*, Free Press, 1988.

O'Hanlon, Michael E., *The Science of War*, Princeton University Press, 2009.

Olson, Erika S., *Zero-Sum Game*, Wiley, 2011.

Pagonis, William G., *Moving Mountains: Lessons in Leadership and Logistics from the Gulf War*, Harvard Business Review Press, 1992.

Peck, M. Scott, *People of the Lie*, 2nd edition, Touchstone, 1998.

Perla, Peter P., *The Art of Wargaming*, Naval Institute Press, 1990.

Poast, Paul, *The Economics of War*, McGraw Hill, 2006.

Powell, Robert, "War as a Commitment Problem", *International Organization*, 60(1), pp.169-203, 2006.

Ravid, Itzhak, "Military Decision, Game Theory and Intelligence: An Anecdote", *Operations Research*, 38(2), pp.260-264, 1990.

Rapoport, Anatol, *Fights, Games, and Debates*, University of Michigan Press, Ann Arbor, 1960.

Reich, Robert B., *Saving Capitalism: For the Many*, Not the Few, Knopf, 2015.

Reiter, Dan, "Exploding the Powder Keg Myth: Preemptive Wars Almost Never Happen", *International Security*, 20(2), pp.5-34, 1995.

Rohl, John C. G. and Sheila de Bellaigue, *Wilhelm II: The Kaiser's Personal Monarchy, 1888-1900*, Cambridge University Press, 2004.

Schelling, Thomas C., *The Strategy of Conflict*, Harvard University Press, 1960.

Singer, P. W. and Allan Friedman, *Cybersecurity and Cyberwar*, Oxford University Press, 2014.

Smith, Ron, *Military Economics*, Palgrave Macmillan, 2011.

Spaniel, William, *Game Theory 101: The Rationality of War*, CreateSpace Independent Publishing Platform, 2014.

Stiglitz, Joseph E., Amartya Sen and Jean-Paul Fitoussi, *Mis-Measuring Our Lives*, The New Press, 2010.

United Nations, A/364(https://unispal.un.org/DPA/DPR/unispal.nsf/0/07175DE9FA2DE563852568D3006E10F3), 1947.

Van Creveld, Martin, *Supplying War*, 2nd edition, Cambridge University Press, 2004.

Van Evera, Stephen, "The Cult of the Offensive and the Origins of the First World War", *International Security*, 9(1), pp.58-107, 1984.

Washburn, Alan and Moshe Kress, *Combat Modeling*, Springer, 2009.

Washburn, Alan, *Two-Persons Zero-Sum Games*, 3rd edition, INFORMS, 2003.

Wolfram, Stephen, *Idea Makers*, Wolfram Media, 2016.

Zabecki, David, *Germany at War: 400 Years of Military History*, ABC-CLIO, 2014.

Zenko, Micah, R*ed Team: How to Succeed by Thinking Like the Enemy*, Basic Books, 2015.

한국국방안보포럼(KODEF)은 21세기 국방정론을 발전시키고 국가안보에 대한 미래 전략적 대안을 제시하기 위해 뜻있는 군·정치·언론·법조·경제·문화 마니아 집단이 만든 사단법인입니다. 온·오프라인을 통해 국방정책을 논의하고, 국방정책에 관한 조사·연구·자문·지원 활동을 하고 있으며, 국방 관련 단체 및 기관과 공조하여 국방 교육 자료를 개발하고 안보의식을 고양하는 사업을 하고 있습니다. http://www.kodef.net

전쟁의 경제학
WAR ECONOMICS

초판 1쇄 인쇄 2017년 8월 7일
초판 1쇄 발행 2017년 8월 11일

지은이 권오상
펴낸이 김세영

펴낸곳 도서출판 플래닛미디어
주소 04035 서울시 마포구 월드컵로8길 40-9 3층
전화 02-3143-3366
팩스 02-3143-3360
블로그 http://blog.naver.com/planetmedia7
이메일 webmaster@planetmedia.co.kr
출판등록 2005년 9월 12일 제313-2005-000197호

ISBN 979-11-87822-08-0 03390